生 态 学 名 著 译 丛

Ecology: A Bridge Between Science and Society

生态学
——科学与社会之间的桥梁

Eugene P. Odum 著
何文珊 译 陆健健 校

高等教育出版社·北京

内容简介

地球的一个重要功能就是生命支持系统——不仅支持了丰富的生物多样性，更是人类唯一的维生系统。我们要充分了解这个系统，才能保护和维持这个系统本身的质量，更有可能在将来的某一天建立起自我维持的宇宙维生系统，以供开拓其他行星，建立太空基地。为此，我们还应掌握由自然环境提供的维生方面的非市场化（因无市场价格而无偿提供的）物质和服务，了解它们是如何与经济、社会、文化及大多数其他人类活动相互作用的。从广泛的意义上说，生态学这门科学为理解以上这些问题提供了背景知识。本书各章以一种通俗易懂的方式来介绍地球的重要过程。前面三章以非专业性语言概述了“地球飞船”上的生命现象。其后五章提供专业性的详细内容和实例。跋总结了我们从生态学中学到的有助于我们理解和处理人类所面临困境的知识。

谨以此书献给我的爱妻 Martha Ann 和我们的小儿子——William Eugene，他也是一位生态学家。

前　言

自从本书首版发行七年以来，源于生物学的生态学已逐渐发展成为一门独立性越来越强的学科，它整合了生物、自然环境及人类社会方面的研究，并与“生态学（ecology）”一词的希腊语词根“oikos”（家务研究）词义一致，即我们生活的全部环境内容。我认为，生态学已成熟地发展成为我们人类生活总环境的一门基础科学。如今，越来越多的高等院校正在建立或扩充关于生态和环境的研究所、研究中心和学院，综合研究世界范围内有关生物、物理以及人类的各个方面。从中学到大学的各个教育层次都设置了环境课程。

特别有意义的是，边缘学科领域研究的兴起，伴随产生了新的学会、期刊、论文集、书籍以及新的职业。比如：经济生态学、生态工程（恢复生态学）、野生生物管理生态学（保护生态学）、生态分类学（生物多样性）、化学生态学（生态毒理学）、生态地理学（景观生态学）、生态水文学（湿地生态学）、生态农业（农业生态学）以及生态哲学（环境伦理学）。如果你目前正考虑致力于某个环境领域的研究，我建议你从事上述这些边缘学科中的一个学科，因为这些领域才是实际问题存在的地方。由于生态学是一门综合性的科学，所以，生态学有巨大的潜力，成为联系科学与社会的桥梁——这是本书这一版新的副标题所强调的一个概念。而本书首版与第二版的副标题“我们濒危的生命支持系统”这一概念，仍是贯穿本书的一个重要主题。

英国学者斯诺（C. P. Snow）于 1959 年编著了《两种文化》（*The Two Cultures*），该书被广泛引用。作者在书中对学术界在自然科学与人文科学之间缺乏交流的现象表示关注。该书在 1963 年出了第二版，作者提出，为弥合这个看起来正在不断扩大的交流差距，注定会出现“第三种文化”。我斗胆提出，将本书中所提到的生态学视为“第三种文化”，这不仅是因为生态学连接了自然科学和社会科学，而且从更广泛的意义上讲，生态学是联系科学与社会的桥梁。

在本次新版中，我尤其关注于更新那些直接或间接与当前环境问题有关的生态学原理。每章末尾所列的推荐读物是我从 1990—1995 年期间出版的大量环境学文献中尽量筛选出来的，它们是当今生态学新概念和新方法的最好总结。

如首版前言中所述，本书不仅可以作为初学者的一本入门教材，还可以作为一本关于现代生态学原理的公民手册，因为这些现代生态学原理与当今地球家园所受到的威胁有关。此外，我也了解到，人文科学、社会科学、工程学、农业、林业、公众健康、法律、政治及经济学专家们正在更加深入地参与环境问题，他们亟须了解生态学的主要原理，以拓宽他们的专业知识。

总之，本书可作为一本人类生态学手册，因为本书的重点是全面地讨论与人类事务相关的重要生态学原理。因此，本版尤其适合作为非理科生以及理科生的环境通识读物和课外读物。我强调的是环境问题的起因和长期解决方案，而不是我们经常对环境问题所进行的“快速治疗”。尤其应该强调的是自然生态系统、农业生态系统与城市生态系统之间的能量关系，以及把注意力从生产力系统的产出转移到对输入的有效管理，旨在减少污染。

如果你对本书只是进行一般性阅读（而不是作为教材），那么我建议你从绪论和前三章开始，然后再阅读跋，跋这一部分主要涉及有关应用的讨论。如果你想要进一步地深入了解，可研读本书的中间章节，获得更多的技术信息、生态学概念、具体的生态实例以及关于生态学前沿工作的讨论。此外，我想提醒你注意那些分散在各章节中的评述专栏，我在撰写这些很有挑战性的段落时也获得了极大的乐趣！

尤金·奥德姆

(Eugene P. ODUM)

1996 年 12 月

目 录

绪　论

阿波罗13号的太空之行

1970年4月14日这一天，如果有人在月球上的弗拉·毛罗地区观看来自地球的阿波罗13号宇宙飞船在月球登陆，那将是一次漫长的等待。因为计划于美国东部标准时间下午7:00登陆的阿波罗13号宇宙飞船根本就没有抵达月球，原因是正当宇宙飞船临近月球时，一次爆炸事故摧毁了它主要的生命支持系统，继而登月舱不得不临时被作为“救生舱”来使用，以便安全地运送宇航员返回地球。在后来的三天里，宇宙飞船这一令人担忧的戏剧性返航之行受到全世界的瞩目，三名宇航员要从无生命的太空安全返回充满生机的地球母亲的怀抱中。所有国家抛开了他们的纠纷与冲突，纷纷伸出了援助之手，为他们祈祷祝福。这段短暂的时间真的具有寰宇一家的意义，因为当生命支持系统受到威胁时，就只剩下生存这一个使命了。

阿波罗13号的故事已被拍成了电影，该电影创造了1994年票房收入最高纪录。这次太空之行的指挥长洛弗尔上尉（Captain James A. Lovell），出版了他的回忆录（《失去的月球：阿波罗13号的危险之行》，*Lost Moon*：*The Perilous Voyage of Apollo 13*，James Lovell和J. Kluger著）。此次不幸的航空之行值得纪念和宣传，不仅因为它是体现人类英雄主义和从灾难边缘挽回生命的机智壮举的一个实例，而且还可联系到我们这个地球如今作为“宇宙飞船”所面临的困境。地球生命支持系统为我们的生活提供空气、水、食物和能源，目前正受到环境污染、管理不善和人口压力的威胁。如今我们应当开始留意正在显现的早期警告信号了，例如：最好的农业土壤受到过度侵蚀，工业区的树木濒临死亡，海洋渔业衰退，以及与环境有关的人类健康问题日益增加。

1. 倒计时

美国国家航空航天局（National Aeronautics and Space Administration，NASA）原计划由阿波罗13号进行一项为期10天的飞行任务——3天用于发射升空，3天用于返回地面，还有4天时间是环绕月球飞行。在这4天里，登月航空器将在月球表面软着陆，停留33个小时，宇航员在月球表面步行2次，每次4~5个小时，以探测月球表面、收集岩石标本（计划带回地球约95磅[①]

① 磅为英美制质量单位，1磅=0.453 592 37kg。——译者注

岩石）以及设置仪器。如果计划能够成功执行，这将是首次使用机械钻头从月球岩石表面钻孔取岩心标本，也是首次将彩色图像从月球上发送回地球。此次计划在月球上的弗拉·毛罗地区登陆，毛罗是15世纪的一个隐士的名字，他也是地理学家与地图绘制员。该地区是一片低凹起伏的山麓状地带，表面有大量陨石坑。这里的岩石被认为是月球上年代最久远的岩石，或许可追溯到无生命星球的形成之时。

不识庐山真面目，只缘身在此山中

我们常常忽略生存环境的某些方面，因为我们对各种即时问题的偏见掩盖了对生存环境整体的认识。然后，某些危机或大事件使人们突然醒悟过来，并且急忙纠正这些疏忽。最好的例子就是在1968—1970年间，当宇航员迈入太空，从遥远的太空带回地球的首张照片时，突然爆发世界性环境意识运动。这是历史上第一次让我们能真正地走出地球这个框架，从而看到了整个地球。因此，在1970年设立了一年一度的地球日，美国及其他国家颁布了许多环境保护法。公众意识迫使政府和企业重视陆地和水体资源的开发与改造方案可能产生对环境的影响（环境影响评估期）。然后到了20世纪80年代，由于涉及人类关系问题，诸如犯罪、冷战、政府预算、社会福利等，环境问题被推入政治背景。如今我们已跨入21世纪①，环境问题再一次被提到议事日程上来。借用医学术语，让我们期望这次的重点是预防，而不是治疗。

1970年4月11日，阿波罗13号开始了第五次登月之行，在佛罗里达州的卡纳维拉尔角（Cape Canaveral）宇航发射中心发射升空。而在1969年的春天，当尼尔·阿姆斯特朗（Neil Amstrong）走出阿波罗11号登月舱成为在月球表面行走的第一人时，他已做了历史性的声明："这是我个人的一小步，却是全人类的一大步。"1969年秋天，阿波罗12号在月球上第二次登陆成功。在此次月球登陆中，从月球拍摄的地球照片向我们展示了我们生活的地球是多么独一无二且美丽绝伦，同时从太空中看它又是那么脆弱和孤单（图0-1）。

如图0-2所示，阿波罗13号宇宙飞船由三个舱组成：① 服务舱，包括巨大的火箭推进器、燃料室和其他提供能源、氧气和水的生命支持设备；② 指挥舱，代号为奥德赛（Odyssey），是宇航员的起居室；③ 登月舱，代号为水瓶座（Aquarius），此舱能与指挥舱分离，宇航员能到月球表面做短暂停留后返回指挥舱。

一个天气晴朗的早晨，阿波罗13号从佛罗里达州起飞升空后，三名宇航

① 本书原著出版时间为1997年。——译者注

图0-1 从月球上看到的地球。地球是个多水的行星，具有广袤的海洋和陆地，约20%的陆地面积是沙漠，由于人类管理不善，许多沙漠正在蔓延扩张（照片由NASA提供）。

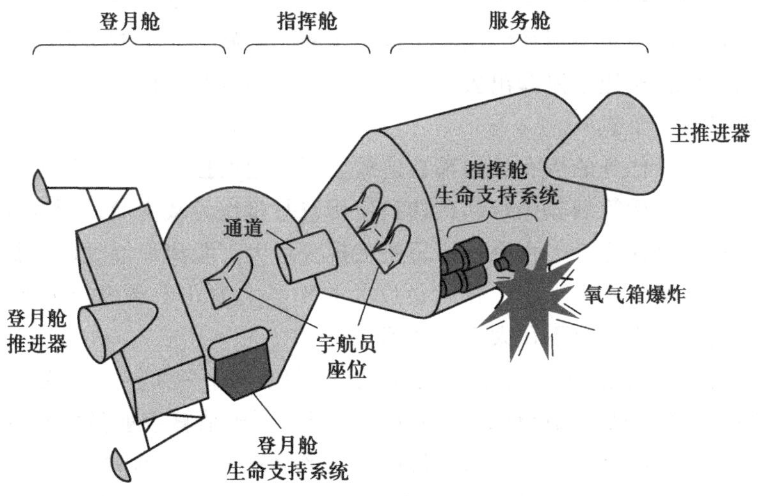

图0-2 阿波罗13号结构图。氧气箱的爆炸，破坏了指挥舱生命支持系统的作用，三名宇航员不得不聚集到登月舱中，而此舱中的生命支持"消耗品"仅能维持宇航员返回地球之用。

员一直待在指挥舱里。他们是：洛弗尔上尉（Captain James A. Lovell），此次飞行的指挥官；小弗莱德·海斯（Fred W. Haise, Jr.），登月舱驾驶员；小约翰·斯威格特（John L. Swigert, Jr.），指挥舱驾驶员。斯威格特是最后时刻才替补中尉指挥官肯·马丁利（T. K. Mattungly）的，因后者感染了风疹（会增加他在航行期间发病的可能性)。

对于阿波罗 13 号的倒计时及其发射情况已经描述得很清楚了。当宇宙飞船准备脱离地球轨道时，洛弗尔上尉的首次汇报是："再次上升到这个高度真是很棒。"(他曾乘坐阿波罗 8 号做过环绕月球的航行)。此后的两天里，航行继续保持良好状态——相当符合航行预期，以至于全世界新闻媒体对此失去了兴趣，转而关注其他新闻事件。第二天晚上，洛弗尔发回宇宙飞船的电视播送信号后在转播结束时说："阿波罗 13 号全体人员祝大家度过一个美好的夜晚，我们已准备结束我们的检查，返回奥德赛度过一个愉快之夜。"

2. 氧气箱的爆炸

4 月 13 日晚上 10:08，正当阿波罗 13 号宇宙飞船接近月球时，突然在服务舱发生了一场爆炸，指挥舱控制面板上的报警灯不停地闪烁着。斯威格特惊声尖叫起来："休斯敦，我们这里有麻烦了!"在休斯敦载人宇航飞行中心，指令舱宇航通讯员杰克·洛斯马 (Jack Lousma) 答复道："请重复一遍。"洛弗尔上尉答道："我们的 B 总线电压过低。"他继续叫道："我们这里突然出现大量警告信号!"

而后，服务舱的两个氧气罐里，有一个压力骤然下跌至零，另一个的压力也开始下降。很显然，爆炸已使一个或两个氧气罐破裂。宇航员看到这种宝贵的气体正从服务舱边上泄漏出去，三个燃料室中的两个也很快停止工作了，因为燃料室发电需要氧气。

这时，登月任务的所有计划都被迫放弃了。地面控制中心的所有计算机及全体人员迅速开始策划救援行动，选择使用登月舱作为救生舱，因为那里有生命支持设备。就这样，午夜刚过，历史上规模最大、距离最遥远的救援行动开始了，地面控制中心的千余工作人员以及太平洋上的几千条舰船都加入其中，因为宇航员最终将不得不在太平洋降落。

当时还不知道指挥舱的生命支持功能可以维持多久，因为关于飞船上"可消耗品"的信息支离破碎，没有完整的资料用于估算宇航员安全返回地球所需的时间。将所有零碎的数据资料拼凑起来浪费了宝贵的时间。(这提醒我们在地球上也有一个类似的情况：我们并没有全面掌握用于支持生命的"可消耗品"的全部资料，也不知道它们是如何相互作用的，并且，我们不知道核武大爆炸发生时，我们在地球上还可以生存多久。)

洛弗尔和海斯进入水瓶座，打开了登月舱独立的电力系统和氧气系统。斯威格特留在指挥舱中，呼吸的氧气来自登月舱，是靠一根从宇航服上拆下来的管子输送过来的。他们架起一根临时的延长电缆，从登月舱中输入电力。幸运的是，可以让宇宙飞船绕过月球背面，使用登月舱火箭引擎，让航天器进入自由返航轨道返回地球，而无须冒险点燃服务舱的主引擎，因为该引擎可能因爆炸而损坏。这一计划所需的四个“中途点火”都顺利完成了。

在三天的返航时间里，宇航员准备好尽量节约使用已供应不足的氧气和动力。这是一次令人不舒服的航行，因为登月舱中的温度几乎下降到零度。二氧化碳开始在登月舱里积累至危险程度，这是因为用于吸收二氧化碳的氢氧化锂过滤器仅仅设计用于在月球上的有限停留时间。他们只好用一根临时的应急软管与指挥舱里的氢氧化锂过滤器相连接，以此来吸收积累起来的二氧化碳。

当宇宙飞船抵达地球大气层时，还有足够的动力给奥德赛的电池充电，这样奥德赛就能再次被启用。之后服务舱和登月舱成功脱离，仅留指挥舱降落在有舰船等待的太平洋海面上。

事后，我们当中有些迷信的人质疑说，为什么 NASA 选择 13 号（麻烦始于 4 月 13 日，但这个 13 号是星期一，而不是星期五）作为此次航行的日子？因为服务舱未能返回地球，所以，爆炸起因也最终未能查明。NASA 宣布，可能的起因是其中一个氧气罐里的风扇或者是与之相连的一根配线发生电路短路。针对这个原因，NASA 很快重新做了设计——除去了风扇，改装了配线。在随后的五次月球之行中，氧气罐再没有出过麻烦（最后一次是阿波罗 18 号）。

在返回地球途中，一些其他问题也暴露出来了。漏水弄湿了宇航员双脚的问题，以及在过于拥挤的登月舱中如何处理尿液累积问题。（这使我们想到一个过度拥挤的城市中废水处理的问题。）因为将尿液倾倒到太空中可能会引起宇宙飞船运行航线的改变，所以，就将其贮存于舱内的贮存袋里。还有一个问题是，如何处理为了给实验设备提供动力而原本计划留在月球上的八磅重的钚。（再次提醒我们关于怎样处理地球上放射性废物这一尚未解决的问题。）最后的决定是当登月舱脱离时，这八磅钚被倒入太平洋中。所以，在太平洋的某个深处，还存放着不幸的阿波罗 13 号所摒弃的一堆放射性纪念物。

3. 宇宙飞船与地球生命支持系统的对照

迄今为止，载人航天飞行器中使用的生命支持系统已成了由机械控制的“贮存系统”。在很大程度上，生命必需物质，诸如氧气和食物，都是在地球上生产且被储存在舱内，并不像地球上那样是再生的。同样，诸如二氧化碳和尿液等废物是以化合物形式贮存的，也不是可循环的。相比之下，地球是生物再生的：植物、动物尤其是微生物再生、循环并控制生命的必需物质。因为我们自己没有在地球上建立生命支持系统，也因为该系统包括了一系列复杂的亚系统，我们不清楚这个系统在整体上是如何运行的。到目前为止，人们尝试在太空中建立一个能维持大量人口使用的大型生物再生性生命支持系统，因为没有一根连接地球的“供应脐带”，都以失败告终。由此看来，我们能够停留在太空中的时间是有限的，因为大量的生命维持所必需的“消费品”都来自地球，必须随宇宙飞船携带上去，或者是由供给航行来补充。目前，许多再生性生命支持系统（包括第一章中所描述的生物圈 2 号）的设计构想正处于试验阶段（见第一章的图文描述）。美国和俄罗斯的航天机构正在研制应用于太空站的具有一些循环过程的模型。

我们需要充分了解真实世界的生命支持系统是怎样运作的，这是地球的一个重要功能。只有这样，我们才不但能够保护和维持这个系统本身的质量，还可能在将来的某一天建立起自我维持的宇宙航天器，以及大规模地开拓其他行星，建立太空基地。更为重要的是，应掌握由自然环境提供的关于生命支持的非市场化（因无市场价格而无偿提供的）物质和服务，它们是如何与经济、社会、文化及大多数其他人类活动相互作用的。从广泛的意义上说，生态学这门科学为理解以上这些问题提供了背景知识。

以下各章以一种通俗易懂的方式来介绍地球的重要过程。前面三章以非专业性语言概述了“地球飞船”上的生命现象。其后五章提供专业性的详细内容和实例。跋总结了我们从生态学中学到的有助于我们理解和处理人类所面临困境的知识。

第一章

支持生命的环境

根据我们对地质历史的最确切了解，地球在形成初期并不支持生命。20多亿年以前，最早出现在地球上的细小微生物只得生存在一个没有氧气、充满致命的紫外线辐射和有毒气体且温差极大的环境里。对今天的大多数生物来说，这样的环境条件是致命的。几百万年以来，有机体（从最早的蓝绿藻开始）与地质和化学过程相互作用，逐渐改变了环境。它们释放氧气（光合作用的一个副产物）到大气中，降低了大气中的二氧化碳浓度（通过形成石灰石，尤其是海洋生物的作用），在地球表面形成绿色地被，以这种形式来转化光能，形成各种食物，支持了最终包括人类在内的数量和种类均不断增多的生物（这个不可思议的过程不断地受到周期性的地质运动和生物大量灭绝的干扰，第三章和第七章将对此做更深入的讨论）。我们人类之所以能在舒适的环境里呼吸和饮食，是因为有数百万种生物以及几百种过程正在进行着，它们维持着一个有生命的系统。但是，人类一直视自然服务为理所当然，因为我们几乎无须为此破费。与一些经济学家所言相反，绝大多数自然资源（比如水资源）还是不可替代的。它们或是在减少，或是正在被污染恶化。

生命支持功能由一个巨大而弥散的网络所提供，构成该网络的各种过程在不同的时间尺度上运行，并且没有定点控制功能（例如没有全球性的恒温调节器），所以我们无法走出这个环境，就像我们指着家里的空调或宇宙飞船的服务舱那样指着它说："看，我们的生命支持系统正在有条不紊地运行着。"正如古谚所说的"眼不见，心不烦"——至少在某些地方出现问题之前，我们就是这样的。但是我们可以识别出提供生命支持功能的生态系统及其过程。要做到这一点，我们在考量时必须采用某种系统学方法，把环境视作一个整体，把景观划分成不同的功能单位。

如果我们乘飞机从芝加哥到欧洲，在大部分时间里我们都会看到大片水体：大西洋、湖泊、江河、海湾等。它们是地球生命支持模块的一个非常重要的组成部分，因为它们不仅提供水，而且还具有净化空气、调节温度及同化废物的功能。水体面积占地球表面积的三分之二还多。当我们飞行在陆地上空，就能见到广袤的同类生境——农田、草地、森林——但人口密集的地区会形成"斑块"状景观，如田野、树林、乡镇、城市、郊区和高速公路，通常看起来是随机分布的。根据景观设计专业的学生和专业人士通常使用的分类方法，我们俯瞰所见的可分为如下三类：**建造环境**（fabricated environment）、**归化环境**

(domesticated environment) 和**自然环境**(natural environment)。用通俗的语言来讲，我们可以把景观分为**发展区**(developed sites)、**耕作区**(cultivated sites) 和**自然区**(natural sites)。

建造环境（即发展区）包括城市、工业区和交通廊道（如公路、铁路和机场)。从能量使用的观点来看，我们可以把建造环境看作燃料驱动系统。在当今世界上，驱动大城市和工业的燃料大多数是化石燃料——煤、石油和天然气——是形成于很久以前的地质年代的自然产物，这似乎有些不可思议。城市-工业发展区实际上只占我们全部景观的很小一部分，但它们却是高度的能量密集型的区域——即需要大量能量，且同时产生大量废热和污染——以至于它们对其他两类环境产生巨大的影响。例如，一个城市工业区的**能量密度**(energy density，每单位面积每年消耗的能量）是一片同等面积的森林的1000倍甚至更多。城市一方面将其废物倾卸到农村，另一方面又依靠同样那片农村来提供几乎所有的生命支持资源。城市工业区是由相当大面积的低能量环境所维持的“热点”。有趣的是，人类并不是聚集在这种“热点”的唯一生物（见第三章中的专栏评论——冷基质里的热点)。

归化环境包括农业用地（如图1-1A中的农场)、经营林地和森林以及人工池塘和湖泊。在这类环境中，栽培植物及饲养动物占据优势，人们为了提高食品和纤维的产量，营造休闲空间，以及满足其他人类使用等目的，对它们做了改良和管理。这部分景观是由生态学家们所谓的**辅助太阳供能系统**(subsidized solar-powered systems) 所组成的。太阳只提供基本能量，但是它通过人类控制的劳动、机器、化肥等形式的工作能而得以增加，大部分工作能来源于燃料。该系统的有些部分如工业化农场，能量相当密集，且对其他两类环境具有相当大的影响，这是由于水、土壤、肥料及含有农药的径流所引起的。

“自我供给”及“自我维持”是描述自然环境系统特征的两个关键词。自然区域（如图1-1B中的森林）的运行不会受到人类直接控制的能流和经济流的影响。这就是**基本太阳供能系统**(basic solar-powered systems)，它们依赖太阳光及其他太阳能的间接形式，如降雨、流水和风等自然力。另外，重力也参与了水及其他物质的运动。自然环境不仅包括几乎无人涉足的荒野，而且还包括许多我们很熟悉的场所，如天然溪流、江河、林地、大草原、高山、湖泊和海洋。所谓的自我维持并不是说自然环境没有被人类所用或不受到人类活动的影响。例如，一片国家级森林，可能被用于放牧羊群，也可能被选择性地砍伐。只要这些用途不至于明显地改变森林的结构和功能，或破坏其自我更新能力，根据我们的定义，该森林就可以被认为是自然区。相比之下，一片成排栽种的松林，在人类的严格管理下，在较短的轮伐期内被一次性全部砍伐，这就不是自然区，而是像玉米地一样的耕作区。图1-2是自然林和人工林的比较。

图 1-1　两种主要生命支持景观类型的例子。(A) 爱荷华州一个管理有序的农业景观，斜坡上种植草带和玉米带（照片由土壤保持局提供）。(B) 北卡罗来纳州的毗斯迦山国家森林公园的一个天然阔叶林。照片摄于一个公共露营地的入口处（照片由美国林务局提供）。自然景观的非市场价格等于或者高于人工景观的市场价格；两者对于人类社会的持续利益都是必需的。

图 1-3A 是这三种景观类型在美国的分布比例饼图。发展区环境虽只占总土地面积的很小比例（如果我们将周围海洋也考虑在内的话，该百分比更小），但是由于它的高度能量消耗状况（图 1-3B），它在整个环境里的重要性远比其面积所显示的要大得多。图 1-4 是一幅夜间卫星照片，可以看出在美国东部、五大湖区及西海岸地区的大部分区域里，城市及其他高度发展地区是如何成为优势区域的。

(A)

(B)

图 1-2 (A) 在阿肯色州的一块弃耕农田上发展形成的一片幼年自然松林。(B) 一片人工松林种植地，基本上没有林下层和物种多样性。自然生态系统的发育是自我组织的，不需要人为的能量输入或控制（照片由美国林务局提供）。

现在，我们能够用更加准确的术语来定义生命支持环境概念。**生命支持环境**(life-support environment) 是为生命提供生理必需物质的那部分地球空间，生理必需物质包括食物与其他能量、矿物质营养、空气和水。我们将**生命支持系统**(life-support system) 作为一个功能术语，它包含了环境、生物、过程、资源以及它们之间为提供物理必需条件而发生的相互作用。过程指的是诸如食物生产、水分循环、废物同化、空气净化等运行过程。虽然一些过程是受人类组织和控制的，但许多过程是自然的，受太阳能或其他自然能源的驱动。所有生命支持过程都不止于人类的活动，还有其他有机体——植物、动物及微生物的活动。

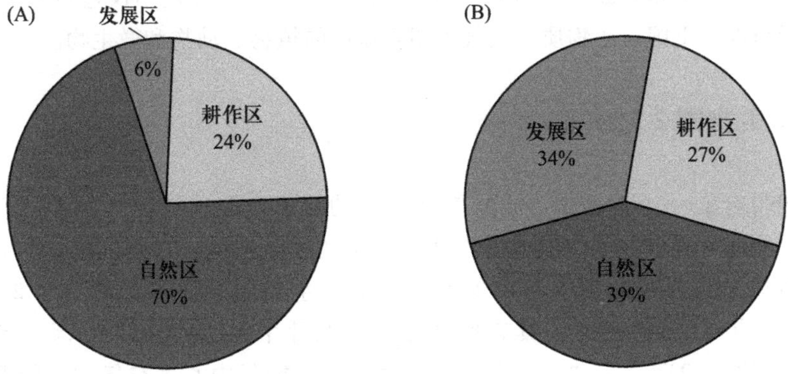

图 1-3 1980 年时，美国大陆土地的利用情况。(A) 三种景观类型各占的面积。(B) 按能量密集度计算的土地利用情况。单独估计耕作区环境，其能量密度是自然区的两倍；而发展区是自然区的 10 倍。自 1980 年以来，发展区的比例一直在增长，这个增长是以自然区和耕作区的减少为代价的，危及了较合理的能量平衡区。

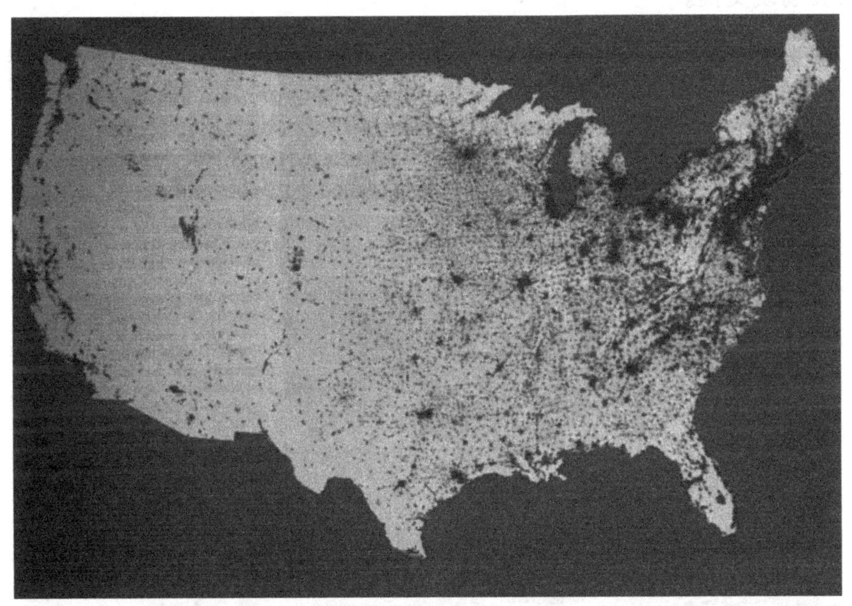

图 1-4 美国本土的城市化。深色区域表示卫星在夜间可见到的光亮的部分，其每平方英里①的人口密度是 50 人或 50 人以上，因此能量使用量很大，这样的地区正在快速增加。

就景观来说，农业系统+自然系统=生命支持系统。农业系统供给人均每年所需的 100 万卡路里的热量，其中 15%是蛋白质形式（举世公认的一个事实是，目前还有许多人无法获得足够的食物）。如上所述，自然系统为生命提供其他生理必需物质。系统这个词（字典里的定义是：有规律地相互作用的事物形

① 英制单位，1 平方英里=2.59 平方千米。——译者注

成的一个统一整体）是一个恰当的术语，因为生命支持作用不仅包括一个区域，还包括与水、土壤、矿物质、大气等相互作用的植物、动物和微生物。

1. 生物圈2号实验

1992年，一个被称作“生物圈2号”的地面密闭建筑物（图1-5）竣工了，它的部分设计初衷是构建一个生物再生的密闭系统。之所以取这个名字是因为地球本身是生物圈1号。航空照片显示生物圈2号的面积为1.27公顷（3.24英亩），整体密封，具有玻璃外罩（照片中的1~5）和外部支持结构（照片中的6~9）——“肺部”维持空气压力，能量中心为空气和水的循环及所有设施提供电和天然气，冷却塔用来驱散大温室里积聚的热量。1991年秋天，有八人入住此密封舱中，在此后的两年里，他们有丰富的能流（任何生命支持系统所必需的）及无限制信息交流（收音机、电视机、电话等），但与外界无物质交换。

图1-5　生物圈2号的航空图片，这是一个生物再生实验舱及其维持结构。封闭玻璃结构（图中1~5）的面积为3英亩①，组合了自然和人造系统及其控制系统。1991—1993年的两年时间里，8个人独立生活在这个舱中，有能量输入（太阳能及矿物燃料提供）及信息交换，但与外界之间没有气体、水及其他物质的交换。封闭温室里有生命支持系统，此系统包括雨林（1）、稀树草原/海洋/沼泽地（2）、荒漠（3）、集约农业（4）及人类栖息地（5），此外还有两个大气扩张室（也称作“肺”）（6和7）、能量中心（8）和冷却塔（9）（照片由美国空间生物圈公司提供）。

① 英亩是英美制面积单位，1英亩=0.004 047平方千米。——译者注

生物圈 2 号中 80%的空间由六种自然生境组成，从热带雨林到荒漠都有。这些生境提供了很高的生物多样性，因为科学家们预期其中的某些物种能够在此密封环境中存活，而其他物种可能会不适应甚至消失。其余空间中的大部分，约 16%，合 0.2 公顷（0.5 英亩），种植着各种农作物（农业区），给这些人和少量家养动物（羊、猪和鸡）提供食物，家养动物则为住在生物圈 2 号里的人提供低胆固醇食谱中的牛奶和少量肉类。这八个人在人类居住区都有各自的房间，可以把该区域视作城市区，它非常小，约占整个空间面积的 4%。在生物圈 2 号里，本章提及的三种基本环境类型（自然区、耕作区和发展区）的空间分配与图 1-3A 中所表示的美国土地利用比例相似。不过，在生物圈 2 号的“发展区”里没有汽车和污染工业。假如里面存在着汽车和污染工业，或者人口增加的话，那就需要更多的生命支持环境。（若需更多描述和图片，请参考 Allen，1991 及 Alling 和 Nelson，1993。）

1993 年秋天，这八个“生物圈居民”互相交谈着从两年的隔离生活里走了出来，他们的身体状况比当初进入生物圈 2 号时还要好（Walford 等，1995）。维持空气和水的循环以及再循环、加热和冷却等的复杂机械系统运转良好。输入的太阳能足以维持劳动力密集型的食物种植园，包括盆栽香蕉树，这些香蕉树遍布于整个封闭系统内光照良好的地方。然而，总光合作用还不足以维持氧气-二氧化碳平衡；在最后的六个月里不得不加入氧气以防止发生“高原反应”。很显然，由于玻璃减少了入射太阳光，加上外部不同寻常的多云天气，以及带入农业区的肥沃的有机土壤。上述因素结合在一起，和预期相比，氧气的产生量下降了，而消耗量则更高（Severinghaus 等，1994）。

一些科学家批评生物圈 2 号实验不是“真正的科学”，因为工作人员都不是科学家。他们被选中是因为他们具有一起工作的能力，能够自己种植所有的食物，能够操纵泵压设备并控制机器装置，并自愿在仅能维持生存水平的状况下生活两年。比如说，全体人员必须花约 45%的清醒时间用于种植和准备食物，25%的时间用于维持和修复，20%的时间用于通讯，5%的时间用于小型研究项目，几乎没有时间用于消遣和娱乐。几乎没有科学家能胜任这样的工作！生物圈 2 号作为一项人类生态学和环境工程实验是极为成功的。

尽管生物圈 2 号不具备水和其他液体的物质交换，但它是能量开放型的（这里指太阳和化石燃料），这对任何可持续的生命支持系统来说都是必需的。在将来的实验中，也许可以运用太阳能电池（光电伏打电池）来产生足够的电力，用以驱动泵及机器；那么整个实验就可能依赖太阳能来运行，如同生物圈 1 号（地球），以及未来的太空居住地。

生命支持的昂贵代价

生物圈2号首次实验的最重要结果可能是生命支持的高昂成本，而这几乎就是自然界的免费服务，即使用不可再生的化石燃料。生物圈2号的生命支持消耗很大，电力消费是700 kW·h，天然气是23×10^6 kJ（Dempster，1993）。如果按一般家庭的使用单位来计算，在这两年期间，共用了高达1 250万千瓦时（kW·h）的电力和380万撒姆（therms）的天然气。按每千瓦时10美分和每撒姆70美分的价格（美国的平均价格）来计算，其费用分别高达125万美元和260万美元，总计近400万美元。假如这八人必须以民用价格支付其能量消耗的话，他们每个月的账单将超过15万美元。据此计算，未来地球上100亿~200亿人中只有很少一部分人能负担得起在这种圆顶城市中的生活费用（见Odum，1996）。

同时，NASA在继续设计和实验更加小型轻巧的生命支持舱，以用于太空站或月球基地。最近一项被称为“受控生态生命支持系统”（controlled ecological life-support system，CELSS）的设计则是利用物理化学/生物再生的混合技术——即空气、水和食物通过物理、化学或生物过程来生产或再生，不论使用其中哪一种，目的都是使物质和能源需求最小化（Schwartzkopf，1992）。

2. 维持城市-工业区

地球上用于农业的土地面积是城市-工业区面积的数倍之大（图1-3A），我们能够看到，要养活居住在每平方英里城市面积里的千余居民就需要好几平方英里的农业用地。城市发展占用良田的现象着实令人担忧，因为肥沃的农田毕竟是有限的，这和很多人的认知完全相反。放眼全球，只有约四分之一的陆地面积具有维持食物高产的土壤、水分和气候条件，这些产出要用来供养地球上的数十亿人口。

人口密集但陆地面积小的国家，如比利时、以色列和日本，在很大程度上依赖于来自国外的生命支持必需品。例如，日本的捕鱼船队，广泛漫游于太平洋和大西洋，以获得日本国内众多人口所需的蛋白质，而国内土地仅提供约30%的农产品。乔治·博格斯特姆（George Borgstrom）曾写过一些诸如名为《饥饿的星球》（*The Hungry Planet*，1967）的书籍，他用“**影子土地面积**”（ghost acreage）一词来表示为供养国内人口而需要的境外地域。日本的影子土地面积明显比它国土及邻近浅海面积要大得多。相比之下，美国的国土面积更大，而人口密度相对较低，尽管能源和矿物供应不足，但在食物方面已超过自给自足的能力。

如图 1-3A 所示，美国的大面积自然环境能够提供其他生命必需品。再者，因为城市需求旺盛，需要大面积的自然区域来维持。我们很难估计自然区与发展区之间的最佳比率，不仅是因为这取决于高人口密度地区的能量密度，而且还因为当城市无法对空气、水和垃圾进行保护、清洁和再循环时，我们很难量化“自然的商品和服务”并确定到底有多少生命支持资源被“浪费”了。

目前，简单地说，大面积自然环境就是人类总环境的一个必要部分（Odum 和 Odum，1972）。你从飞机上俯瞰到的、看似“空闲的”土地和水域并非无用之地，它正在日夜不断地为你和所有其他动植物的生存和健康提供服务。

美国及世界上其他地区都正在越来越城市化，很重要的一点是我们应该认识到“城市是自然环境和驯化环境的一个寄生物”，因为城市不能自己制造食物，不能净化空气，也几乎不能使水净化到可供重新使用。城市越大，就越需要未开发或欠发达的农村为城市提供必需的宿主。我们稍后讨论宿主-寄生物关系时，将会提到，如果一个寄生物杀死或损害其宿主，那么它本身也不能存活很久。高度适应的寄生物不仅不会破坏其宿主——实际上会发展出使两者都能健康生存的交换或“反馈”。所以，高度适应的持续发展的未来城市也一定是这样的。

城市生产的财富流入乡间，作为交换，自然的和人工制作的商品与服务则流入城市。若要持续保持城市生活的质量，那么这个城市生产的一部分财富就要用来保护、服务及修复自然和农业环境。目前，因为我们并未意识到生命支持系统的至关重要性，所以没有着手维护好这个生命支持系统。为了更好地解释这个问题，让我们来看一下纽约和芝加哥这两个城市对其“下游流域”的依赖性。

3. 纽约湾

如图 1-6 所示，生活在纽约地区的 2 000 万人口所产生的废物全部都被排放到长岛（Long Island）和新泽西州（New Jersey）环绕的哈德逊河（Hudson River）河口的海湾。由于此处海岸线向内陆缩进，所以该地区被称作纽约湾（New York Bight）。每年有 1 000 多万吨的固体废物倾倒于此，还有不计其数的处理污水、工业废物、道路径流、船运排放等。因为足够开阔的水体在物理和生物方面相当活跃（汹涌的水流和潮汐、旺盛的细菌活动等），迄今为止，此处仍然是“消化”所有或绝大部分巨量排放物的地方。

然而，诸如海滩污染和鱼类死亡等胁迫信号不断增加，表明这个生命支持环境同化废物的承载力正在被超越。医疗注射器及其他医院废弃物被冲上了海滩。最近由美国国家海洋和大气管理局（National Oceanic and Atmospheric Administration，NOAA）资助的一项研究表明，更危险的残留物（农药、铅及

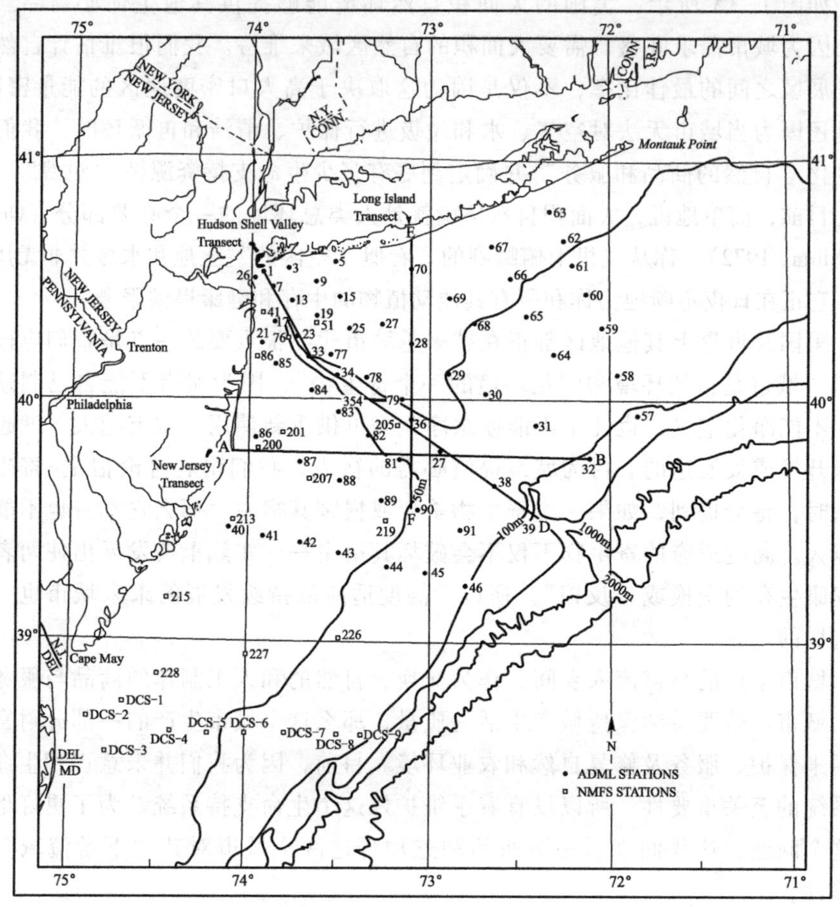

图 1-6　纽约湾，已成为纽约市及附近城镇的一个巨大的自然废物处理系统。图中也显示了等深线和水质抽样检查站（引自 Young 等，1985）。

许多有毒物质）被细颗粒泥沙所吸收，然后慢慢地向海岸转移，沉积于沿岸带的沼泽、河口和潟湖（Young 等，1985）。这些地方对许多残留物都有很高的同化容量，但许多沿岸带正由于开发而不断丧失。在持续的经济压力之下，海岸带沼泽和河口正在被不断地围填和开发，开发商和普通人都未意识到这些地区在自然状态下的巨大价值。废物处理仅是河口和湿地为我们提供的生命支持服务之一，其余的将在第八章中阐述。

纽约湾的水体面积大约有 2 000 平方英里（5 200 km^2），平均水深约 100 英尺①（30 m），其作用就像一个活跃的大型废物处理系统，一年 365 天，一天 24 小时不间断地无偿进行着废物处理。设想如果应用人造的机械处理系统来处理所有废物，使用昂贵的燃料而不是驱动自然系统的太阳能和潮汐能，那

① 1 英尺 = 0. 304 8 m。——译者注

将是怎样的代价不菲。或者设想一下，假如所有废物填入巨大的垃圾填埋场，又将损失多少宝贵的土地。(纽约市最近通过了一项法令，禁止开发新的垃圾填埋场，但此法令不是一个解决方法，因为这样就不得不将废物输出到人口稀少地区。) 纽约的州税与地方税已是国内最高的，假如纳税人必须支付纽约湾的工作，那么税务还将会大大增加。如前所述，因为近年来自然废物处理系统已经负荷过重，现在只有两种选择：① 增加昂贵的人工处理系统，或者② 减少需要倒弃或处理的废物量。污染防护及废物减少技术正是目前所急需的，本书将在稍后的章节中讨论这个问题。

我们的免费污水系统

全世界的大城市（人口 1 000 万或以上）几乎无一例外都坐落于大水体之畔——海岸、江河、湖泊或河口——这些地方提供了自然废物处理设施。你能想出有哪些大城市不是这样的？你会说墨西哥城，但那儿的空气质量和水质都很差。全球大型城市都不得不面对这样的事实，即它们的免费污水系统即将超负荷，当这些污水系统的废物同化能力被破坏时，城市的污水处理就不可能再免费了。

4. 伊利诺伊河

伊利诺伊河（Illinois River）流域给芝加哥城提供了如同纽约湾给纽约市提供的同样重要的服务。1900 年，芝加哥城决定将其污水不再排放入密歇根湖（Michigan Lake），转而排放到向南流入密西西比河（Mississippi River）的伊利诺伊河（图 1-7）。为此，从密歇根湖到伊利诺伊河源头挖掘了一条运河（也为船运提供了航道）。伊利诺伊河有广袤的河谷，主河道被几百个浅水湖及沼泽地包围，这条河流经了世界上最肥沃的土地。印第安人及早期土著居民发现该流域是一个狩猎和捕鱼的天堂，盛产水鸟、鱼类、软体动物和毛皮动物。晚至 1908 年，2 500 名渔民每年可从伊利诺伊河捕获 1.1×10^{7} kg 鱼类。另外据估计，钓客们对当地经济作出的贡献同渔民一样。那段时间里，还有 2 600艘渔船在那里捕捞软体动物。伊利诺伊河在过去和现在都是运输谷物和燃料的一条重要航道。

被改道的密歇根湖水虽扩大了伊利诺伊河的流域范围，但同时也增加了未经处理的污水量，从而降低了河流上游的水质，导致捕捞量锐减。在 1920—1930 年间，各城市建立了污水处理厂，颁布了水污染法，这种状态才有所改善。在此期间建造的水闸和水坝对伊利诺伊河流域兼有积极和消极的影响。1940 年，伊利诺伊河总体来说情况尚好，同化着来自流域的芝加哥城和其他

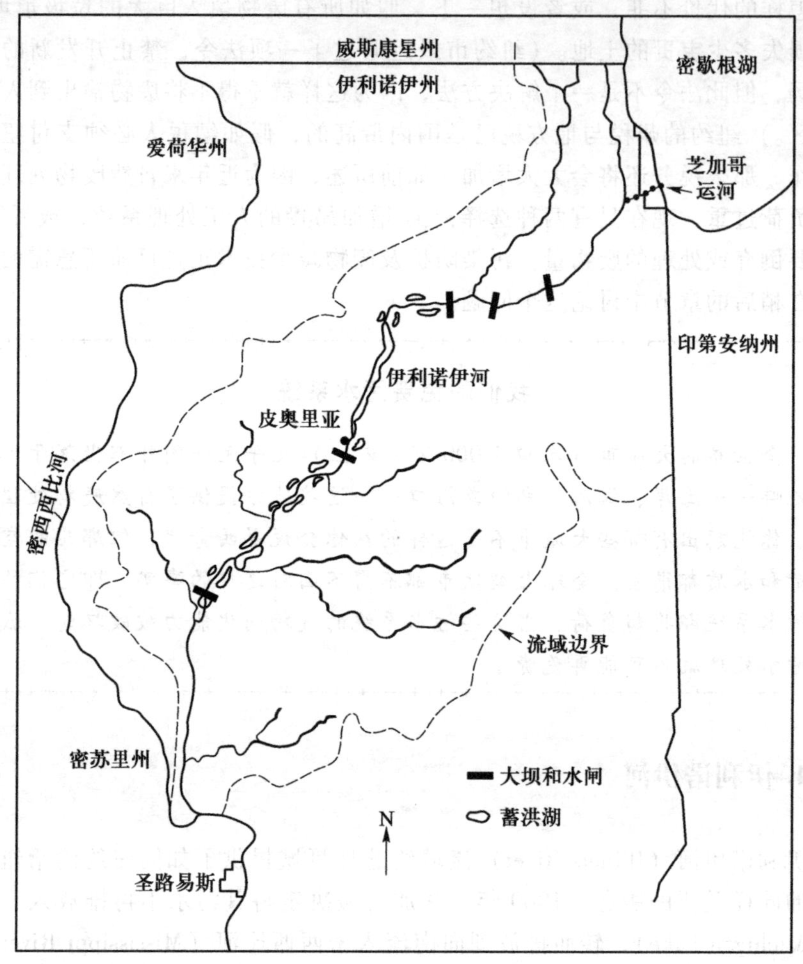

图 1-7 伊利诺伊河集水流域（由虚线所包围的区域），越来越受到来自芝加哥的废物、受非点源污染的土壤及农业化学污染物的影响（仿 Havera 和 Bellrose，1985）。

各城市排放的大量废物。

但此后的几十年间，新的胁迫产生了，导致伊利诺伊河生命支持系统的容纳量萎缩甚至被完全破坏。20 世纪 30 年代初，伊利诺伊河流域的大草原大量地被用于耕作玉米和大豆等单一作物。由于鼓励提高作物产量的经济政策和廉价化石燃料及农用化学药品的使用，沿岸的牧场、林地、低洼湖、防护林和保护植被全部改为谷类农田。20 世纪 30 年代成功建立起来的水土保持措施被遗弃了，农作物的产量几乎成了唯一的目标，根本不考虑其可持续性及其究竟给其他环境带来了多大的危害。土壤侵蚀及径流里的有毒化学物质随着农业生产的发展而不断增加。据 1975 年的估计，每年有 2 500 万吨土壤从农田流失，进入伊利诺伊河。其中一部分继续流入密西西比河，但大部分则沉积于浅湖和潟湖，它们是伊利诺伊河流域中极有价值的一部分。沉积物和有毒化学物质如今已成为对伊利诺伊河的最大威胁。人们面临的困境是：为提高生命支持系统中一部分功能（农业）的努力却导致其他同样重要的组成部分（自然系统）发生退化。（更多有关伊利诺伊河的情况，请参见 Havera 和 Bellrose，1985。目前伊利诺伊河流域的恢复工作见 Sparks，1992。）

目前，上述伊利诺伊河的类似趋势也正在美国及全世界的其他地方发生。圣弗朗西斯科湾（San Francisco Bay）也正受到有毒废物的持续排放和盐度不断上升的威胁，盐度上升是因为农田灌溉径流以及上游农业和民用淡水的分流而导致的（见 Nichols 等，1986）。切萨皮克湾（Chesapeake Bay）是世界上最优质的河口之一，盛产牡蛎和美洲蓝蟹，目前也正逐渐受到缺氧和水质普遍下降的威胁。如果只考虑整个切萨皮克流域［12 万平方英里，从纽约州雪城（Syracuse）南部至弗吉尼亚（Virginia）的诺福克城（Norfolk），包括大约 1 500 万人口］，水质是可以恢复的。目前该区域的水质下降问题已经成为共识，假如（一个大假设）社会、经济和环保利益能结合起来，采取严厉措施减少土壤、农药、重金属等流入河中，那么修复行动是能够取得成效的。如果成功了，切萨皮克工程将是一个“值得效仿的可持续生态系统管理示范”（Costanza 和 Greer，1995）。这些问题在人口不断增加的东半球的半封闭海域地区特别严重，诸如波罗的海、地中海、里海、红海、黑海、南中国海、爱尔兰海及英吉利海峡（Platt，1995）。

5. 点源与非点源污染

控制工厂、发电厂、污水处理厂排放废物法令的颁布与实施，已减少了空气和许多河流的**点源污染**(point-source pollution)。相对来说，由管道、沟渠、大烟囱及其他来源（如图 1-8 所示的工厂）的点源污染很容易找到，并依法处理。然而，**非点源污染**(nonpoint-source pollution)（如来自农田径流的土壤和农药残余物或汽车尾气）越来越多（Smith 等，1987），所以空气和水质很少或根本没有得到总体改善——甚至在一些已报道过的例子中还有所下降。令人欣慰的是，人们正在对如何减少对生命支持系统的胁迫达成新的共识。

对五大湖的点源污染控制已经大大改善了水质，并且也恢复了一些鱼类种群，但如今水质受到了来源于地下水的工业和农业化学制剂的威胁。现在更难以评价非点源污染物对湖泊、江河、海洋及大气造成的严重威胁，它们不像点源污染那样可在“输出”点受到控制。非点源污染只能通过**输入管理**(input management）加以控制。比如，通过减少施于农田的农药量并降低其毒性，在发电厂燃烧煤炭之前除去其中的硫及其他污染物，或者实现纸张回收而不是将废纸送到垃圾填埋场。因为减少昂贵的输入成本能增加工农业产品的利润，所

图 1-8 这张 1950 年的照片显示了直接排放未经任何处理的废弃物。当点源污染正在美国逐渐减少的时候，那些不太容易拍摄到的非点源污染正在世界范围内不断增长（照片由土壤保持局提供）。

以彻底转变我们处理废物的方式具有强有力的经济理由。垃圾填埋场和其他“倾倒”垃圾的方法必须考虑废除，并以废物再利用工业取而代之。（输入管理这一概念将在跋中做进一步的解释和讨论。）

纽约湾及伊利诺伊河不仅说明了自然环境生命支持系统的价值，还说明了重视提高资源利用效率的必要性，以减少建造环境和归化环境对生命支持系统环境的有害影响。

我们现在看待和管理景观时应该把它作为一个整体来对待。这也是生态科学可以帮助解决问题的机遇，因为生态学解决的是人类与自然的相互关系。生态学一词来源于希腊语 oikos，意为“家务”，并加上了词根 *logy*，意为“关于……的研究”。所以生态学（ecology）字面上的意思是对家务的研究，所谓的家务包括了相互依赖而一起生活于地球上的植物、动物、微生物和人类。如前面已强调过的，我们放置人造结构和操纵机器的环境住所为我们提供了大部分重要的生物必需品，所以我们能够把生态学看成是对地球生命支持系统的研究。

不仅仅是学问

生态学研究不只是给我们提供了实践知识，同时也给我们展示了地球那难以置信的完美和不可思议的生命多样性。尽管我们越来越依赖于机器和人造结构，热爱自然仍然是人类心灵深处的强大力量。美学价值和保护伦理是其深层次的缘由，即便其经常受贪婪与追求短期经济和政治利益的影响（遗憾的是，我们当中许多人视之等同于追求幸福）。自相矛盾的是，虽然城市化使我们与自然环境更加隔离，我们却更关心自然环境，因为我们越来越依赖于自然环境。

随后几章将会介绍整体生态学原理。我相信见闻广博的市民迟早会明白，未来的“进步”包括持续整体环境的质量。如果使自然生命支持产品和服务同人造产品和服务的价值一致，并且前者得到明智管理，那么生活质量与经济发展就一定不会不可兼得了。

推荐读物

*Allen, J. 1991. *Biosphere-2: The Human Experiment*. Penguin Books, London.

*Alling, A. and M. Nelson. 1993. *Life Under Glass: The Inside Story of Biosphere-2*. The Biosphere Press, Oracle, AZ.

*Borgstrom, G. 1967. *The Hungry Planet*. Macmillan, New York. (Concept of "ghost acres", Chapter 5, pp. 70–86.)

Cloud, P. 1988. *Oasis in Space: Earth History from the Beginning*. Norton, New York.

*Costanza, R. and J. Greer. 1995. The Chesapeake Bay and its watershed: A model for sustainable ecosystem management? In *Barriers and Bridges*, ed. C. S. Hollings and S. S. Light, pp. 169–213. Columbia University Press, New York.

*Dempster, W. F. 1993. Biosphere-2 systems dynamics during the initial two-year closure trial. Society of Automotive Engineers (SAE) technical paper series, no. 932290. Warrendale, PA.

Dorney, R. S. and P. W. McLellan. 1984. The urban ecosystem: Its spatial structure, its subsystem attributes. *Environment* 16 (1): 9–20. (Natural, agro, and urban landscapes are considered as the three basic ecosystems, with the latter two considered as "islands" or "subsystems" in the matrix of natural landscape.)

Echart, P., ed. *Life Support and Biospherics*. Herbert Utz Publishers, Munich. Ehrlich, A. H. and P. R. Ehrlich. 1987. *Earth*. Franklin Watts, New York.

Greeson, P. E., J. R. Clark and J. E. Clark, eds. 1979. *Wetland Functions and Values: The State of Our Understanding*. American Water Resources Association, Minneapolis.

*Havera, S. P. and F. C. Bellrose. 1985. The Illinois River: A lesson to be learned. *Wetlands* 4: 29-40.

Hutchinson, G. E., ed. 1970. *The Biosphere*. Special issue, *Sci. Am.* 223 (3): 44-208. Also published in book form by W. H. Freeman, San Francisco.

*Nichols, F. H., J. E. Cloern, S. N. Luoma and D. H. Peterson. 1986. The modification of an estuary. *Science* 231: 567-573.

Odum, E. P. 1977. The life support value of forests. In *Forests for People*, pp. 101-105. Society of American Foresters, Washington, D. C.

*Odum, E. P. 1996. The high cost of domed cities. *Nature* 382: 18.

Odum, E. P. and E. H. Franz. 1977. Whither the life-support system? In *Growth Without Ecodisasters*? ed. N. Polunin, pp. 264-274. Macmillan Press, London.

*Odum, E. P. and H. T. Odum. 1972. Natural areas as necessary components of man's total environment. *Trans. N. A. Wildl. and Nat. Res. Conf.* 37: 178-189. Wildlife Management Institute, Washington, D. C.

*Platt, A. E. 1995. Dying seas. *Worldwatch* 8 (1): 10-19.

*Schwartzkopf, S. H. 1992. Design of a controlled ecological life support system: Regenerative technologies are necessary for implementation in a lunar base CELSS. *BioScience* 42: 526-535.

*Severinghaus, J. P., W. S. Broecher, W. F. Dempster, T. MacCallum and M. Wahlin. 1994. Oxygen loss in Biosphere-2. *Trans. Am. Geophysical Union* 75: 33, 25-37.

*Smith, R. A., R. B. Alexander and M. G. Wolman. 1987. Water-quality trends in the nation's rivers. *Science* 235: 1607-1615. (Between 1974 and 1981 some point-source pollution has declined, but nonpoint-source pollution has increased.)

*Sparks, R. 1992. The Illinois River-floodplain ecosystem. In *Restoration of Aquatic Ecosystems*, ed. J. Cairns, pp. 412-432. National Academy Press, Washington, D. C.

*Walford R. L., Weber L., Panov S. 1995. Caloric restriction and aging as viewed from Biosphere 2. *Receptor*, 5 (1): 29-33.

*Young, R. A., D. J. P. Swift, T. L. Clarke, G. R. Harvey and P. R. Betzer. 1985. Dispersal pathways for particle-associated pollutants. *Science* 229: 431-435.

*代表本章中引用的参考文献。

第二章

组织层次

第一章按三个主要环境类型：发展环境、耕作环境及自然环境，对地球做了概述，强调了支持人类文明的系统。要更全面地从基础水平了解这个错综复杂的世界，用“组织等级层次”一词来考虑是很有帮助的（Simon，1973；Allen 和 Starr，1982；O'Neill 等，1986）。等级（hierarchy）的定义为：一系列分级组分的一种排列方式。例如，想象一下盒内套盒的中国盒。表 2-1 给出了五个例子。在这些等级中，一系列水平是从最大排列到最小，假如你想从最低层次开始解决问题的话，可以将该顺序倒过来。

表 2-1　组织等级层次的例子

较大尺度	
地理和政治的	生态的
全世界	生物圈
大洲	生物地理区
国家	区系和生物群系
地区	景观
州（或省）	生态系统
县	生物群落
镇	种群（物种）
人类种群（种族等）	有机体
个人	

较小尺度		
分类学	生理学	军队
界	有机体	将军
门	器官系统	上校
纲	器官	少校
目	组织	上尉
科	细胞	中尉
属	细胞器	中士
种	分子	士兵

我们多少熟知地理学及军队方面的例子。在生物学基础课程的开始部分，就向学生介绍生理学的和分类学的“阶梯”，使之了解人体结构是怎样排列的，生物是如何分类的。另一个例子是我们日渐熟悉的现代计算机程序，其主程序和子程序按一定的顺序启动，以实现一个总目标。地理学、生物学和生态学的等级是“巢式”的，因为每一个等级层次由一组低层次单位组成；相反，军队和其他政府、公司以及大学中的等级是“非巢式”的（例如，中士并不是由一群士兵组成）。

1. 生态等级

在生态学里，种群（population）一词，最初是用来表示一群人，词义拓宽后包括生活于某个特定地区的某个物种的个体群。在英文中，种群一词的单数形式是指一群彼此能交配并繁殖的同种生物；复数形式则包括由共同祖先或共同生境联系在一起的不同物种的个体群（例如，植物种群、鸟类种群、浮游生物种群）。在生态学里，**群落**（community）指**生物群落**（biotic community），指生活于同一个特定区域里的所有生物种群。群落与非生物环境相互作用，形成一个**生态系统**（ecological system 或 ecosystem）。在德文和俄文文献中常用的一个近义词是 *biogeocoenosis*（生物地理群落），其译意为“共同作用的生命与地球”。

再参考一下表 2-1，一组生态系统和人工建设一起构成**景观**（landscape），它反过来又是**生物群落区**（biome）（例如，海洋、草原区）的一部分，后者是更大的区划单元（地理区域和自然区域）。主要的大洲和大洋都是**生物地理区**（biogeographic region），每一个生物地理区都有自己独特的植物区系和动物区系。**生物圈**（biosphere）是一个应用广泛的术语，用来表示在全球尺度上共同作用的地球上的所有生态系统。**生态圈**（ecosphere）一词通常用作生物圈的同义词，但环境科学教材里经常作如下区分：生物圈=地球上的所有生命（所有生物群落）；生态圈=所有生命和与之相互作用的非生命物质（所有生态系统）。

所有生态等级的层次都包括了生命和生物学过程，所以我们可以把生物圈看成是生物在地球上能生存其中的部分；即，生物可栖息的土壤、空气和水。生物圈或生态圈与地球上的其他主要圈层，即**岩石圈**（lithosphere，岩石、沉积物、地幔及地核）、**水圈**（hydrosphere，地表水和地下水）及**大气圈**（atmosphere）微妙地融合在一起（即没有明确界限）。

2. 混沌产生有序

一个等级内的每一个层次会影响其邻近的层次，低层次的过程经常以某种方式受高一层次的制约。例如，种群水平的相互作用，如寄生物与宿主之间的

无 暇 思 考

人类与自然的非自然脱离是人口高密度和高度城市化的不幸结果。大城市里的人都在经济竞争激烈的高能环境中忙于生存，以至于对支持生命的自然环境和农业环境不仅视而不见，而且抛诸脑后。同样，在贫穷国家，有上百万贫困人口必须竭力维持每日生计，根本没有时间和精力去思考其行为的长远后果。要使人们着手思考这些事情需要开展早期环境教育。和术业有专攻的已经具有思维定势的成人相比，小孩子通常更易具备整体性和常识性想法。

相互作用，会趋于非平衡、循环，甚至紊乱。相反，以缓慢而长期的相互作用为特征的高等级层次趋近于波动稳定状态（pulsing steady state）。换句话说，大生态系统如海洋或大森林，它们作为一个整体时，在同样的时间里，比其各个组分的变化都要小得多。我们可以把这种情况看作是等级制约（hierarchical constraint）。因此，我们在一个等级层次上所见到的情况可能会不同于另一个层次。

3. 时间和尺度的重要性

时间和尺度在生态学研究中极其重要。短期内，寄生物和宿主经常处于波动性的“军备竞赛”之中，其中每一方都力求取胜另一方。但从长期来看，寄生物和宿主会趋于彼此适应对方而达成某种平衡的共存。此平衡可以一直持续下去，直至这种调节受到某种大规模干扰的破坏（我们将在第七章里学到更多有关“协同进化”方面的内容）。同理，在一小片森林里某个种群的行为和生存依赖于这片森林所处的大尺度景观特性。（我们将在第四章的“源-汇能量学”一节中学习更多有关这些“尺度效应”方面的知识；也可参见Meentemeyer和Box，1989。）

4. 生态-经济学的创立及其他边缘学科

经济学（economics）一词与生态学一词起源于同一词根“*oikos*”（家务）。“*nomics*”意为“管理”，所以“*economics*”可翻译为“家务的管理”。从理论上讲，生态学和经济学应该是同源学科，然而，实际上，经济学家处理的是人类的工作和市场商品与服务，而生态学家迄今致力于自然环境和自然界中大部分非市场的但又是至关重要的自然物品和服务（空气净化、水循环、提高土壤肥力等）。由于这两门学科都持过于偏狭的看法，结果就是一般公众倾向于把生态学家和经济学家看成是持不同意见的对立者。稍后的章节里将会讨论用整体观点看待我们家务的重要性，以及为了弥合生态学与经济学之间的隔阂所做的努力。在跋中，我们将讨论“二重资本主义”作为最重要桥梁的理念。

政治曲折变化

个体哲学和整体哲学的交替看来是政治的一个明显特征——换句话说，关注点在个体水平至整个社区、国家或世界水平之间来回变化。在政治中体现在有利于“个人利益”的也就是所谓的保守姿态的政治体制，和趋于与注重“公众利益”的所谓自由哲学的政治体制的交替进行。人类的政治历史已经证明，这两种政治体制难以融合在一起，因为它们被认为是对立的。通常会发生的事是，过分注重于一个层次而忽视了另一个层次，这将会产生新的政治体制来确保处理被忽视的层次。因此，人类以一种曲折变化的形式，努力取得个体人权与公众需要之间的平衡。

我们现在认识到大多数实际问题的解决都需要多门传统学科的知识，这导致了许多新兴边缘学科的出现，每个边缘学科都有自己的专业学会、期刊、教科书及大学课程。生态经济学就是这样一门边缘学科；其他的还包括**环境卫生学**(environmental health)、**环境工程学**(environmental engineering)、**环境法学**(environmental law)、**保护生物学**(conservation biology)、**景观生态学**(landscape ecology)和**恢复生态学**(restoration ecology)。这些新专业对未来决策和规划所产生的影响取决于所应用的生态学理论的完备性、公众对生态学基础原理的了解，以及从中得出多少用于改善管理的实际对策，最后一点也许是最重要的。

几乎每个人都会同意，对环境质量的意识与关注将一直是人类事务中的重中之重。但是，当我们有许多其他需要关注的事务，甚至当这些事务直接与生态问题相关时，生态环境的保护也依旧难以维持高水平的公众兴趣。主要是不同的组织层次具有不同特征，并且这些特征通常是独特的，它们彼此之间通过**超然功能**(transcending function)联系在一起，如能量学、生长、进化、反馈控制和其他共同特性（见 Barret，Peles 和 Odum，1997）。因此，在任一层次上发生的情况会影响到其他层次。于是得出了下面这一重要的生态学原理。

5. 涌现性原理

等级组织的一个重要结果是，当组分或子集组合成更大的功能性整体时，低层次上就会出现不具备的或不明显的新属性。相应的，一个生态层次或生态单元的**涌现性**(emergent property) 就是由其组分的功能性相互作用所产生的，因而是不可能通过研究从整体单位分离或分解出来的组分而得以预测的性质(Salt, 1979)。此原理是古训“整体大于部分之和”或通常所说的“森林大于树木的简单集合”的一个更为正式的表达。这里用一个物理学实例和两个生态学例子来解释涌现性。当氧与氢以一定的分子结构结合在一起，就形成了水，而水是一种液体，它的属性与其气体组分完全不同。当某种藻类与腔肠动物共同进化而产生一种珊瑚时，一种高效的营养循环机制导致珊瑚礁能在低营养水体中维持高生产率。同样，当某种真菌附生于树根时，形成了真菌-根结合体——菌根 (mycorrhizae)，和单独的根系相比，它更能有效地从土壤中吸收矿物营养物质。自然界中像这样的互利关系是很普遍的，在井然有序的人类社会里也很常见。

6. 新生态学

如今生态学已经成为一门越来越强调对部分与整体进行整体论研究的学科。整体大于部分之和的概念虽被广泛认识，但却容易被现代科学技术所忽略，因为后者根据“专业化是处理复杂事物的方式”的理论，强调的是对越来越小的单元进行详细研究。现实世界里的真相却是，尽管任一层次的发现有助于另一层次的研究，但也不能以此来完全解释那个层次里发生的现象，从而必须对其本体进行研究，以获得全面的认识。所以，我们为了解和合理管理森林，不仅需要对树木有充分的认识，而且也需要了解森林的独特特征，这些特征是森林作为一个整体才具备的。

很显然，当我们从小单元到大单元推进研究时，某些属性变得更为复杂和多变，但正如我们已经提到的，功能速率的变化可能会缓一些。例如，整片森林或整片玉米田的光合作用率的变化比一片叶子或群落中的一个个体要小。因为当一片叶子、一个个体或者物种的光合作用率降低时，其他叶片或个体可能会以一种补偿性方式提高光合作用率。我们可以采用一个更专业的术语：**内稳态机制**(homeostatic mechanisms)，其定义为抑制振荡并始终起作用的控制和平衡 (或者作用力与反作用力)。我们很熟悉人体中的内稳态机制，例如，尽管环境温度不断波动，但神经系统的调节机制始终保持我们的体温恒定不变。调节机制也在较高层次中起作用，如维持大气中的二氧化碳-氧气平衡。不过，较高层次调节的不同之处是，它们没有恒温器或恒化器那样的“设置点”控制，我们将在第三章详述这些内容。

最后，重要的是我们不仅应认识到不同层次具有不同的超然属性，而且也应认识到外部干扰的影响可能会随层次的不同而异。例如，像加利福尼亚州南部有一种被称为“夏旱灌丛” (chaparral) 的植被，每隔几年就会在旱季发生周期性火灾（见第八章中的图 8-16A）。这种当地植被已适应了周期性的火灾，如果没有火灾，反而不能生存了。对于可能会被火烧死或是受到损伤的个体生物，或对于把家建在灌木丛里的人来说，火灾肯定是有害的。但在植被群落这一层次上，缺乏火灾才可能是有害的。在缺乏周期性火灾的情况下，火依赖性物种将会被其他物种所替代，植被及其中的动物群落的整体性质将会改变。（第五章将进一步讨论适火生态系统。）同样，河漫滩的洪水对于一头被淹水的动物或不明智地在此建房的人来说，是一件坏事，但是对适应河漫滩的植被来说却是一件好事，而且是必需的。最近的研究已经表明，人类在加利福尼亚州竭力去抑制所谓的“灌丛火”，虽然已经减少了火灾的发生频率，但这种做法却使火灾发生时其烈度更强，因为对小火灾的抑制使燃料（干枯木材和树叶）积累起来了（Minnich，1983）。同样，某些出于良好目的的水灾控制也会出现类似的结果；小水灾可以得到控制，但大水灾发生时情况更糟（Belt，1975）。

7. 害虫和外来种

关于物种在生物群落中的整合性与不整合性的差异，一个引人注目的例子见于这样的情况，当昆虫从它们的本土生态系统离开后会成为害虫。绝大多数的农业害虫在它们的天然生境是相对无害的物种，但是当这些昆虫入侵或被无意间引入一个新的地区或新的农业系统时，就会引起麻烦。北美的许多害虫都来自其他大陆（反之亦然），如地中海果蝇、日本甲虫及欧洲玉米螟等（这个名录很长）。在它们原来的生境里，这些昆虫种类是井然有序的生态系统中的一部分，作为长期进化的调节结果，过度的繁殖和啃食都会受到控制；而新的生境缺乏这种控制，其种群的行为就像癌症一样，在控制机制建立之前，它们能破坏整个系统。我们在本章稍后部分会看到，我们为提高作物产量而付出的代价之一就是由于使用化学控制方法替代了自然控制而导致环境破坏和成本上升。幸运的是，目前正在发展一项被称为**害虫综合治理**（integrated pest management）的新技术，它包括了对自然和人工控制的协调，同时也展现了在降低成本方面的潜力（Allen，1980；Murdoch 等，1985；Stone，1992）。

引进物种通常会引起大破坏，这不仅出现在农业上，在自然环境下也是如此。一个很好的例子就是斑马贻贝，这是原产于亚洲中南部里海地区的一种小型贝类动物。它粘附在轮船的船体上，并因此进入美国和加拿大的五大湖。在 20 世纪 80 年代发生种群爆发，它们堵塞了管道，降低了浮游生物种群，并因此减少了鱼类食物链的基础生物种群（它们以滤食浮游生物为生），因此被普遍认为是一种有害生物（Ludansky，McDonald 和 MacNeill，1993；Benson 和 Boydstun，1995）。

人们曾经希望北美的捕食者会发现这种丰富的新食物源，但这种进化调节通常要经历很长时间才能发展起来。与此同时，人们发现斑马贻贝的唯一有效捕食者看来是两种虾虎鱼（小型鱼类），而这两种鱼也是从里海地区引入的。事实上，在很多案例里，人们从有害生物的原初生境引入寄生物或疾病来控制前者。

国际贸易和航空交通的发展大大增加了机会主义植物、动物及疾病的传播，其中包括一些恶性的人类疾病。很显然，当生态系统或宿主种群受胁迫时，入侵者就更容易成功。例如，自然草原过度放牧的最初迹象经常是外来杂草的出现。(由入侵生物引起的更多问题见 Mooney 和 Drake，1986；Bright，1996。)

8. 等级理论的应用

等级组织、功能整合及内稳态现象说明，我们能够在许多层次中的任何一个层次开始生态学研究，没有必要了解其邻近层次的所有内容。这里面的挑战是要认识所选层次的独特特征，并以此设计合适的研究和行动方案。如图 2-1 所示，不同层次的研究需要不同的研究工具。为了获得有用的答案，我们必须提出正确的问题。许多时候，环境问题的解决屡遭失败，甚至事与愿违，那是因为我们提出了不正确的问题，或者是定位在错误的层次上。例如，研究造成大量鱼类死亡的水体可以揭示鱼类死亡的原因，但如果有毒物质来自景观中其他部分的话就没法预防未来再次发生鱼类死亡事件。

在下一章里，我们将在生态系统这一层次上综述重要的生态学原理，对于作为个体的你和你生活其中的世界来说，生态系统是一个关键的中间层次。

9. 关于模型

那么，我们如何开始研究像生态系统这样的一个令人生畏的复杂事物呢？正如我们将要开始研究任何其他复杂情况那样——通过描述简化版本，描述中只包括比较重要的或是基本的性质或功能，然后开始研究。科学上，真实世界的简化版本被称为模型。模型（model）是一种模拟真实世界现象的简明公式表达，以此来理解和预测复杂情况。模型的最简明形式可以是文字的或图表的，即它们可以由简明的文字表述或图表组成。尽管本书的绝大部分内容仅限于非正式模型的讨论，但值得考虑用更正式的模型，因为总的来说，建模在专业生态学和科学上起到越来越举足轻重的作用。如今的台式电脑和专业建模软件使那些只具备基本数学和物理学知识的人都能建立生态模型。

在正式表达式中，一个生态状况的工作模型大都包括以下五个部分（括号里列出了建模者使用的一些技术术语）：

图 2-1 对不同生物结构层次的研究需要不同的方法和工具。(A) 物种水平的研究，如对盐沼里的昆虫种类进行取样，一个简单的扫网就足够了（E. P. Odum 摄）。(B) 群落水平的研究。在波罗的海西海域放置的远洋中宇宙研究设施。这些中宇宙单元是基尔海洋模拟离岸式中宇宙（Kiel Off-Shore Mesocosms for Ocean Simulations，KOSMOS）实验平台的组成部分。每个单元可以隔离出 50 m^3 不受干扰的海水，供科学家研究海洋变化对自然浮游生物群落的生态学和生物地球化学影响（照片和文字由德国基尔亥姆霍兹海洋研究中心的 Ulf Riebesell 教授提供。KOSMOS 由该研究中心运行）。

(1) 属性（properties，P；状态变量）

(2) 作用力（force，E；强制函数；位于能源之外或是驱动系统的诱发力）

(3) 流通道（flow pathway，F），表示能量或物质在彼此之间以及与作用力之间的转移连接性质的通道

(4) 相互作用（interaction function，I；相互作用函数），作用力及属性通过相互作用对流进行修正、放大或控制

(5) 反馈环（feedback loop，L），输出反馈以此影响“上游”组分或流

建模通常从建立图表开始，或从图解模型开始，可以采取如图 2-2 所示的分室图形式。图中给出了两种属性，P_1 和 P_2，当系统受强制函数 E 的驱动，

两者相互作用于 I 而产生或影响第三种属性 P_3。图中有五个流通道，F_1 和 F_6 分别代表整个系统的输入和输出。图中也有一个反馈环，L，表示下游输出或者是其中的某一部分通过反馈或再循环来影响或控制上游组分或过程。

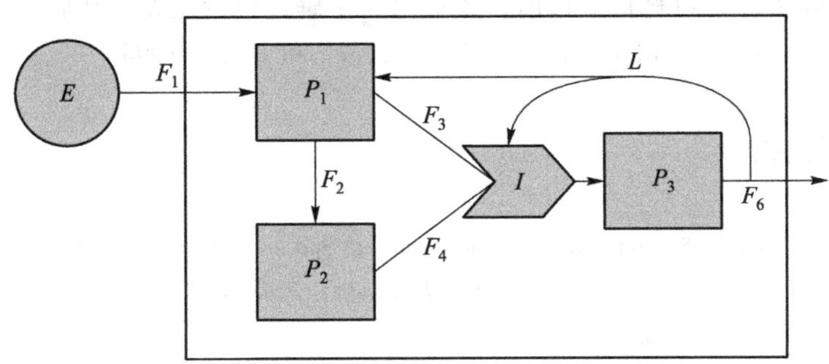

图 2-2　一个系统图，表示生态系统模型中最主要的五种基本成分：作用力（E）；属性（P）；流通道（F）；相互作用（I）；反馈环（L）。

图 2-2 可以作为洛杉矶上空（或任何其他大城市）烟雾污染产生的一个模型。在这个例子中，P_1 代表碳氢化合物，P_2 代表二氧化氮，这是汽车尾气的两种成分。在太阳光作用力 E 的驱动下，这些成分相互作用产生一种新物质——光化学烟雾。这种情况中的相互作用函数 I，是增效和增强的，因为 P_3 是一种比 P_1 或 P_2 单独作用更能产生强烈刺激的污染物。假如模型能表示出空气中的烟雾浓度增加时，新的烟雾的产生率上升或下降，那么就能在该模型中加入反馈环。当然，反馈可以是正向的，也可以是负向的（在图中用+或-来表示）。一般来说，正反馈能使系统或过程加速（如政府补贴可能会加速经济发展），而负反馈则减慢过程或使过程维持在稳定状态（如分区规划应该控制城市以有序的方式来发展）。这两种情况在自然界中都是很常见的。

或者，图 2-2 也可以作为一个草原生态系统模型，其中 P_1 表示绿色植物（即草），它们将太阳光能（E）转换为食物。P_2 可代表吃植物的食草动物，P_3 代表既捕食食草动物又吃植物的杂食动物。在这个例子中，交互函数可以代表几种可能性。若观察资料表明杂食动物是根据可获得性来决定取食动物还是取食植物，那它可以是"无优先转换"模型。或者可以假设杂食动物的食谱具有稳定的组成比例，比如 80%为植物性食物，20%为动物性食物，那么可以给 I 指定一个常数百分比值。或者 P_3 按季节从植物性食物向动物性食物转换，I 可以是一个季节性转换值。

这些例子足以说明建立模型的强大多功能性，它不仅能提供真实世界的简化版本以帮助我们了解真实世界，而且能建立假设检验实例来回答"假如……将会怎么样"的问题——例如，假如去除这个属性或增加另外的属性，或者相互作用发生改变，或者能源减少了，或者反馈变更了，将会发生什么情况呢？为理论或实践目的而使用和运用模型时，我们所讨论的图表模型就必须通过量化属性和建立流通和相互作用的方程式来转换成数学模型。如前所述，电脑软件可用于建立方程式，处理更大更复杂的公式也因此成为可能——但这是一个更高级的学习科目。目前，我们只需了解建模者是如何开展工作的就行了（Odum，1971；Hall 和 Day，1977；Hannon 和 Ruth，1994）。

推荐读物

* Allen, G. E., ed. 1980. Integrated pest management. Special issue of *BioScience* 30: 655-701.

* Allen, T. F. H., and T. B. Starr. 1982. *Hierarchy: Perspectives for Ecological Complexity*. University of Chicago Press, Chicago.

* Barrett, G. W., J. D. Peles, and E. P., Odum. 1997. Transcending process and the levels-of-organization concept. *BioScience* (in press).

* Belt, C. B., Jr. 1975. The 1973 flood and man's constriction of the Mississippi River. *Science* 189: 681-684.

Benson, A. J., and C. P. Boydstun. 1995. Invasion of the zebra mussel in the United States. In *Our Living Resources*, ed. T. LaRoe, pp. 445-448. National Biological Service, U. S. Department of the Interior, Washington, DC.

Bright, C. 1996. Understanding the threat of bioinvasions. Chapter 6 in *State of the World 1996*, ed. L. R. Brown, pp. 95-113. Worldwatch Institute, Washington, DC. (See also *Worldwatch* 8 (4): 10-19, 1995.)

Fiebleman, J. K. 1954. Theory of integrated levels. *Brit. J. Phil. Sci.* 5: 59-66.

Gardner, Gary. 1996. IPM (Integrated Pest Management) and the war on pests. *Worldwatch* 9 (2): 21-27. (Chemical weapons are a losing proposition, so what are hopes for IPM?)

* Hall, C. A. S., and J. W. Day. 1977. Systems and models: Terms and basic principles. In *Ecosystem Modeling in Theory and Practice*, pp. 5-36. John Wiley, New York.

Hannon, M., and M. Ruth. 1994. *Dynamic Modeling*. Springer-Verlag, New York. (Graphical language software STELLA used to demonstrate developing and then running models of real-world systems.)

Higashi, M., and T. Ohgushi. 1990. Three interconnections of ecology. Chapter 14 in *Ecology for Tomorrow*. Special issue, *Physiol. Ecol. Japan* 27. (Hierarchical perspective, network perspective, and evolutionary perspective are the three interconnections.)

Hutchinson, G. E. 1964. The lacustrine microcosm reconsidered. *Am. Sci.* 52: 334-341. (Discusses the holological [wholes] and merological [parts] approaches as contrasting philosophies in the study of lakes and other complex systems.)

* Ludansky, M. L., D. McDonald, and D. MacNeill. 1993. Impact of the zebra mussel, a bivalve invader. *BioScience* 43: 533-544.

* Meentemeyer, V., and E. O. Box. 1989. Scale effects in landscape studies. In *Landscape Heterogeneity and Disturbance*, ed. M. G. Turner. Springer-Verlag, New York.

* Minnich, R. A. 1983. Fire mosaics in southern California and northern Baja California. *Science* 219: 1287-1294.

* Mooney, H. A., and J. A. Drake, eds. 1986. *Ecology of Biological Invasions in North America and Hawaii*. Ecological Studies. Springer-Verlag, New York.

* Murdoch, W. W, J. Chesson, and P. L. Chesson. 1985. Biological control in theory and practice. *Am. Nat.* 125: 344-366.

National Research Council. 1995. *Ecological Based Pest Management: New Solutions for a New Century*. National Research Council, Washington, DC.

Novikoff, A. B. 1945. The concept of integrative levels in biology. *Science* 101: 209-215.

Odum, E. P. 1977. The emergence of ecology as a new integrative discipline. *Science* 195: 1289-1293. (Ecology must combine holism with reductionism if applications are to benefit society.)

* Odum, H. T. 1971. The world system. Chapter 1 in *Environment, Power, and Society*, pp. 1-25. Wiley-Interscience, New York.

* O'Neill, R. V., D. L. DeAngelis, J. B. Waide, and T. F. H. Allen. 1986. *A Hierarchical Concept of Ecosystems*. Monographs in Population Biology No. 23. Princeton University Press, Princeton, NJ.

* Salt, G. W. 1979. A comment on the use of the term emergent properties. *Am. Nat.* 113: 145-148.

* Schlesinger, A. M. 1986. *The Cycles of American History*. Houghton Mifflin, Boston. (Picking up a theme from Henry Adams, Schlesinger discusses the apparent alternation of periods of conservatism and liberalism.)

Simon, H. A. 1973. The organization of complex systems. In *Hierarchy Theory*, ed. H. H. Pattee. George Braziller, New York.

* Stone, R. 1992. Researchers score victory over pesticides and pests in Asia. *Science* 256: 1272-1273. (When pesticide use actually increased rice pest outbreak by causing loss of natural enemies and development of resistant strains, a modified "integrated pest management" increased production and reduced pesticide use sharply.)

Turner, M. G. 1989. Landscape ecology: The effect of pattern and process. *Annu. Rev. Ecol. Syst.* 20: 171-197.

Urban, D. L., R. V. O'Neill, and H. H. Shugart. 1987. Landscape ecology. *BioScience* 37: 119-127.

* 代表本章中引用的参考文献。

第三章

生态系统

阿瑟·坦斯利爵士（Sir Arthur Tansley，1871—1955）是一位英国植物学家，是世界上第一个生态学会——英国生态学会的创始人之一。他的专业领域是植被学，但不同于许多专家，他兴趣广泛，涉猎地质学、心理学、自然哲学及其方法学。他不仅意识到动物依赖于植物，而且植物在许多方面也依赖于动物，这两者与非生物世界紧密地联系在一起。1935年，他创造了“**生态系统**”（ecosystem）一词，以表示作为一个整体来考虑的生物与非生物成分。他对“系统”一词的选择清楚地表明，他没有把“生态系统”作为包罗所有影响植被因素的一个词，而是把它作为一个适用于有序单元的名称。用他自己的话来说，这一重要概念“是一个代表趋于平衡的观念，也许平衡从来没有真正达到过，但是无论何时，只要起作用的环境因子足以长期连续保持稳定，那就会达到近似平衡。”（Tansley，1935）。坦斯利的这一术语在他在世时，没有在生态学中被广泛应用，仅仅在近期才成为我们日常用语的一部分。

在生态系统层次上的组织生态学理论和实践具有逻辑上的合理性，因为该层次在完整的生态等级中是最低的一个完整层次（见第二章表2-1）——即具有长期功能和生存所必需的所有成分。同样的原因，我们近期听到更多的是**生态系统管理**（ecosystem management）——我们正在从试图分别处理各个成分转向从整体上来管理生态系统。

1. 生态系统模型

如同生物系统的各种类和各层次，生态系统是开放性系统——即使系统概貌与基本功能可以长时间保持不变，物质输入和输出也是连续不断的。输入和输出（如第二章图2-2中所示的一般性系统模型）是生态系统概念中的一个重要部分。如图3-1所示，一个生态系统图解模型包括一个能标注为系统（system，S）的方框，它代表我们感兴趣的区域；还有两个大的汇集符号，我们分别标注**输入环境**（input environment，IE）和**输出环境**（output environment，OE）。系统的边界可以是人为的（视其方便或兴趣而定），可以划出诸如一片森林或一段海滩这样的区域，或者是自然的，比如当整个湖就是一个系统时，湖的岸线就是系统边界。

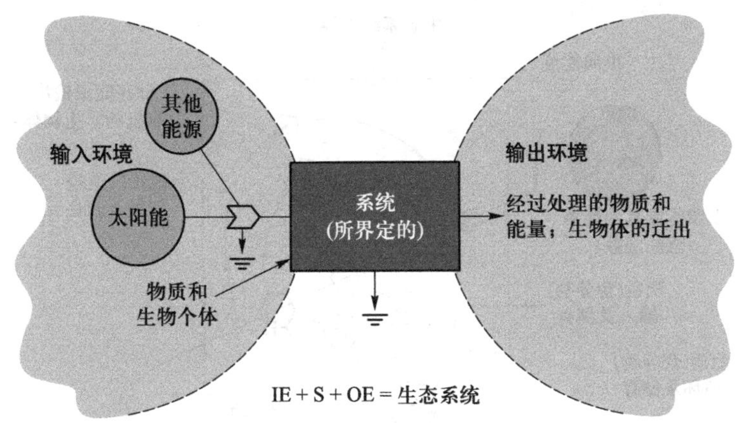

图 3-1　作为一个开放的热力学非平衡系统的生态系统模型，强调外部环境，外部环境必须被考虑为生态系统概念中的一个组成部分。

能量是必不可少的输入。太阳能是生物圈的最终能源，直接维持着生物圈中绝大多数的自然生态系统。但对许多生态系统来说还有其他很重要的能源，例如，风、雨、水流或燃料（现代城市的主要能源）。能量也以热能和其他转换形式或变化形式流出系统，如有机物（即食物和废弃物）和污染物。生命必需的水、空气和营养物随同其他各种物质不断地流入和流出生态系统。当然，与此同时，生物体及其繁殖体（种子及其他繁殖期的生物体）也进入（迁入）或离开（迁出）生态系统。

在图 3-1 中，生态系统的系统部分被表示为“黑箱”，建模者将其定义为一个单元，无须指明内部成分即能评价其一般作用或功能。但是，我们需要了解黑箱的内部结构，才能知道它是如何组织的，并找到所有输入在其中发生的过程。我们照例将生态系统的内容以模型形式表示，见图 3-2（图 3-4 和图 3-5是更加形象的图解）。

在图 3-2 中，通过使用 H. T. Odum（1971）创立并发展起来的“能量语言”符号（总结见图 3-3），模型的分室（模块）按照它们的基本功能被分别赋予不同的形状。圆环符号代表可再生能源，子弹头符号代表自养生物，六边形符号代表异养生物，箱形符号代表贮存，接地箭头符号代表热汇（热量在此散失）。这些图解语言将用于本书的其他模型。

生态系统有两种主要的生物成分。第一种是**自养生物**(autotrophic)（自我供养）成分，能利用简单的无机物（例如水、二氧化碳和硝酸盐），通过光合作用过程，固定光能和制造食物。通常，绿色植物（陆地上的植被，藻类和水生栖息地里的水生植物）组成自养成分。这些植物可以看成是**生产者**(producer)。如图 3-4 所示，它们形成地势较高的“绿带”或层，此处的输入太阳能最大。

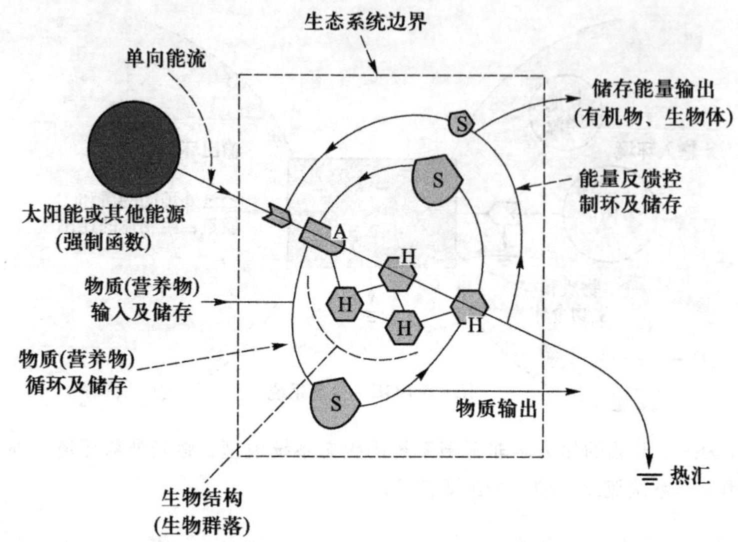

图 3-2 一个强调内部动态的生态系统功能图解，包括能流、物质循环、储存（S）以及包含自养生物（A）和异养生物（H）的食物网。

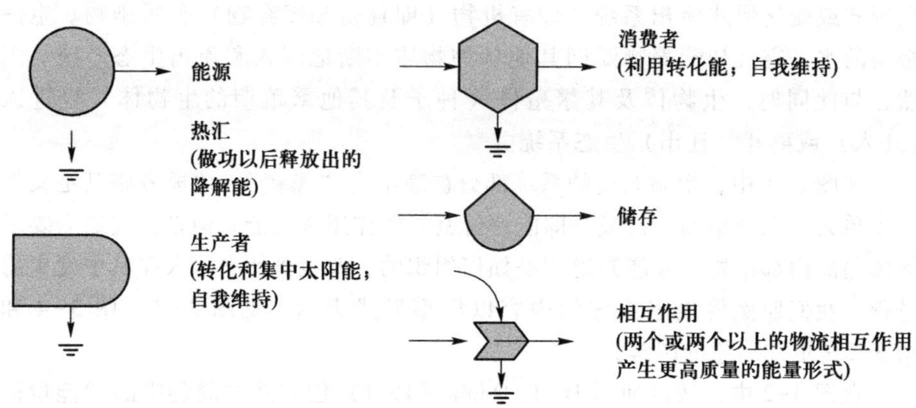

图 3-3 用于本书图解模型中的 H. T. Odum 的“能量语言”符号。

第二种是**异养生物**(hecterophic)（靠其他生物供养）成分，可利用、重新排列及分解由自养生物合成的复杂物质。真菌、非光合细菌及其他微生物和包括人类在内的动物，构成了异养生物，它们的活动集中于绿冠下的土壤和沉积物“褐色带”。这些生物被视作**消费者**(consumer)，因为它们不能制造食物，必须消耗其他有机体来获得食物。在图 3-2 的模型图解中，自养生物（A）和异养生物（H）在能量传递网中连接在一起形成**食物网**(food web)。我们将会在第四章中更详细地介绍食物网。

根据食物能量的来源，对异养生物进一步细分常常是很管用的。据此，我

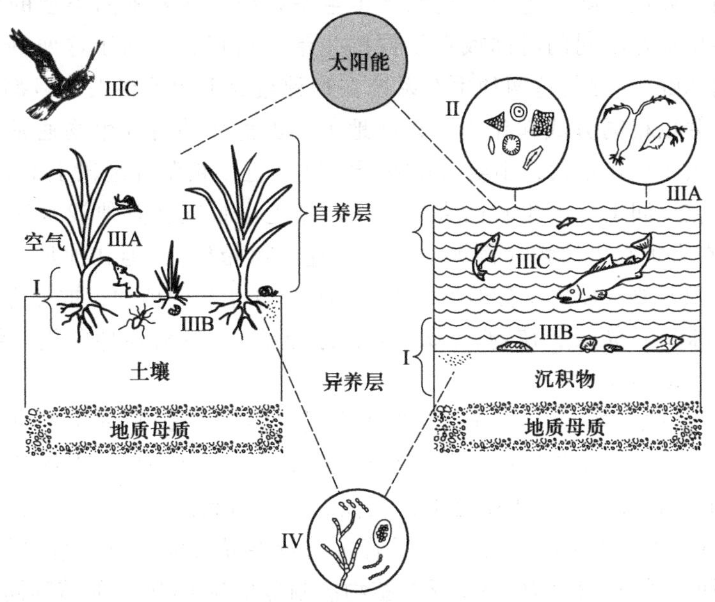

图 3-4　太阳供能的两个自养生态系统（一个陆地草原生态系统，一个开放的水体生态系统）总体结构的比较。必要功能单位是：Ⅰ. 非生物基质（基本的无机和有机化合物）；Ⅱ. 生产者（陆地植物、水生浮游植物）；Ⅲ. 大型消费者或动物：A 直接或牧食食草动物（陆地上的蚱蜢、草原鼠类等；水中的浮游动物）；B 间接或以碎屑为食的消费者或腐生生物（陆地上的土壤无脊椎动物，水中的底栖无脊椎动物）；C“顶级食肉动物”（鹰和大型鱼类）；Ⅳ. 分解者（细菌和真菌）。

们将异养生物分为：**食草动物**（herbivore），它们以植物为食；**食肉动物**（carnivore）或**捕食者**（predator），它们以其他动物为食；**杂食动物**（omnivore），它们以动植物为食；以及**食腐动物**（saprovore）（主要是微生物和真菌），它们以腐烂的有机物为食。

你将会注意到这些生物成分是按营养方式（即所利用的主要能量来源）进行生态学分类的。这样的生态学分类不应与物种分类学相混淆（虽然有相似之处，因为三种营养方式——光合作用、消化和吸收——分别在植物界、动物界及真菌界的分类中占有主导地位）。生态分类是一种功能分类，而不是物种分类。许多物种利用一种以上的能量来源，还有其他物种能转换其营养方式，比如，一些藻类能根据太阳光和有机物质的可利用性，既能作为自养生物也能作为异养生物行使其功能。

2. 陆地生态系统和水生生态系统

陆地生态系统与水生生态系统是一对对照类型，图 3-4 强调了它们基本的相似性与差异性。陆地生态系统和水生生态系统生活着不同类型的生物（尽管有一些生物在不同的时间或在不同的生活史阶段，生活于这两种生态系统里，如鸭和蛙）。尽管这两种生态系统在物种组成上相差很大，但都有基本生态成分，并以相同方式起作用。在陆地上，占优势的自养生物通常是有根植物，个体大小变化很大，小至占据着干旱地或近期被荒弃地段上的各种杂草，大至适应在湿润土地上生长的大树。在池塘近岸带或在其他浅水区（例如湿地），存在有根水生植物（例如香蒲、睡莲和风箱树），但在池塘、湖泊及海洋的大面积开放水体中，自养生物却是小型悬浮生长的植物，被称为**浮游植物**(phytoplankton；*phyto*，植物；*plankton*，漂浮的)，包括各种藻类、绿色细菌和绿色原生动物。

由于植物个体的大小差异，陆地生态系统的**生物量**(biomass）或**生长物总量**(standing crop）与水生生态系统会有很大差异。森林的植物生物量为 1 000 g（干物质）/m^2 或更多，相比之下，在池塘、湖泊和海洋等开放水体中，生物量为 5 g（干物质）/m^2 或更少。尽管生物量差异很大，但在给定的时间内，输入相同的光能和营养物，5 g 浮游植物能制造出与 1 000 g 的植物同样多的食物。这是因为小型生物每单位体重的新陈代谢率比大体积生物要大得多。而且，大型陆生植物如树木，绝大部分是由木质组织构成的，此部分光合作用相对不活跃；只有叶子进行光合作用，而在森林中，叶子仅占总植物生物量的 1%~5%。所以，你从景观中所见到的生命物质的量（生物量）并不一定表明生命物质的生产率。

讲到这里，就顺便介绍一下**周转**(turnover）概念，周转是联系结构与功能的第一步。我们把周转看成是生物成分或非生物成分现存量（即任一时候的存在量）与现存量替代率之比。例如，若一片森林的生物量是 20 000 g/m^2，年生长量为 1 000 g/m^2，那么其比值 20∶1 就能表述为**周转期**(turnover time)或 20 年的**更迭期**(replacement time)。比值的倒数，即 1/20=0. 05，就是周转率（turnover rate)。在一个池塘里，测定浮游植物的周转期时以日为单位，而不是以年为单位。

陆地生态系统和水生生态系统在生物量及周转期方面的差异，反映在我们从中获得食物和纤维制品的方式上。在陆地，植物生物量随着时间不断积累(对于一种作物而言是一个生长季节，森林需要许多年)，当生长物总量积累到很大或最大值时，就可以很方便地进行收获了。因此，植物形式（谷物、蔬菜等）是陆地生态系统生产的基本人类食物。与之相对，海洋里自养生物层次的周转速度是如此之快，以至于积累的生物量很少。海洋里积累的是动物生物量（鱼、蟹、鲸等），所以，实际上我们所捕获的或从水产养殖场收获的都是动物形式的食物。在亚洲和非洲种植的大型藻类则是一个例外。

在空荡荡的大海里捕鱼

考虑可再生资源（有生命的或其他的）的更迭期是极其重要的。我们不可能长期以超过其再生速度的方式从海洋捕捞鱼类或从井里取水，但是现在这个情况屡见不鲜。从理论上讲，我们的经济系统中应该纠正这样的死胡同过程，因为当资源变得贫乏时，其价格就会上涨，结果应该是导致相应的消费减少。但事实上，价格上涨常常会使捕鱼或取水的利润上升，因此，除非我们用政治和立法行为干预市场，否则这种掠夺式开发会一直走向死胡同（例如，几乎要灭绝鲸类的一些捕捞行为）。这种干预行为丝毫不违背美国的民主精神；当公共福利、公共权利或环境质量受到威胁时，我们一直是这样做的。我们在本书中将继续强调，市场经济很适用于对人工制品和服务的分配，但对许多自然资源就并非如此了。

3. 异养生态系统

在包括各种生态系统（例如，森林、草地、农田、湖泊、池塘及溪流）的自然及半自然景观中，自养生物与异养生物的活动总体上来说趋于平衡；所生产的有机物质被用于一整年的循环不止的生长和维持。有时，有机物质的生产超过利用，此时有机物质可能被贮存起来（如沼泽地里的泥炭）或是输出到另一个生态系统或景观中去（如农业）。相比之下，城市（和普遍的工业化景观）所消耗的食物和有机物质远多于它们所生产的，因此属于异养生态系统。图 3-5 比较了一个牡蛎礁（一种自然异养生态系统）和一座城市；两者都必须从外部获得食物和其他能量。注意在单位面积的城市每天需要的能量比同等面积的牡蛎礁要多得多（在给出的例子中是 70 多倍）。城市作为异养生态系统并没有什么错，也不是坏事——只要它们与足够的自养生态系统连接在一起，后者可供给城市必需的食物和其他能量（更不必说原材料），并且也能同化城市产生的大量废物输出。城市绝对需要依赖于它的自然和归化的乡郊区域，城市作为一个寄生者的概念已在第二章中强调过了。

由此，我们回到本书的基本主题：自然环境作为“地球宇宙飞船”的维生舱。如前所述，自然容量正支持着我们不断膨胀且需求旺盛的城市，它在许多地方正在接近于极限，所以，是重新规划城市以减少其排放量（输入管理概念已在第二章中做过简述）的时候了。水和废物的再循环、屋顶上种植食物及直接利用太阳能来为建筑物提供热量并供应电力等项目需要比现行规模进行得更广泛。

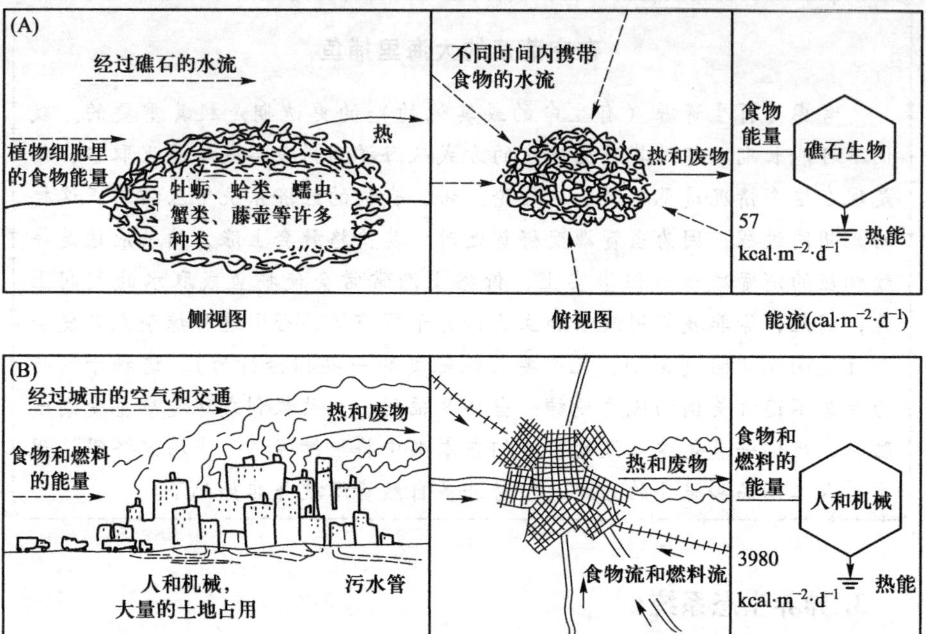

图 3-5 异养生态系统。(A) 一个自然的“城市”，牡蛎礁依赖于周围大区域环境的食物能量输入流来维持。(B) 一个工业化城市依靠燃料和食物的巨大输入流来维持，相应有废物和热能的大量输出流。在能量需求方面，每平方米大约为牡蛎礁的 70 倍；高达每天 4 000 kcal 左右，或每年约 150 万 kcal（仿 H. T. Odum，1971）。

机遇来临

市场经济有许多方式能帮助城市的重新规划。废物管理（包括减少有毒废物产量）、再循环、太阳能电力、可持续农业、氢燃料开发、害虫与疾病控制的遗传工程、住宅隔热、环境恢复等都蕴含着商机——总之机遇无限！

4. 非生物成分

图 3-2 中（以一种简明的方式）给出了使生态系统的两种基本的非生物功能，即**能量流动**(energy flow) 和**物质循环**(material cycle)。来自太阳或其他外源的能流，通过生物群落及其食物网，以系统产生的热、有机质和生物体等形式流出系统。虽然能量可以被贮存和滞后利用，但是能流是单方向的，所以从这个意义上说，一旦能量被利用（即从一种形式转换为另一种形式，例如，

太阳光转换为食物），它就不能被再次利用；假如食物生产要持续下去的话，太阳光就必须源源不断地流入生态系统。第四章将对此做详细阐述。相比之下，化学物质（元素和化合物）可以被多次利用而不会有损失。在有序的生态系统中，许多这样的物质循环往返于非生物成分和生物成分之间。这些**生物地球化学循环**(biogeochemical cycle) 是第五章的主题。

在地表或近地表层里发现的大量元素及简单无机化合物中，只有少数物质是生命所必需的。它们被称为**生物必需物质**(biogenic substance) 或**营养物**(nutrient)。可以推测，在生命系统中，它们比生物非必需物质具有更大程度的滞留和再循环。其中，生物对碳、氢、氮、磷和钙的需要量比其他元素更大，所以它们被称作**常量营养元素**(macronutrient)；这些元素以简单化合物的形式大量出现，如二氧化碳、水和硝酸盐，生物易于吸收这些物质。它们也以不易吸收的化学形式存在。例如，植物无法吸收空气中的气态氮，只有经专门的微生物或其他途径（见第五章）将其转化成无机盐形式（硝酸盐、氨），才能被植物吸收利用。土壤中的磷可能以植物根系不易吸收的化学形式存在，你种植的西红柿是否能吸收足够的磷并不取决于土壤中的磷总量，而是取决于可吸收磷的量。当你对花园土壤进行分析测试时，实验结果会告诉你可吸收营养物的量，以及你得向土壤添加多少可吸收营养物质才能保证蔬菜的正常生长。

其他元素与常量营养元素一样重要，但生物对它们的需要量极少，它们被称为**微量营养元素**(micronutrient) 或**痕量元素**(trace element)。其中有十几种微量元素是植物和大部分动物所必需的；它们包括许多金属离子，如铁、锰、锌、镁、钴、铜和钼。还有其他一些微量元素是人们已知或预测对某些特殊生物类群是必需的。人类健康所需的微量元素的种类和数量尚不完全清楚，这在目前是许多研究和争论的一个焦点。要想有好收成，在每公顷玉米田上需施用氮、磷、钾这三种常量元素各 50~150 kg，而对大部分微量元素的需求则低于 0.1 kg/hm^2。然而，因为地球表层缺乏许多种微量元素，而正因为如此，才会抑制生态系统的生产力。同样，常量元素的缺乏也会有同样后果。例如，如果缺乏钼元素，上面提到的微生物就不能将大气中的氮元素转化成能被植物利用的氨和硝酸盐。

碳水化合物（如糖、淀粉及纤维素）、蛋白质（包括氨基酸）和脂类（如脂肪和油脂）不仅组成活的生物体，也以非生命体的形式广泛存在于环境中。它们和其他数百种复杂化合物构成了无机环境的**有机成分**(organic component)。后面的章节将讨论它们在生态系统中作为反馈调节者的重要作用。

当生物个体腐烂时，会溃散成碎片和可溶解物质，总称为**有机碎屑**(organic detritus；词义是分解的产物，该词源于拉丁语 *deterere*，释为“磨损，消逝”；在地质学里，detritus 还指岩石瓦解的产物)。由于植物的生物量通常大于动物的，且植物的腐烂过程通常要比动物遗骸的腐烂慢得多，所以在陆地环境里，源于植物的碎屑通常比动物的多。有机碎屑不仅是陆生及水生食腐动物的食物来源，而且还改善了土壤和沉积物结构，增加了水和矿物质的滞留时间，这就是为什么护根物和堆肥（compost）对花园大有裨益的原因。

生态学家经常使用缩写词 **DOM**（dissolved organic matter，可溶解有机物）和 **POM**（particulate organic matter，颗粒有机物）来表示碎屑物的两种形式。在海洋里，DOM 是一个主要的有机碳库，在全球碳循环中有重要的作用（Benner 等，1992）。DOM 是细菌的食物来源，同时也影响光的通透性。在某些条件下，DOM 可转化为 POM，后者可以被滤食性动物所消耗。

当有机物的分解继续进行时，形成的物质被称为**腐殖质**（humus 或者 humic substance），腐殖质通常不易发生进一步的分解，这就意味着它们可以作为生态系统的一个结构部分保留一段时间。腐殖质为暗黄褐色的无定形物质或胶体状物质，易见于土壤和沉积物，以及悬浮在溪流和湖泊的水体中（在沼泽和泥炭地的水中尤为明显）。腐殖质的性质难以从化学上进行鉴定。对你们之中已选修有机化学课程的人，我们可以说这些腐殖质由在支链上有氮复合物和碳水化合物残基的芳香烃类或苯环类物质组成。对于腐殖质在生态系统中的作用并未完全弄清楚，但我们知道，它们既能促进，也能抑制植物的生长，取决于其他环境条件。在一定的条件下，如在过去的地质年代里，有机物会成为化石，首先成为泥炭，然后成为煤炭、石油和其他如今我们工业社会所依赖的化石燃料。不幸的是，在最近几十年间，包括这些石油化学物质（石油提炼过程中产生的）在内的工业副产品的排放不断增加，其毒性也越来越强，而废物处理和废物减量技术已经大大滞后于工业产生有毒物质的能力。第五章将讨论有毒废物问题。

现在，我们来看生态系统输入环境的第三种非生物成分——决定生物群落存在状况的物理因子。气候因子（如温度、降雨及湿度）、土壤和水体的物理化学性质（如盐度和 pH）以及地质基层是决定哪些生物种类得以存在的一些主要特征，还间接地决定了生物种类如何组织起来形成群落以及生物是如何充分利用可获得的能量与资源的。

5. 梯度和群落交错区

物理因子的梯度系列或成带性是生物圈的特征。具体的例子有，从北极到热带和从高山之巅到山谷的温度梯度；沿着主要气候系统从潮湿到干旱的湿度梯度；以及从沿岸到水底的水深梯度。环境条件及与之适应的生物往往是沿着一个梯度序列逐渐发生变化的，但通常会有突变点，被称为**生态交错区**（ecotone），例如，草原-森林连接处或海岸潮间带。

生态交错区并不只是一段界限或边缘，这一概念假设它是两个或两个以上的生态系统（或生态系统斑块）间相互作用活跃的空间，这导致了生态交错区具有任一个邻近生态系统都不具备的特征（Decamps 和 Naiman，1990）。除了外部过程引起梯度的间断性外，泥沙积聚、根垫、特殊的土壤-水分条件、抑制性化学药品或动物行为（如河狸的筑坝行为）等内部过程也能维持一个生态交错区，使之明显不同于周边群落（W. E. Odum，1990）。

有时在生态交错区栖息的鸟类和狩猎动物无论在种类和数量上都比相邻的更均质的群落内部多。野生动物管理人员将这种现象称之为**边缘效应**（edge effect），并经常建议通过田野与森林之间的特殊种植来增加野生动物的数量。然而，在完全砍伐森林与未砍伐森林之间，鲜明的边缘却可能是贫瘠的生境。在一个破碎化的归化景观中，大量边缘通常会减少物种的多样性。正如我们下面会看到的，人类习惯于割裂景观，使其成为棱角分明的块状地和带状地，这或多或少消除了自然梯度及生态交错区。

6. 生物群落：栖息地和生态位

我们都知道，见于世界各地农村和城市地区的生物种类不仅取决于生存条件——即冷热干湿——而且还取决于地理学。每一主要陆地和每一主要海洋都有自己特殊的植物区系和动物区系。所以，我们只能在澳大利亚见到袋鼠，而不是在其他地方，或者在西半球能见到蜂鸟和仙人掌，而不是在东半球。而且不同的大陆是不同人种及其驯化的植物和动物的起源地。从生态系统总的结构和功能来看，生物群落中出现的生物单元（物种等）是因地制宜的，认识到这一点非常重要（注意第二章表 2-1 中“生物地理区”被列为生态等级的一个主要层次）。

我们目前对生态相似种或**生态等值种**（ecological equivalent）还了解不够，它们被发现于全球不同地方，但其自然环境却很相似。澳大利亚温带半干旱地区的草地生物群落不同于北美洲的类似气候区，但它们的基本功能是一样的，都是生态系统中的生产者。同样地，澳大利亚草原的食草性袋鼠是北美草原上野牛和羚羊（或取代它们的牛）的生态等值种，因为它们在生态系统中具有相似的功能地位。生态学家用**栖息地**（habitat）一词来指能发现物种的地方，而**生态位**（ecological niche）一词则指一种生物在其群落中的生态作用。可以说，栖息地是生物的“居所”（生物居住地），而生态位是生物的“职业”（生物如何生活，包括如何与其他物种相互作用，且受其他物种的限制）。所以我们可以说，尽管袋鼠、北美野牛和家牛在遗传上没有密切的联系，但当它们存在于草原生态系统中时，却占据着相似的生态位（即成为生态等值种）。（如何划定和测量生态位的宽度、重叠度及其他生态位维数是许多生态学家经常争论的焦点。）

如上所述，无论在任何地方，人类在其居住的地方都会极大程度地改变生物群落的组成，不仅无意和有意地改变物种的生存环境，而且会移走原有物种和引入新物种。引入的新物种不论是替代原有物种的相应生态位，还是用来填补未被占据的生态位，这种改变对生态系统功能的总体影响可能是中性的、有利的或是有害的。当美国的中西部大草原转用于耕作农田时（当欧洲移民替代土著印第安人时），原有的草原鸡无法适应巨变的环境，而引入的适应欧洲乡村环境的环颈雉却能在改变了的（归化的）景观中兴旺繁殖。对狩猎者来说，“猎物鸟类生态位”已经被充分占据，因为捕猎野雉基本上如同捕猎草原鸡，甚至更好。然而，如第二章中所讨论的，引入种往往会成为有害动物。这就是为何海关官员会密切关注你从一个国家到另一个国家，尤其是从一个大陆到另一个大陆时试图携带进关的动植物种类。

当驯化植物［栽培品种（cultivar）］和家养动物逃逸到自然界中，因为缺乏人类及自然的控制作用，它们会成为有害生物，产生更加严重的问题。例如，在夏威夷群岛的一些岛屿上，重新野化的（feral，曾经家养过但又重新适应野生环境）山羊对土壤、植物区系和动物区系所造成的危害远比推土机严重。绝大多数难以去除的“杂草”就是这种猖獗的逃逸者。

7. 生物群落：物种结构

正如井然有序的人类社会一样，说到生态位或职业时，自然界具有它的专化者和泛化者。比如说一些昆虫，仅以某种植物的特定部位为食，而其他昆虫可能以许多不同种植物为食。一般来说，单食性生物在其资源的利用中是很有效的（因为所有的适应和行为都集中于专化的生活方式）。所以，当食物资源充足时，它们通常就很兴旺。但单食性生物易受变化或干扰的影响，这种影响对它的狭窄生态位不利。多食性生物的生态位趋于更宽，所以即使它们从来没有像单食性生物一样在当地兴旺繁殖，但却更适应于变化或波动的环境。

大多数自然生物群落包含的物种和各种生态类型（包括专化者和泛化者）之丰富，以至于我们不可能列出任一大区域的完整的物种名录，诸如一个湖泊或一片森林里的所有植物、动物及微生物名录。幸运的是，我们没有必要为了评价物种在生物群落结构和功能中的生态作用而认识所有的物种，因为自然生物群落的一个典型的共同特征是，它们在任何地方任何时候都包含种类数量相对较少的常见物种（其代表是大量个体或大生物量）和种类数量相对较多的稀有物种。例如，一片阔叶林可能有 50 种树，甚至会更多，其中有 6 种或更少的树种占了树木的 90%。所以，我们能够集中注意那些少数但常见的物种，因为我们已知它们在整个生物群落中起了最主要的作用。

一个生态学专业班制作的一个草原生态系统数据表说明了这样的普遍事实。如表 3-1 所示，在植被的总盖度中，前 2 个物种占 36%，前 9 个物种占

84%，剩余的 20 个物种仅占 16%（每一个物种均低于 1%）。在一个特定的生物群落组分中，几种常见物种被称为**生态优势种**(ecological dominant)。

虽然优势种决定生物群落的大多数生长物总量和群落代谢，但这并不代表稀有种就不重要了。具有某种控制作用的物种，不论它们是否为优势种，都被称为**关键种**(keystone species)。在生物群落中，稀有种有明显的影响，它们决定着整个生物群落的多样性。假如条件变得对优势种不利，那么可适应的或能耐受新条件的稀有种就会变得丰富起来，并替代行使主要功能。例如，在 20 世纪 40 年代，当一种植物疫病（真菌病）杀死了美国南部阿巴拉契山脉的优势种栗树，另外几种栎树就逐渐取代了栗树，大约经过 50 年，树木密度恢复到了植物疫病发生以前的水平。

表 3-1　俄克拉何马州的一片未放牧高原的植被物种结构

物种	立地百分比（%）*
Sorghastrum natans（印度草）	24
Panicum virgatum（柳枝稷）	12
Andropogon gerardi（大须芒草）	9
Silphium laciniatum（罗盘菊）	9
Desmanthus illinoensis（北美草合欢）	6
Bouteloua curtipendula（垂穗草）	6
Andropogon scoparius（须芒草）	6
Helianthus maxiniliani（马氏向日葵）	6
Schrankia nuttallii（含羞草）	6
其他 20 种植物（平均每种占 0. 8%）	16
总计	100

资料来源：Rice（1952），基于一个生态学班所做的 40 个 1 m^2 样方。

* 以土壤表面的植被覆盖率为 34%的土地面积总百分比计算。数据经过了四舍五入处理。

8.“杂草”问题

已经提到，为了提高具有高经济价值和使用价值物种的产量，农业、草坪养护和林业实践已经大大地减少了集约耕作区或管理区的物种多样性，有时甚至任何变化都能轻易影响到这些区域。一块耕种谷物的农田，其耕作期间的物种结构如表 3-2 所示。在此例中，没有使用除草剂或机械除草，所以大约有 7%的植物群落是由入侵到农田里的 10 种其他物种组成。要除去所有的“杂草”并保持真正**单一种植**(monoculture，只有一种物种的农田、草坪或森林)，就需要耗费大量能量及昂贵的化学制剂。害虫青睐这种单一种植，并常能对除草剂和杀虫剂产生抗性，以至于要用毒性更强的化学制剂才能将有害生物除去。而且，频繁的耕作及化学制剂的大量使用会导致严重的土壤侵蚀和水体污染。

表 3-2 佐治亚州一块耕田的植被物种结构

物种	立地百分比（%）*
Panicum ramosum（多枝臂形草）	93
Cyperus sp.（莎草属植物）	5
Amaranthus hybridus（绿穗苋）	1
Digitaria sanguinalis（马唐）	0.5
Chamaecrista fasciculata（决明属植物）	0.2
其余 6 种植物（平均每种占 0.05%）	0.3
总计	100.0

资料来源：Barrett（1968）。

* 基于 7 月下旬的 20 个 0.25m^2 样方中地上植物的干重百分比。

许多科学家都在质疑为了提高产量而增加耕种集约度的弊与利。一些研究表明，杂草的适度存在能够为有益昆虫提供栖息地或改善土壤条件，因此会有利于作物的生长。其他研究也表明，与单种耕作相比，混合耕作（多物种种植）的每单位面积可以生产更多的食物或其他产品。农业生态学家近来已对传统农业耕作产生兴趣，并有了新的看法，如古代印度的玉米-菜豆-南瓜作物混种法，今天仍然在墨西哥和中美洲被采用（图 3-6）。如今，大学及实验站里正在研究这些有意义的可能性。

图 3-6 在危地马拉高地的玉米和豆类种植园，将现代等高线耕作法应用于传统的印第安多作物种植。这种传统农业可能比工业化国家的费用昂贵、能量密集的单一种植更适合于许多发展中国家的需要（照片由 Robert E. Ford 拍摄/Terraphotographics 提供）。

我们不应该把“杂草”甚至“有害生物”看成是如此讨厌的物种且欲从地球表面除之，而是应该将它们看成是一种在错误时间出现在错误地点的物种。在你的种植园里，妨碍花卉或蔬菜生长的植物如果出现在休耕地植物群落中，可能是一个非常有益的成员，如果生长在公路边可能是一种引人注目的野花（比如马唐、蒲公英和牵牛花）。

9. 景观生态学和人文范畴

有趣的是，在人类建立的可使食物或纤维产量最大化的“生产生态系统”里，我们发现单一种植便于管理，尤其便于机械化操作。但另一方面，当我们在家园周围建立“保护生态系统”的时候，我们倾向于增加物种多样性。在美国威斯康星州麦迪逊（Madison，Wisconsin）居住区的一项植被研究（G. T. Lawson 等，未发表数据）中，鉴定出 150 种树木与灌木（其中许多为外来引入种），与附近的自然保护林相比，后者仅有约 30 个物种。城市郊区的花草及小型鸣禽的种类也比自然森林中丰富得多。而且还发现郊区居民为照料草地而施用的肥料和为此付出的平均劳动力（每单位面积）与农民耕作玉米地一样多。

因为人类正趋于建立起由许多生态系统类型镶嵌（mosaic）而成的破碎状（fragmented）或斑块状景观（patchy landscape），所以，在以人类为主的区域开展的研究和土地利用规划最好在生态等级的景观和区域层次上（见表 2-1）进行。我们今天所知道的景观生态学先驱是亚历山大·冯·洪堡（Alexander von Humboldt）（1769—1859），他是一位探险家、自然学家、地理学家，也是查理·达尔文的导师之一。在其南美洲的探险中，洪堡对人类文化（本地的和欧洲的）与当地环境的相互依赖性印象很深。从哲学上讲，远在海克尔（Ernest Haeckel）于 1886 年创造“*oecology*”一词之前，洪堡是第一位整体论生态学家。例如，他写了一本有关“联系纽带”的书，指出地球上所有生命的组成都彼此相互依赖，包括人类在内。（想了解更多有关洪堡的情况，参见 Jordan，1981 和 Sachs，1995。）

在 20 世纪 30 年代和 40 年代，航空照片逐渐得到广泛应用，景观水平的研究蓬勃发展，首先在欧洲开始，那儿的景观不仅已破碎化，而且与美国的快速变化格局模式相比，其斑块格局相对稳定。近年来，电脑化地理信息系统（Geographic Information Systems，GIS）技术的快速发展，已经大大提高了我们描述、比较和建立景观镶嵌体模型的能力，并以此作为改善管理与规划的基础。（想了解更多有关这个发展领域的知识，参见 Turner，1989 和 Forman，1995b 的评论，及 Naveh 和 Lieberman，1984；Zonneveld 和 Forman，1990；Forman，1995a 等著作。）

在一个斑块景观中，**斑块大小**(patch size) 和**斑块形状**(patch shape) 是决定哪些动物种类能够生存的重要因素。斑块越小，破碎化的负效应就越大，边缘效应的正效应越小。图3-7显示了马里兰州中部的一片森林区域是如何被农业和郊区的发展所割裂的。农业发展（图3-7A）减少了森林面积，使之变成具有明显边缘的零散林地或其他斑块（根据Janzen，1987，这就是景观“边缘锐化”理论），而郊区发展（图3-7B）使森林萎缩成为沿公路和溪流的条带和廊道（根据Feinsinger，1994，这就是景观“破碎化”理论）。在这两个例子中，大多数斑块和条带都太小了，无法维持森林内部的鸣禽（如棕林鸫和一些莺类）的生存。所谓边缘种，如乌鸫、冠兰鸦、莺鹪鹩及家朱雀，则可以在这种破碎化的景观中兴旺繁殖（Whitcomb等，1981）。在一个有趣的关于破碎化效应的实验研究中，克鲁斯和查德克特（Kruess和Tscharntke，1994）发现，与大地块相比，植食性昆虫在红三叶草斑块上能比寄生种类和捕食种类更快地定居，因而减少了自然的寄生和捕食控制。

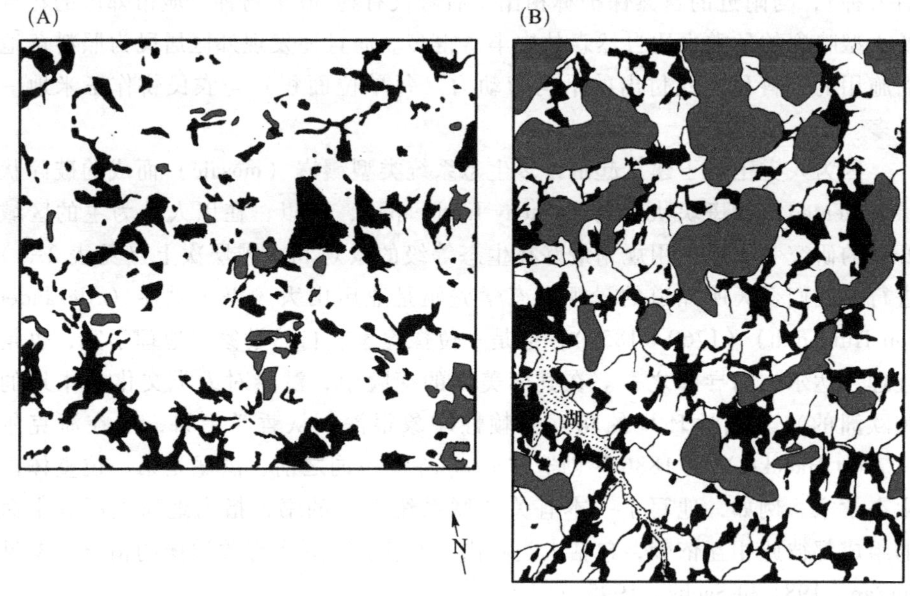

图3-7　马里兰州中部的农业区（A）和城市扩张区（B）森林景观的破碎化。黑色区域代表森林地；白色区域代表农田或旷野；灰色区域代表城镇住宅区开发。

对破碎化及过多边缘的解决方法是在开发强度变得剧烈之前就划出大面积的保护区，保留廊道，如河流沿岸的滨岸带及河漫滩，使动物能够自由地在斑块之间移动（Harris，1984）。所以，“超前”的土地利用规划有助于维持郊区居民的生命支持系统，也有助于保持生活的美学质量。

冷基质里的热点

第一章中用“热点”概念形容城市作为需能度高的斑块散布在大面积的低能量生命支持环境中。不仅许多人类以外的物种作如此分布，而且整个由物种聚集起来的群落都集中在有利生境中，形成了高密度的斑块状分布。例如，根据连续几年开展的全国育雏鸟类数量调查结果，20%的调查路线拥有50%以上的鸟类个体（Brown等，1995）。另一个例子是土壤生物，高达90%的土壤生物活动都发生在不到土壤总体积10%的少量聚集区和根区（Coleman，1995）。

10. 多样化不只给生命提供色彩

多样性(diversity）是一个有吸引力且重要的主题，所以值得对它进行详尽而系统的研究。首先，我们需要认识多样性的两个组成成分：① **丰富度**(richness）或**多样化**(variety）成分，可用单位空间的种类数量（物种、基因多样性、土地利用类型等）或种类与数量之比来表示；② **相对多度**(relative abundance）成分，或多个种类间个体的比例分配。因此，两个生物群落可能物种数目相同，但每个物种的相对多度或优势度不同。例如，两个生物群落可能都有10个物种，但其中一个生物群落里，可能每个物种的个体数相同，而在另一个生物群落里，可能大多数个体都属于同一个优势种。

要表达和比较多样性，有一种便利方法是计算多样性指数，多样性指数是指部分与整体的比，或 n_i/N，其中 n_i 指一种成分（如物种）的数量或其他重要值（importance value；如生物量、生产力等），N 为重要值总数。表3-1和表3-2所示的林分百分比或总体百分比是由小数点左移两位得到的（如24%变为0.24)。**辛普森指数**(Simpson index）常用于比较优势度，可通过每个物种所占比值的平方并对其进行求和计算，即 $D=\sum(n_i/N)^2$。表3-3运用辛普森指数来比较表3-1和表3-2中的草原植被及耕田的植被的多样性及优势度。另外一个广泛应用的多样性指数是**香农指数**(Shannon index)，$H=-\sum n_i/N\ \log_e n_i/N$，它是一个近似的函数值，最初被提出来是为了对信息量做一般性测定。

表3-3　草原与耕地的植被物种多样性和优势度的比较

	物种数量	优势度（辛普森指数）
自然草原	29	0.13
耕地	11	0.89

注：依据表3-1和表3-2中的数据。

在不同生物群落间比较多样性的另一种方法是作优势度-多样性(dominance-diversity)曲线图，如图3-8所示，在该图中，每个物种（或其他成分）的重要性是按从高（最大多度）到低（最小多度）的顺序来表示的。图3-8所示的是三处森林的树木优势度-多样性曲线简图。亚高山森林的“高优势度-少物种”格局与热带雨林的“低优势度-多物种”格局形成了鲜明对比。这正好包括了自然界中的大多数格局，不管你是估计一个生态群（如生产者或寄生物），还是估计一个分类群（如鸟类、昆虫或鱼类）。在物理条件对生命产生限制的地方（如北极、盐湖和被污染的溪流），多样性趋于最低，而在环境条件适宜大量生物生长的地方，多样性趋于最高。根据被广泛接受的“中度干扰理论”(Sousa，1984)，不管生物群落在环境梯度中处于什么位置，来自群落以外的适度外力干扰都能增加群落的多样性。

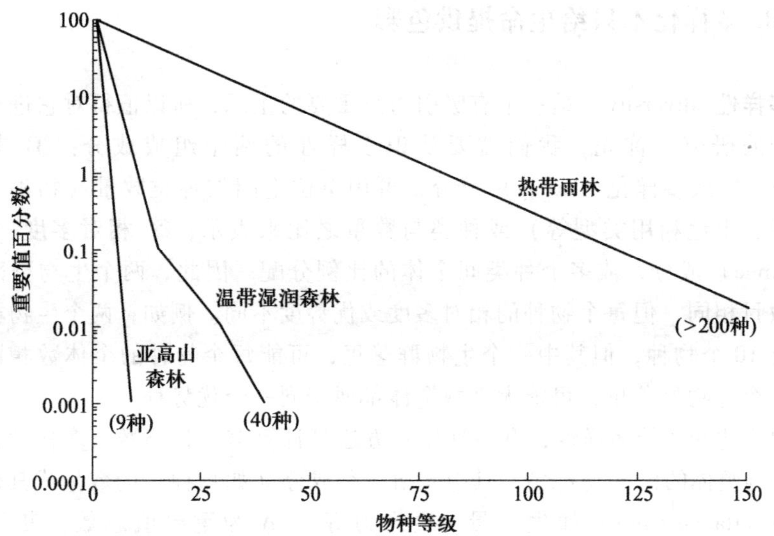

图3-8　三种不同森林的优势度-多样性曲线。按多度由大到小排列每个物种的重要值，两个温带森林是根据净初级生产力、热带雨林是根据地上生物量（仿Hubbell，1979）。

在经常听到的日常用语中，有两条与多样性有关的来自人类经验的谚语。一条是：“丰富多彩是生活情趣所在（Variety is the spice of life.）”，另一条是“不要孤注一掷（Don't put all your eggs in one basket.）”。生物的多样性不仅丰富了我们的生活，还有非常实用的价值。在执行一项重要功能时，多种生物要比单一生物更加保险。我们甚至无法预见到，何时一种稀有的动物或植物可以提供一种新药，或何时需要它来替换一种已病入膏肓的常见物种。

我们当前尤为担心的不仅是**物种多样性**(species diversity)的丧失，而且还包括由于人类活动而造成**基因多样性**(genetic diversity)的丧失。随着20世纪接近尾声，关于生物多样性保护的忧虑已上升至公众及政治水平（Wilson，

1988)。在美国，为了维持野生物种的高多样性，政府、立法及私营部门正在采取特殊尝试来鉴定和保护濒危物种（endangered species)。类似的努力还有建立基因库（gene bank)，以保护尽可能多的食用植物，以防万一由于任何原因导致常用物种的退化和消失。

多样性的丧失

生物多样性一词几乎已经成为我们担忧物种丧失的一个“流行语”。如在本章中已经阐明的一样，我们的担忧应该超越物种水平，提高到包括所有等级层次上的功能和生态位的丧失。在该意义上，威尔克斯(Wilcox，1984）把生物多样性定义为“生命形式的多样性、它们所体现的生态功能的多样性以及它们所包含的遗传多样性”。

在一个生态系统中保持冗余尤其重要——即在食物网中保留多个能执行主要生命过程或提供重要联系的物种或种团，而不只是一种或一个种团。在评估物种的去除或加入所产生的影响时，很重要的一点是确定它们是否为关键种（该术语的介绍见本章前面章节)。查宾等（Chapin 等，1992）把关键种定义为“一个没有冗余的功能组团”。丧失这样的物种或种团将会导致群落结构和/或生态系统功能的重大变化。并且如常所见，过多、过剩也可能变成危害。如第二章中所讨论的，一个外来入侵物种加入到一个多样的自然生态系统后，经常会成为降低多样性的一个关键种。

辛德勒（ Schindler，1900）在回顾他的长期湖泊酸化实验时，发现浮游生物中有大量的冗余，因此初级生产量没有受到湖泊中度酸化的影响。当酸性敏感物种去除之后，其他处于相同生态位的物种会替代它们。但生活在湖底的物种（底栖生物）就缺乏冗余。整个湖泊的食物链结构和功能受到了某些甲壳动物减少的影响，因为在食物链的初级生产者和鱼类之间没有能替代它们的其他物种存在。所以，这些甲壳动物被证实是真正的关键种。

最近提到的拉丁美洲及亚洲许多不发达国家的传统（前工业化的）农业，提供了所有基因库的精华，因为他们的耕作方式维持了广泛的食用作物及其他物种的多样性（Rhoades，1990)。在有些情况下，和现代方法相比，传统农业有许多其他优点，我们将在第五章中讨论。

11. 景观多样性

我们可以在一个地区进行多样性很低的单一种植，如农田或树木林地，如果有许多更自然的生态系统分散在周围，那么整个景观仍然具有较高的多样性。图 3-9 说明了这样一个例子，在此例子中，尽管整个景观的约 30%都只有一个物种——松树，但景观的多样性仍是较高的。如图所示，假如此地的 50%或 75%都种植松树，那么景观多样性就会急剧下降。

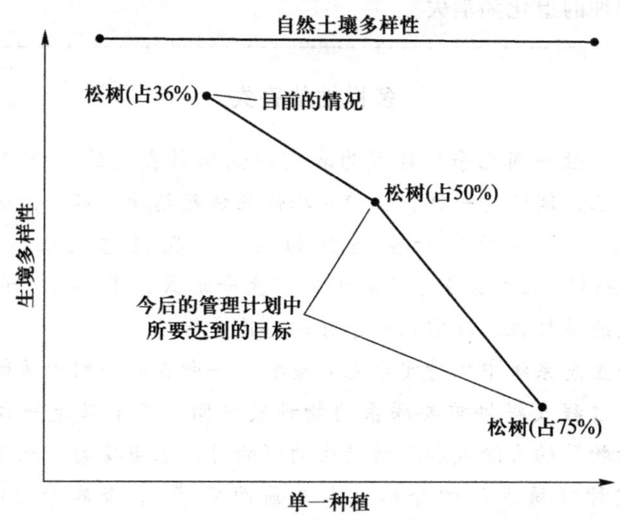

图 3-9　萨瓦纳河畔 300 平方英里（1 平方英里 = 2.59 平方千米）的美国国家环境研究基地的景观多样性，其中三分之一面积现在是松树纯林。因为种植地与许多多样性较高的生境混合在一起，所以此处的景观多样性很高，且接近于自然条件下的土壤多样性。如果松树纯林增加到总面积的 50% 或 75%，那么此处的景观多样性就会大大降低（仿 Odum，1982；数据资料来自 Odum 和 Kroodsma，1977）。

现在看来，**冗余**（redundancy，重复性）和**恢复力稳定性**（resilience stability，受干扰后迅速恢复的能力）都因景观中存在许多不同物种而得到加强的看法看起来颇有道理。所以，无论何处，如有可能，多样性确实值得保护。这样的话，当我们恢复已被滥用的许多景观时，我们能从自然中尽可能地获得帮助。**抵抗力稳定性**（resistance stability）就是生态系统面对干扰时仍能维持现状（稳定性）的能力，高物种多样性是否会增加抵抗力稳定性是一个广为生态学家所争论的问题。近来，蒂尔曼（Tilman）及其同事们所进行的野外实验（1996）已经表明，草原群落的高物种多样性在干旱期确实增加了稳定性。这个问题将在第七章中进一步讨论。

12. 生态系统类型

当我们要着手处理种类繁多的实体——图书馆的书籍、物种、办公室或工厂的工作时，我们似乎想获得有规律的编目或分类，甚至可以说是热衷此道。生态学家们没有在任何一个生态系统类型的分类体系上达成一致，甚至不赞同任一个分类方法的专门分类原则——而这是分类本身应该具有的特征，因为不同的分类方法会带给我们不同的启发。不论是结构上还是功能上的特征都可以成为分类的基础。让我们举三个有用的分类案例。

被广泛应用的生物群落区分类体系（关于生物群落区的术语解释参见第二章）是建立在显而易见的结构性宏观特征上的。在陆地上，植被通常提供了一个易于辨识的宏观特征，在某种程度上“整合”了生物、土壤和气候。在水体环境里，植物可能并不明显，由主要的物理特征提供了识别和分类基础。还有特殊且重要的人工或“归化”生态系统，如城市和农业用地。第八章概括了生物圈的主要生态系统类型，并一一举例说明。另一种广泛使用的分类体系应用的是**生态区**（ecoregion）概念，它基于自然和地理特征的组合，例如，“阿巴拉契亚生态区”或“密西西比河三角洲生态区”（见 Bailey，1995）。

能量为生态系统类型的功能分类提供了一个绝好的基础，因为能量是所有生态系统的重要特征，无论是自然生态系统、人类改造的生态系统还是人工生态系统。第四章在概述了支配能量行为的基本规律后，将介绍一个基于能量的分类体系。

13. 盖亚假说

詹姆士·洛夫洛克（James Lovelock）是那些少数不满足在一个专业中取得成功且经济独立的重要人物之一。他渴望达到更高的学术水平。作为一个训练有素的物理学家，他发展了一项被称为“电子捕获探测器”的分析技术，这项技术可以大大地提高化学家探测极微量（痕量）化学物质的能力。人们通过这项技术发现了全球生物——从南极企鹅至美国母亲们的乳汁中——都存在着杀虫剂和其他高毒性残留物。这些新发现更加推动了雷切尔·卡尔森（Rachel Carson）那本影响力巨大的专著——《寂静的春天》（*Silent Spring*，1962），证实了书中关于人造有毒化学制剂无处不在的长期不利后果。20 世纪 60 年代中期，洛夫洛克在美国国家航空航天局（NASA）任职一段时间后从工业界退休，回到了英格兰乡村的农舍里，开始从事第二职业。他贡献全部精力，从逻辑上和科学上对古代希腊女神“大地母亲”盖亚的概念进行了检验，还验证了一条被普遍认可的理论——生物不只是被动地适应自然环境，而且还积极地相互作用，改造和控制着生物圈的化学和物理条件。大约在其后的 10 年里，他研读了天文学、宇宙学、生物学及其他学科，用他自己的话来说，这些经历使得他“在探索盖亚的途中成就了一趟多学科交叉的旅行”。

马古利斯（Lynn Marygulis）是洛夫洛克的一位导师及同事，也是一位杰出的生命起源学说贡献者。他们一起发表了一系列文章，总结了物理环境的生物控制现象以及微生物在此控制中的重要作用。已故的雷德菲尔德（Alfred

Redfield)（他在伍兹霍尔海洋研究所工作多年）也是一位多学科思想家，他在生物学及物理学上有极广博的专业知识，也对此概念做出了独立的贡献（Redfield, 1958）。1979 年，洛夫洛克出版了一本通俗易懂的小册子，名为《盖亚：地球生命的新观点》（*Gaia：A New Look at Life on Earth*），用他自己的话说，这本书“是一本私人笔记，记录了一次穿行于空间和时间的旅行，旨在寻找印证地球模型的证据”。

用洛夫洛克的话来说，盖亚假说（Gaia hypothesis）认为“生物圈是一个可以自我调节的实体，它能通过控制化学及物理环境来维持我们的星球保持健康。”换句话说，地球是一个超级生态系统（但不是一个超级有机体，因为其发育并非由遗传控制），它具有无数相互作用和反馈环（见图 2-2 的一般模型），可调节极端温度，保持大气化学成分和海洋的相对恒定。并且，这也是盖亚假说最有争议的部分——生物成分在生物圈内稳态中起着主要作用，以及在 30 多亿年以前最初的生命出现不久后生物就开始建立起控制作用。当然，相反的假说就是纯地质（非生物）过程产生适宜生命生存的条件，而生命只是适应这些条件。

然后，问题来了：是自然条件首先演化（变化），然后是生物演化，还是两者一起进化？许多科学家认为，原始的或最初的大气圈是由来自热地核的气体（如通过火山爆发）形成的，这个过程被地理学家称为放气。根据盖亚假说，当火山持续影响气候（虽然在较小规模上）的时候，我们现在的大气圈即次生大气圈是一种生物产物。可以说，次生大气圈的形成伴随着最初的生命起源，原始的微生物不需要氧气，它们是厌氧生物（anaerobe）。当绿色厌氧微生物开始向大气释放氧气时，需氧的动植物即好氧生物（aerobe）出现了，而厌氧微生物就退居到土壤和沉积物中的无氧深层，它们在那里可以继续存活，而且在各种生态系统中起着重要的作用。另一重要途径可能是海洋生物通过形成石灰石，从大气中除去二氧化碳，导致了地球冷却。

地球大气圈与金星、火星的大气圈相比，后两者即使有生命也只限于厌氧微生物，这个结果为盖亚假说提供了有力的间接证据。如图 3-10 所示，地球的大气组成是低浓度的二氧化碳加上高浓度的氧气和氮气，与附近星球的大气状况截然不同。因为最初的生命出现后立即开始进化出光合作用，从大气中去除二氧化碳并释放氧气，又因为这种自养行为常超过呼吸作用中相反的气体交换过程（矿质燃料的沉积可以证实），且鉴于由石灰石形成对二氧化碳的持续去除，所以我们推论出，生物群落一直在对氧气的积累和二氧化碳的减少起着重要的作用。直到最近，许多地球化学家还都认为没有足够的直接证据可证明，我们的氧气只来自水蒸气的分解，氢气逃逸进入太空，从而留下过多的氧气。我们也很难解释气态氮在没有生物存在的情况下是如何积累在大气圈中的。如果没有相反的生物转换过程，氮将以它最稳定的形式存在，即溶解在海洋里的硝酸盐离子。

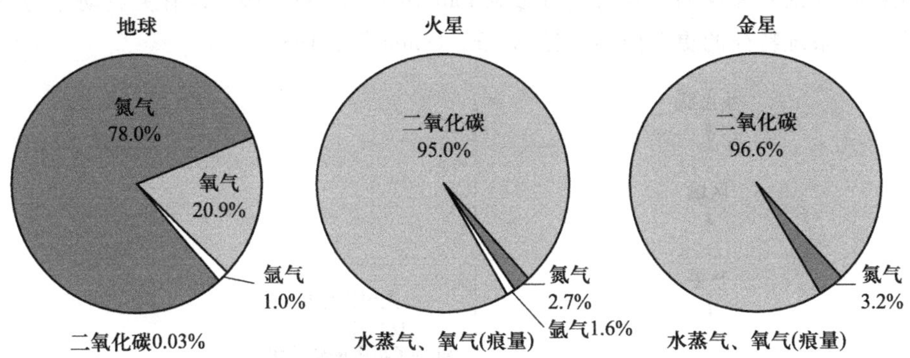

图 3-10　火星、金星与地球目前大气圈主要成分的比较。百分数表示分子数量，而不是相对重量。那些没有百分比值的元素均以痕量计数（仿 Margulis 和 Olendzenski，1992）。

第五章中讲述的氮循环清楚地说明，生物群落不只是从大气中使用气体后而不加改变地将该气体释放回大气中去，而是以有利于生命的方式改变其化学组成。例如，若不是生物大量产生氨（一种氮氢化合物，NH_3），那么，地球水体和土壤将是强酸性的，而当今地球上仅有极少数生物能在这种强酸性环境里生存。重要化合物在生物与非生物状态之间以有序的方式进行转换，在这个过程中，各种专性微生物（如固氮生物和脱氮生物）起着重要作用。根据洛夫洛克和马古利斯的理论，如果没有早期生命形式的关键性缓冲活动以及植物和微生物的持续协同活动以抑制物理因子的波动，地球环境将与如今金星上的情况一样：酷热无比，而且大气圈中缺乏氧气。

14. 生态等级的控制

根据盖亚假说，生物圈是一个高度整合及自我组织的**控制论系统**（cybernetic；来源于 *kybernetes*：导向器或控制器）或受控系统。但生物圈水平上的控制论不是由具有目标指向和置位点的外部控制来完成的，如我们家中用来控制温度及其他条件的恒温器、恒化器或其他机械反馈装置。更确切地说，控制是内部的、离散的，包括亚系统中成千上万种反馈环及协同相互作用，如控制氮循环的微生物网络。图 3-11 比较了这两种控制在生态等级中的差异。自有机体层次以下，神经、激素和遗传机制对生长及机体功能起着严格的控制作用。有机体层次以上，正负反馈的控制就不那么精确了，因此，当接近极限时，会趋于出现波动状态，而不是稳定状态。沃丁顿（Waddington，1975）创造了术语稳流（homeorhesis；来自希腊语“维持流动”之义）来定义进化及生态上的稳定性，它所对应的是另一个被广泛使用的术词**内稳态**

(homeostasis)，内稳态指有机体层次上的生理稳定性（关于个体与生态系统层次的控制论差异性的深入讨论可参见 Pattern 和 Odum，1981，有关波动作为一个生态系统特征的更多内容，见 W. E. Odum 等，1985）。

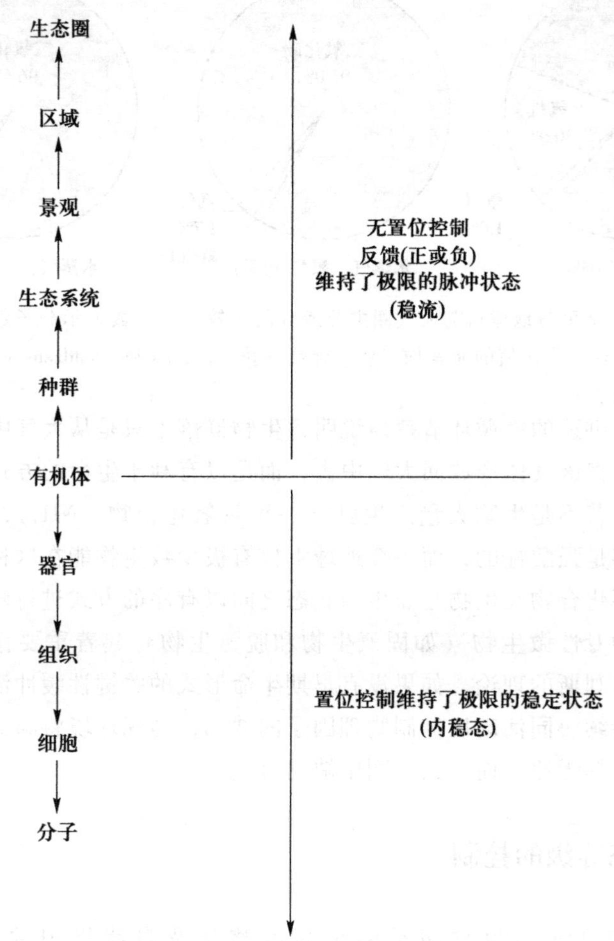

图 3-11 有机体-生态系统等级中的控制论。与有机体及其以下层次的严格的定点控制相比，生态系统及以上层次的组织和功能的调节不太严格，具有更多的脉冲行为和混乱行为，但它们都受到正负反馈的交互控制——换句话说，它们表现出相对于内稳态的自动平衡。对控制论中这种差异的认识局限已导致有关“自然平衡”本质的许多混淆。

生物圈不是我们人类建立起来的，所以我们还没法完全了解它，而且如前所述，我们甚至还不能建立一个生物控制的简化生命支持系统以用于太空旅行。在海洋以及土壤和沉淀物的“褐色带”中具有令人费解的网络（肉眼难以辨识），我们要了解其中的机理，还有很多研究要做，这些机理决定着营养物何时、何处、以何速率进行着再循环和气体交换。洛夫洛克承认，“盖亚的研究”（即假说的检验）将是漫长而困难的，因为在一个如此大的控制网络中包含着如此之多的过程。

因为缺乏置位控制，虽然大多数科学家接受了这个观念，即有机体在大气和海洋的化学控制中起了重要作用，但是许多科学家还是怀疑生态系统和生物圈是否真正是控制论式的系统（Kerr，1988）。大灾难事件时常发生，如彗星与地球相撞、大规模的火山爆发及冰川，这一事实对全球内稳态提出了质疑。可是，尽管物种在地质和宇宙激变中会有丧失，生物不仅保存了下来，而且继续在实现物种的多样化，在为自身生存恢复最适条件中起着重要的作用。然而，虽然生物圈在过去时代里已显示出其自身恢复的复原稳定性，但我们没有理由对当今的生命支持系统的复原力抱有自满的情绪。人类作为一个物种很可能无法在人类造成的大灾难中存活下来，如核战争或海洋毒化；并且即使我们人类得以生存，所有我们经艰苦奋斗获得的文化遗产及生活方式也将会被彻底毁掉。

15. 无生命的土地

图 3-12 是田纳西州铜山的采铜盆地，显示了在小比例尺景观上没有生命的土地是什么样的。大约在 20 世纪初，来自炼铜厂的硫酸烟雾（酸雨的极端例子）导致一大片地区的所有根生植物全部死亡。然后，大片土壤侵蚀流失，留下一个看起来非常像火星地面的景观。法庭争论持续了许多年，最后迫使工厂减少烟雾，即便如此，恢复植被的努力不但费用昂贵，而且困难重重。人们通过添加表层土壤，在一些侵蚀区恢复了一层薄薄的草皮。在一些相对不太严重的侵蚀区，种植了一些施以大量肥料并有良好吸收能力菌根的松林。加拿大安大略省萨德伯里城附近有一个更大的人造沙漠，原因和上面这个铜矿山的“焙烧-提炼”生产方式一样（在这个例子里提炼的是镍，而不是铜）。受影响地区是如此巨大以至于从太空上看起来很清楚，此地就像地球表面上的一块伤疤。现在，正在进行一项大规模且造价昂贵的恢复工程，这项工程计划留下一大块未恢复区作为对照（Gunn，1995）。

即使我们现在还不能证实盖亚假说，我们也应该足够懂得污染防治的重要性，不仅仅应该防止对当地影响严重的污染类型，如上面这个铜矿山例子或有毒污染倾废区，而且还应该防止更加困难的问题，如广泛扩散的，或非点源污染的源头，后者严重地胁迫着保持地球生机的错综复杂的生物再生网络。我们在后面的几章里将会再次讨论这样的非点源污染威胁。

在近期的论文中，塞拉芬（Serafin，1988）分析了关于地球是如何被控制的两种极端观点：维尔纳德茨基的“智慧圈”理论（Vernadsky，1945）或者说人类智力主宰地球的观点，以及洛夫洛克的盖亚假说，或者说地球受生物而非人类控制的理论。塞拉芬提议融合这两种观点来形成一个对两种观点都给予

图 3-12 20 世纪 30 年代的田纳西州铜山景观，彼时正值炼铜厂排放酸性烟雾的高峰时期（照片由美国林务局提供）。

肯定的新的生物圈科学。

铜山的教训

我们可以从铜山吸取经济上和政治上的重要教训。当单一工业用尽了一个地区的所有生命支持容量，并且也许是永久地破坏了其中有益的部分时，这个地区就不可能再有进一步的经济发展了。其他工厂或企业都不会再进入这个地区，因为没有任何维持它们的环境。在这个地区生活的人们陷入了一种不健康的环境，以及一种具有政治主宰和文化停滞的单一工业综合征中。此外，这种类型的开发工业只使得当地获得很少的一点点利润，甚至完全没有利润，因为资金都流向了经济还有发展空间的其他地区。1988 年，开发该铜山的铜矿公司宣布他们将无限期关闭。也许当地的社会团体可以借此开发有关的旅游产业，这样人们就可以看看“田纳西州的铜染沙漠”风光。我们的生命得以依赖的生命网络是坚固的，并具有抵抗力，可一旦这个生命网络被破坏了，我们就算用一生的时间去恢复它都将是非常昂贵的，也许甚至是不可能的。

推荐读物

* Bailey, R. G. 1995. *Descriptions of ecoregions of the United States*, 2nd ed. Forest Service, U. S. Dept. Agriculture Misc. Publ. 1391, Fort Collins, CO.

* Barrett, G. W. 1968. The effects of an acute insecticide stress on a semi-enclosed grassland ecosystem. *Ecology* 49: 1019-1035.

* Benner, R., J. D. Pakulski, M. McCarthy, J. I. Hedges, and P. G. Hatcher. 1992. Bulk chemical characteristics of dissolved organic matter in the ocean. *Science* 255: 1561-1565.

* Brown, J. H., D. W. Mehlman, and G. S. Stevens. 1995. Spatial variation in abundance. *Ecology* 76: 2028-2043.

* Carson, R. 1962. *Silent Spring*. Houghton Mifflin, Boston.

* Chapin, F. S., E. D. Schulze, and H. A. Mooney. 1992. Biodiversity and ecosystem processes. *Trends Ecol. Evol.* 7: 107 -108.

Cloud, P. E. 1988. Gaia modified. *Science* 240: 1716.

Cole, J., G. Lovett, and S. Findley, eds. 1991. *Comparative Analysis of Ecosystems*. Springer-Verlag, New York.

Coleman, D. C. 1995. Energetics of detritivory and microbivory in soil in theory and practice. In *Food Webs: Integration of Patterns and Dynamics*, eds. E. A. Potts and K. O. Wienemiller, pp. 39-50. Chapman and Hall, New York.

* Decamps, H., and R. J. Naiman. 1990. Towards an ecosystem perspective. Chapter 1 in *The Ecology and Management of Aquatic-Terrestrial Ecotones*, eds. R. J. Naiman and H. Decamps. Man and the Biosphere Series, vol. 4. Parthenon Publishing Group, Park Ridge, NJ.

Evans, F. C. 1956. Ecosystem as the basic unit in ecology. *Science* 123: 1127-1128.

* Feinsinger, P. 1994. Habitat "shredding." In *Conservation Biology*, ed. G. Meffe and R. Carroll, pp. 258-260. Sinauer Associates, Sunderland, MA.

* Forman, R. T. T. 1995a. *Land Mosaics: The Ecology of Landscapes and Regions*. Cambridge University Press, Cambridge.

* Forman, R. T. T. 1995b. Some general principles of landscape and regional ecology. *Landscape Ecol.* 10: 133-142.

Golley, F. B. 1993. *A History of the Ecosystem Concept in Ecology*. Yale University Press, New Haven, CT.

* Gunn, J., ed. 1995. *Restoration and Recovery of an Industrial Region: Progress in Restoring the Smelter-Damaged Landscape near Sudbury, Canada*. Springer Verlag, NY.

Hagen, J. B. 1991. *An Entangled Bank: The Origin of Ecosystem Ecology*. Rutgers University Press, New Brunswick, NJ. (A goal of ecosystem ecology is to untangle Darwin's "tangled bank" commentary in *The Origin of Species*.)

* Harris, L. D. 1984. *The Fragmented Forest*. University of Chicago Press, Chicago.

Holland, M. M., P. G. Risser, and R. J. Naiman, eds. 1991. *Ecotones: The Role of Landscape Boundaries in the Management and Restoration of Changing Environments*. Chapman and Hall, New York.

* Hubbell, S. P. 1979. Tree dispersion, abundance, and diversity in a tropical dry forest. *Science* 203: 1299-1309.

* Janzen, D. 1987. Habitat sharpening. *Oikos* 48: 3-4.

* Jordan, L. L. 1981. The birth of ecology: An account of Alexander von Humboldt's voyage to the equatorial regions of the new continent. In *Tropical Ecology*, ed. C. F. Jordan, pp. 4-

15. Benchmark Papers in Ecology, 10. Hutchinson-Ross Publishing, Stroudsburg, PA.

*Kerr, R. A. 1988. No longer willful, Gaia becomes respectable. *Science* 240: 393-395.

Krall, F. R. 1994. *Ecotone: Wayfaring on the Margins*. State University of New York Press.

*Kruess, A., and T. Tscharntke. 1994. Habitat fragmentation, species loss, and biological control. *Science* 264: 1581-1584.

Lawson, G. J., G. Cottam, and O. L. Loucks. Unpublished manuscript. Terrestrial primary production of adjacent urban and natural ecosystems.

*Lovelock, J. E. 1979. *Gaia: A New Look at Life on Earth*. Oxford University Press, New York.

Lovelock, J. E. 1988. *The Ages of Gaia: A Biography of Our Living Earth*. Norton, New York.

*Mann, K. H. 1973. Seaweeds: Their productivity and strategy for growth. *Science* 182: 975-981.

Margulis, L. 1982. *Early Life*. Science Books International, Boston.

*Margulis, L., and L. Olendzenski, eds. 1992. *Environmental Evolution: Effects of the Origin and Evolution of Life on Planet Earth*. M. I. T. Press, Cambridge, MA.

*Naveh, Z., and A. S. Lieberman. 1984. *Landscape Ecology Theory and Application*. Springer Verlag, New York.

*Odum, E. P. 1982. Diversity and the forest ecosystem. *In Natural Diversity in Forest Ecosystems*, J. L. Cooley and J. Cooley, eds. pp. 35-41. U. S. D. A. Forest Service Southeastern Experiment Station, Asheville, NC.

Odum, E. P. 1986. Introductory review: Perspectives on ecosystem theory and application. In *Ecosystem Theory and Application*, ed. N. Polunin, pp. 1-11. John Wiley & Sons, New York.

*Odum, E. P., and R. L. Kroodsma. 1977. The power park concept: Ameliorating man's disorder with nature's order. In *Thermal Ecology*, vol. Ⅱ, eds. G. W. Esch and R. W. McFarlane. National Technical Information Service, Springfield, VA.

Odum, H. T. 1971. *Environment, Power, and Society*. Wiley-Interscience, New York.

Odum, H. T., and E. C. Odum. 1981. *Energy Basis for Man and Nature*, 2nd ed. McGraw-Hill, New York. (See pp. 293-294 for energy language symbols.)

Odum, W. E. 1990. Internal processes influencing the maintenance of ecotones: Do they exist? Chapter 6 in *The Ecology and Management of Aquatic-Terrestrial Ecotones*, eds. R. J. Naiman and H. Decamps, pp. 91-102. Parthenon Publishing Group, Park Ridge, NJ.

*Odum, W. E., E. P. Odum, and H. T. Odum. 1995. Nature's pulsing paradigm. *Estuaries* 18: 547-555.

Omernik, J. M. 1987. Ecoregions of the conterminous United States. *Ann. Assoc. Am. Geogr.* 77: 118-125.

*Patten, B. C., and E. P. Odum. 1981. The cybernetic nature of ecosystems. *Am. Nat.* 118: 886-895.

Platt, A. 1995. Dying seas. *Worldwatch* 8 (1): 10-19.

Polunin, N., ed. 1985. *Ecosystem Theory and Application*. John Wiley & Sons, New York.

Pomeroy, L. R., and J. J. Alberts, eds. 1988. *Concepts of Ecosystem Ecology: A Comparative Review*. Springer-Verlag, New York.

*Redfield, A. C. 1958. The biological control of chemical factors in the environment. *Am. Sci.*

46: 205-221.

*Rhoads, R. E. 1990. The world's food supply at risk. *Nat. Geog.* 179 (4): 74-105.

*Rice, E. L. 1952. Phytosociological analysis of a tail-grass prairie in Marshall County, Oklahoma. *Ecology* 33: 112-116.

*Sachs, A. 1995. Humboldt's legacy and the restoration of science. *Worldwatch* 8 (2): 28-38.

*Schindler, D. W. 1990. Experimental perturbations of whole lakes and tests of hypotheses concerning ecosystem structure and function. *Oikos* 57: 25-41.

*Serafin, R. 1988. Noosphere, Gaia and the science of the biosphere. *Environ. Ethics* 10: 121-137.

*Sousa, W. P. 1984. The role of disturbance in natural communities. *Annu. Rev. Ecol. Syst.* 15: 353-391.

*Tansley, A. G. 1935. The use and abuse of vegetational concepts and terms. *Ecology* 16: 284-307.

*Tilman, D., D. Widen, and J. Knops. 1996. Productivity and sustainability in grassland ecosystems. *Nature* 379: 718-720.

*Turner, M. G. 1989. Landscape ecology: The effect of pattern and process. *Annu. Rev. Ecol. Syst.* 20: 171-197.

Vernadsky, V. I. 1929. *La Biosphere.* Nouvelle Collection Scientifique. Felix Alcan, Paris, France. (English translation published 1986, Synergetic Press, London.)

*Vernadsky, V. I. 1945. The biosphere and the noösphere. *Am. Sci.* 33: 1-12.

*Waddington, C. H. 1975. A catastrophe theory of evolution. In *The Evolution of an Evolutionist*, pp. 153-266. Cornell University Press, Ithaca, NY.

*Whitcomb, R. F., C. S. Robbins, J. F. Lynch, B. L. Whitcomb, M. K. Klimkiewicz, and D. Bystrak. 1981. Effects of forest fragmentation on avifauna of the eastern deciduous forest. Chapter 8 in *Forest Island Dynamics in Man-Dominated Landscapes*, eds. R. L. Burgess and D. M. Sharp. Springer-Verlag, New York.

Wiegert, R. G., and D. F. Owen. 1971. Trophic structure, available resources and population density in terrestrial and aquatic ecosystems. *J. Theor. Biol.* 30: 69-81. (Contrasts structure and function of terrestrial and aquatic ecosystems.)

*Wilcox, B. A. 1984. In situ conservation of genetic resources: Determinants of minimum area requirements. In *National Parks: Conservation and Development*, eds. J. A. Neeley and K. R. Miller, pp. 639-647. Smithsonian Institution Press, Washington, D. C.

*Wilson, E. O., ed. 1988. *Biodiversity.* National Academy Press, Washington, D. C. (38 articles by different authors on the preservation, value, and restoration of diversity.)

*Zonneveld, I. S., and R. T. T. Forman, eds. 1990. *Changing Landscapes: An Ecological Perspective.* Springer-Verlag, New York.

Of the many well-written magazine treatments of the state of our environment that have appeared recently, the following special issues are especially recommended: *Time* 133 (1): 24-73, January 2, 1989. *Planet of the Year: Endangered Earth. Scientific American* 261 (3), September 1989. *Managing Planet Earth.*

*代表本章中引用的参考文献。

第四章

能 量 学

如果要求某人指出地球上的生物中最普遍而又最重要，且与大大小小的生命活动过程休戚相关的一个共性时，答案非能量莫属。在物理课本及字典里，**能量**(energy) 被定义为做功的能力，功最广泛的定义是“做或执行某项任务”。无论你是正在工作，还是正在从事某种嗜好，或正在放松休息，或甚至正在睡觉，你的身体都在执行着上千种必不可少的功能，所有这些功能都需要特定种类和数量的能量来维持。我们的维生系统涉及大量生物种类和功能，这个维生系统的正常运转需要大量能量。当然，异养生物的初级能量来源于食物；而对自养生物来说，能量来源却是光合作用所需的光及间接太阳能（风、雨)。另外，人类社会，尤其是工业化社会，需要大量燃料型的聚集能。能量转换的基本原理应为全人类所了解，因为没有能量就没有生命。我们应该在一年级的学生中就开始讲授能量学这一门课程。

1976 年，康芒纳（Barry Commoner）写道：① 我们没能正确理解生态系统、生产系统和经济系统这三大系统间的能量学连接；② 将这三大系统中的任何一个系统与其余的两个系统隔离开来对问题进行“快速解决”的做法都是徒劳无益的。正是奥德姆（H. T. Odum）最充分地将能量的概念发展成为生态学里的一个普遍共性，以及生态系统与经济系统之间的连接（H. T. Odum，1971，1973，1996；Odum 和 Odum，1981)。

1. 能量单位

遗憾的是，我们有许多广泛使用而又不同的单位来表示能量，如卡、瓦特、焦耳、尔格、英国热单位（BTU）和马力等，这些仅仅是其中的一小部分，每一个单位都来源于或者用于计量特定的能量类型（如瓦特用于计量电力、卡用于计量食物热量，加仑用于计量石油)。由于电力、暖气、汽油、石油和煤气在你的账单上用的是不同单位，尽管这些单位间可以进行粗略的换算，那也几乎要用电脑来计算进入你家庭的总能量。更加混乱的是，有的单位如卡表示与时间无关的势能，而另一些单位如瓦特是具有时间条件的功率定义。导致这种混乱局面的原因是学科间的过度隔裂（每个学科都与它的传统用途相关）以及缺乏工业界与国家间的交流和协调。现在需要指定一个单位(可能是焦耳或瓦特)，作为所有国家用来表达所有能量的国际单位。

在本书中，为了使表述尽可能的简便，且因为大部分人在一定程度上已习惯于将卡与我们摄取的食物相联系（如软饮料广告所说“每瓶只含 1 卡热量”），所以我们将卡（calorie）作为能量的数量单位。我们将使用两个单位：小的克卡（c），简写为 gcal，以及大的千卡（C），简写为 kcal。1 gcal 相当于将 1g 水的温度升高 1℃所需的热量。1 kcal 是 1 gcal 的 1 000 倍，相当于将 1 kg 水的温度升高 1℃所需的热量。千卡常在营养学和生态学中使用。为了提供一个参照点来比较各种能流的数量，需记住：要维持身体健康，就需每天从合格质量的食物中摄取 2 000~3 000 kcal 的热量，或每年摄取大约 10^6 kcal 的热量。

如上面所说，焦耳和瓦特这两个单位正被提议作为用于所有能量的国际通用单位。1 焦耳（joule）定义为将 1 kg 物体升高 10 cm 时做功所需的能量（约 0. 24gcal）；1 瓦特（watt）为 1 焦耳/秒。由于瓦特和焦耳单位太小，所以广泛应用的单位是千瓦时（kilowatt-hour；1 kW · h = 1000 瓦/小时），1 千瓦时相当于 860 gcal。当然，这就是出现在你电费账单上的单位。千焦耳（kilojoule；1 kJ = 1 000 J）也是生态学中广泛应用的国际单位；1 kJ 相当于 4. 2 kcal（大致与 1BTU 相等）。

虽然有过多的数量单位存在，然而奇怪的是，却没有一个单位能够被普遍接受用来表示**能量聚集度**（energy concentration），或表示不同种类的能量的“质量”，不同能量做某种功时的能力是很不同的。例如，当你要驱动轿车时，100 cal 的太阳光不等于 100 cal 的汽油。在以下有关能量聚集度的章节中，我们将看到人们对于这个疏忽所开展的工作。

2. 能量定律

能量的行为符合两大定律，即热力学定律（laws of thermodynamics）。热力学第一定律表述为：能量可以从一种形态（如光）转变为另一种形态（如食物），但既不能产生，也不能消失。热力学第二定律表述为：除非能量从聚集形式（如食物或汽油）降解为离散形式（如热），否则不会发生任何能量转变过程。因为一些能量总是分散成不能利用的热能，所以自发转变（如光转变为食物）的效率不可能是百分之百的。

有时热力学第二定律也称为熵定律。**熵**[entropy；来源于 *en*（里）和 *trope*（转变）] 表示一个封闭的热力学系统中不能利用的能量，这是一个关于**无序**（disorder）的度量。因此，虽然在转变过程中既不会产生能量，能量也不会消失，但在使用（转换）过程中，一部分能量却降级为不能利用的或难以利用的形态（即被转变为离散型热能）。你在早餐中吃的食物，一旦在维持你身体组织的过程中被消耗了，你就必须去商店购买更多的明天的食品。能量不能再次利用，它不像水、营养物质或货币那样可以多次再循环利用，并且在使用过程中极少损失或没有损失。图 4-1 通过一片橡树叶的能流图反映了这两个能量定律。能量在生态系统水平上的输入、转换和贮存及流出的一般过程，体现在本书给出的前两个模型里，即第三章的图 3-1 和图 3-2。

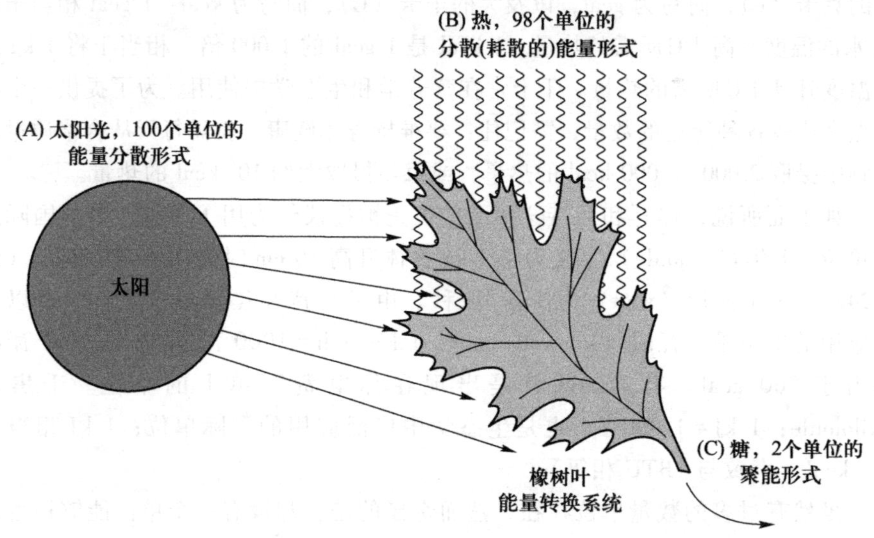

图 4-1　热力学两大定律。太阳能（A）通过光合作用转换为食物（糖，C）（A=B+C），解释了第一定律；第二定律揭示了在能量转换过程中由于耗散（B），C 总是小于 A 的事实。

生物和生态系统都是通过将能量从高利用状态转换到低利用状态来维持它们高度组织的低熵（低无序度）状态。生命系统和整个生物圈被普里果金（Ilya Prigogine）称为“远离平衡的系统”，具有高效率的“耗散结构”来降低无序度（Prigogine 等，1972）。普里果金因其对有关非平衡热动力学的理论分析而荣获诺贝尔奖。和前人相比，他更好地解释了生命系统是如何通过自我组织来维持一个远离平衡的开放状态，从而看起来似乎摆脱了热力学第二条定律的约束。熵并不都是负面影响的，当能量的数量在连续转变过程中减少时，剩余能量的质量却可能大大地提高了。

高度有序的生物群落的呼吸作用构成了生态系统的耗散结构。依此类推，城市需要组织良好的维持人员和充足的税金来耗散无序，维持质量。如果流经森林或城市的能量的质量和数量都发生降低，或无序耗散不充分，那么森林或城市就要开始退化和衰老（变得无序）。很多城市和受空气污染胁迫过度的森林都面临这个问题。

为了生存和繁荣，自然生态系统和人工生态系统都需要有高质量能量的连续输入、贮存能力（以备输入的能量少于需要量时）和耗散熵的途径。这三个属性就是奥德姆（H. T. Odum）所说的**最大功率原理**（maximum power principle）中的部分内容，此原理认为，在这个竞争的世界上最有可能生存的系统是那些能将最多的能量有效地转换为有利于它们自己以及与其彼此互利联系着的周围系统的有用功的系统（Odum 和 Odum，1981）。

物理化学家出身的洛特卡（Alfred James Lotka，1880—1949）是把热动力学引入生态学的第一人。他在一家化学公司工作期间，利用业余时间致力于发展他所谓的“物理生物学”新领域。洛特卡的基本观点是：有机世界与无机世界作为单一的系统起作用，其所有成分通过热动力学以如此密切的方式紧密地联系在一起，所以不了解系统整体的功能是不可能了解其局部功能的。他于1925年出版的《物理生物学的原理》（*Elements of Physical Biology*）一书中，概括了他发展了20年的理论。他这书本后来成为经典的书籍（1956年再次出版，名为《数学生物学原理》，*Elements of Mathematical Biology*）引起生态学家亚当斯（Chales C. Adams）的注意，亚当斯说服了洛特卡加入美国生态学会。著名人口统计学家珀尔（Raymond Pearl）为他在约翰霍普金斯大学找了一份工作，这样他就可以在学术氛围中继续进行他的研究了。洛特卡在该大学做的主要贡献是种群的数学模型（详见第六章）。

洛特卡感到生物学家在研究进化时将注意力聚集在单个物种上时导致视野太狭窄。他深信自然选择也必然基于不可分隔系统的能流；这个概念就是现在大家所知的“最大功率原理”。有意义的是，生物学家坦斯利（Tansley）和物理学家洛特卡各自独立地提出了生态系统是生物圈的一个主要功能单元的概念。由于坦斯利提出了“生态系统”一词，且一直被沿用至今，所以他得到了大部分本应与洛特卡分享的荣誉。

3. 太阳辐射

太阳光是我们很熟悉的大自然的恩赐之一，我们认为得到它是理所当然的且不必费神去深入了解它的（如古谚云，熟视无睹）。首先，每天你所见到的太阳光只占来自太阳的一半左右。将太阳光通过透镜，得到的电磁（波状能量）辐射的完整光谱如图4-2所示。太阳辐射位于光谱的中间，波长大部分为0.1～10 μm（1 μm＝1/1 000 mm）。太阳辐射包括可见光和两种不可见光成分，即紫外线和红外线。长波的红外辐射是太阳光中的“发热”部分。可见光部分不仅是我们所见到的光，也是光合作用所使用的能量（仅限于可见光）。紫外线对暴露的原生质具有杀伤作用，值得庆幸的是，在抵达大气上层的紫外线中，大部分被臭氧层（ozone shield）阻挡了。位于大气的最上层（平流层）中的氧气和紫外线相互作用，生成由3个氧原子组成的臭氧（O_3）。在生物圈历史中，早期的臭氧层随氧气的积累而形成；臭氧层使原始生命有可能走出水中并演化成为今天的高级形态。

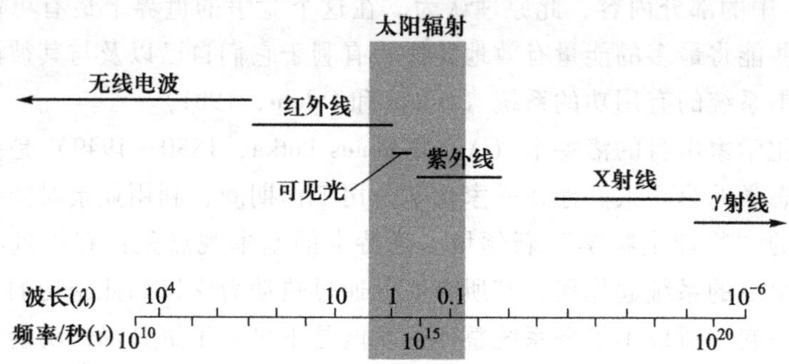

图 4-2　电磁辐射光谱。太阳辐射位于光谱的中间段。

大气层对太阳辐射的吸收大大降低了进入生物圈的紫外线，广泛地减少了可见光成分，并无规律性地减少了红外线（某些波长的光更易被吸收）。晴朗天气到达地面的辐射能组成为10%紫外线、45%可见光和45%红外线。可见光辐射在穿过云层和水时衰减得最少，这意味着光合作用还可以在阴天（光合作用速率通常会下降）和一定深度的透明水体中继续进行。植被强烈吸收蓝、红可见波长（对光合作用最有用）和远红外线，其次是绿光，近红外线最弱。近红外线是太阳光中热能的主要所在，陆生植物的叶子极少吸收近红外线，以避免达到致死温度（此外还通过水分蒸发来降温）。太阳射线和地表绿色层之间的相互作用是生物不仅能适应物理环境，而且还能改变物理环境以满足它们需要的又一例证。事实上，经过林冠层对红、蓝光和远红外光的吸收后，形成的凉爽绿荫是与人为荒漠（如铜山景观）或停车场截然不同的辐射环境。森林里生活着几千种动物和微生物，而在停车场却只能发现极少数的暂居者（包括人类），所有生物可能都试图得到更好的地方。

因为植被反射绿光和近红外线，所以航空和卫星遥感成像利用这些光谱带来识别地面的天然植被格局、作物状况和植物病害等。遥感（remote sensing）和地理信息系统（geographic information systems；遥感图像的电脑翻译和分析）技术的持续发展是太空时代带给我们的具有相当积极作用的好处之一。

4. 对臭氧层的威胁

在生产过程中产生的某些化学物质，如作为气溶胶推进剂的氯氟烃（chlorofluorocarbons，CFCs）（Cohn，1987）和高速喷气式飞机排放的气体都会破坏臭氧层。排放到大气层上层的破坏臭氧的物质越来越多，已经达到了严重威胁臭氧层的程度。人类接收到的第一个警告信号是，1974 年南极洲上空的臭氧层正在变得越来越薄，1984 年在该地区首次出现所谓的**臭氧洞**（ozone hole）。1991 年，这个空洞扩大至南美阿根廷。据报道，当地居民和羊的皮肤癌及失明率都有所增加。破坏臭氧的氯化一氧化物聚积在欧洲上空，导致了温带臭氧层的迅速变薄。1987 年，工业化国家签署了《蒙特利尔协议》，协议声明，减少含 CFCs 的产品的生产，以期阻止对生命具保护作用的臭氧层受到进一步的破坏。1996 年协议似乎开始生效，因为工厂已经减产了破坏臭氧的化学物质，并研制了替代品（Kerr，1996）（臭氧作为一种地表层污染物的问题将在第五章中讨论）。

5. 地表层的辐射环境

生活在地球表面或地表层附近的生物全都处在辐射环境里，不仅有直接的太阳辐射，还有来自地表附近的长波热辐射。这两种成分都会影响生物生存的温度及其他条件，详见第五章。热辐射不仅来自土壤、水和植被，而且还来自云层向生态系统辐射的大量热能。也许人们会注意到，冬天里，晚上多云的话，温度要高于晴朗的晚上；那正是有来自云层的辐射热能造成的。即使是无色气体，像二氧化碳，也会捕获热能并向地面反射热，产生“温室效应”（如此称呼是因为，二氧化碳像温室的玻璃一样，能让太阳射线通过，但却会反射向外的热辐射，因此得名）。除了担心臭氧减少之外，大气中的二氧化碳也值得注意，它的增加将影响到气候的变化，我们将在第五章中讨论这个问题。

6. 穿过生物圈的能流

图 4-3 和表 4-1 表示了太阳辐射穿过生物圈时所发生的一切，每一个步骤都在做有用功。在 1 m^2 的面积上每年输入的太阳能达 5 000 000 kcal。这样巨大的能流随着太阳光穿过云层、水蒸气层及大气的其他气体层时呈指数式下降，所以每年实际到达生态系统自养层的太阳能仅为 1 000 000～2 000 000 kcal/m^2（北方多云地区最低，而沙漠地区最高）。其中，约一半能量被贮存功能良好的绿色层所吸收，其中平均大约 1%（在最好的条件下可高达 5%）通过光合作用被转化为有机物质。

如图 4-1 和图 4-3 所示，太阳能流中有很大一部分在每一步转换中都被耗散为不可利用的热能，符合热力学第二定律。这种耗散不是浪费的能量，因为每次转换不仅在生物部分而且在整条食物链都做了有用功。例如，太阳辐射穿过大气层、海洋及绿色带时所产生的耗散使生物圈的温度上升到足以支持生命活动的水平，驱动了水循环（水分蒸发，又形成雨）和气候系统。太阳辐射在主要能量转换过程中的百分比估计如表 4-1 所示。值得注意的是，太阳能流中约有 1/4 用于水循环，这是生物圈最重要的自然服务之一。

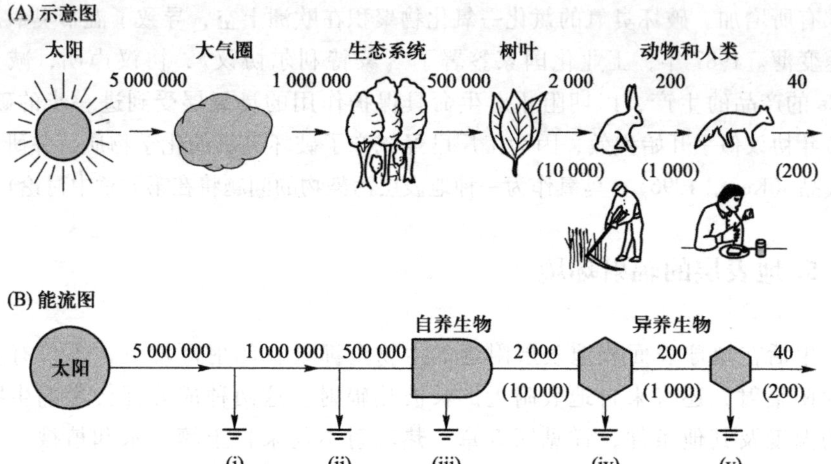

图 4-3 经过生物食物链的太阳能流（单位：kcal · m^{-2} · a^{-1}）。(A) 示意图；(B) 较正式的能流模型。括号内的数字表示当太阳能流得到其他类型能量（如燃料）加强时，辅助能生态系统可到达的能量水平。

表 4-1 太阳辐射的能量耗散占每年输入生物圈的太阳辐射的百分比

能量耗散	百分比（%）
反射的	30
直接转换成热	46
蒸发、降雨（驱动水循环）	23
风、浪和潮流	0.2
光合作用	0.8
总计	100

潮汐能：约 0.001 7%

陆地的热量：0.5%

（数据来自：Hulbert，1971）

正是能量流动推动了物质循环。水和营养物质的再循环需要消耗不可循环的能量，这有别于人们的一种错误理解：水、金属或纸等资源的人工循环在一定程度上是物质缺乏时紧急而免费的解决方法。就像世界上其他事物一样，这些循环也需要能量支出（人工行为中的货币支出）。

自然界充分地利用着太阳能。但人类至今尚不能像自然界那样很好地利用这一能源，以替代日益减少的化石燃料。与矿质燃料相比，太阳能的一大优点是可再生性：其源头不会因为能源使用而枯竭。另一方面，太阳能是比较稀释的（非聚集状态），不能直接驱动汽车或机器，除非将它转变为电力或者某种燃料。但是，与其他能量转换一样，这种转化也是需要付出熵代价的。我们不可能回避能量定律；认识到这样的局限并不令人沮丧，反而具有现实意义。

7. 能量聚集度：能集

我们已经介绍了热力学定律的基础，当能量在接连转换链或等级中被耗散和利用时，其形式发生转变，聚集度不断增加或信息量变得很高。换句话说，能量的数量下降了，而“质量”上升了。数量相同但形态不同的能量，在做功潜能上差异悬殊，所以不是所有的卡路里（或不管用其他什么数量单位）都相等。如前所述，聚集的形态，如石油，具有较高的做功潜能，所以比起非聚集形态，如阳光，具有更高的质量。我们可以把一种类型的能量转变为另一种类型的能量所需的量称为能量聚集度或质量。科学家已经建议使用术语**能集**（eMergy）（拼写时需大写 M）作为这种度量，其定义为：直接或间接地已被用于提供服务或产品的可获得性能量（H. T. Odum，1996）。据此，假如植物将 1 000 cal 的太阳光转换为 1cal 的食物，其转换比率（或**变换**，transformity）为 1 000 cal 太阳能比 1cal 食物，即食物的能量聚集度为 1 000 cal 太阳能。因为不同水平的所有能量可以累加，结合起来产生产品或服务，所以能集也可被视为“能量记忆”。为了比较，所有能量需要转换为同一类型（如太阳能）。**体现能**（embodied energy）一词也已用于这种质量上的度量。

图 4-4 的能流图反映了能量的数量越来越少时，能量聚集度越来越大。在自然界食物链中（图 4-4A），能量的数量逐级减少，以耗散的太阳能千卡的数字来说，能量聚集度提高了。估计约有 10 000 kcal 的太阳光用于生产 1 kcal

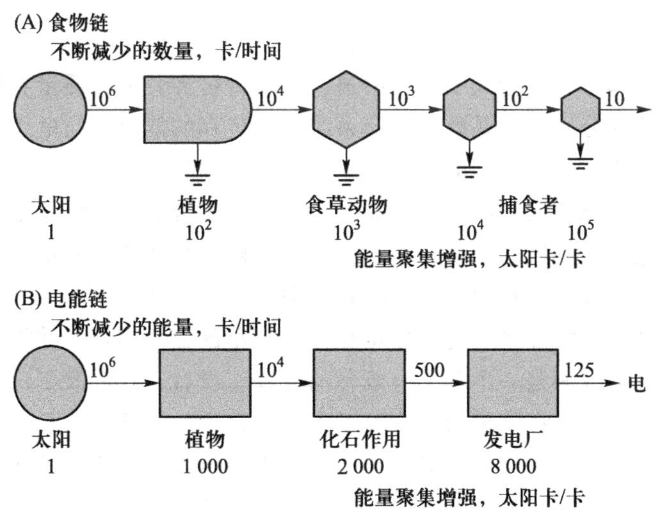

图 4-4 食物链和电能产生过程中，能量数量不断减少，能量聚集度（质量）却不断提高（仿 H. T. Odum，1983）。

捕食者。每个捕食者需要消耗100个能量单位的食草动物。所以捕食者的数量相对较少，是生态系统中最消耗能量的部分，但它们可能在对食草动物的反馈控制中有举足轻重的作用，而食草动物又对植物生产具有重要影响。

图4-4B是发电的能流图。（需要强调指出的是，图上的数字是暂定的，在此图中“数量级”的近似值只是用于比较不同类型的能量，在其他情况下需要修正。）同样，当数量在链状流动过程中逐渐减少时，每单位数量（cal）的做功能力在每一次转换后都有所增加。这样，太阳能先被绿色植物聚集起来，继而在化石形成过程中转变为煤炭，最后在发电过程中得到增强，所以电是来自太阳能的经过几千次聚集后的一种能量形式。无论是通过燃烧化石燃料还是直接通过太阳能电池来转化，发电都要消耗大量能量，但电的作用巨大（几乎无所不能），以至于没有电的世界对我们现在来说是无法想象的。

总而言之，能集和体现能都是对一个产品或一项服务的价值的度量，因为它们能够代表一种能量形式需要支付多少才能转变成另一种“更有价值”的能量形式。关键是，在能量转变过程中直接涉及的能量或产物中包含的能量并不能代表它实际消耗的所有能量。譬如说，你只需花很少的能量即可阅读思考这本书，1小时耗能几乎不到1 gcal。而培养阅读和思考的能力则需要消耗大量能量，所以这项活动的体现能或能集是很大的。教育和一般的脑力劳动都需要付出巨大的能量代价——这也有助于解释为什么发展大众素质教育的代价不菲（有关能量-货币转换的内容详见本章后半部分）。

8. 初级生产力

本章以下部分将讨论太阳能流中被转化成食物和其他高质量有机物的那一部分，因为这部分能量也是整个生命系统赖以生存的能量。与电机和其他机器的高转换率相比，曾经提到的1%~5%的转换效率似乎太低了。事实上，因为发动机所用的能源比太阳能质量更高（能量聚集度更高），所以光合作用和电机效率是不能直接相比的。并且，用于制造、修复和替换机器所消耗的高额能量并未包括在其效率计算中，而生物系统中的自我维持和自我永存却占用了一部分能量预算。事实证明，光合作用在捕获一小部分太阳辐射并将其转化为高利用率的有机物方面是一个非常有效率的过程。没有人能够改变这方面的自然运行。我们相信，现在从植物中获取了更多的食物，但这并非是通过提高光合作用效率来实现的。我们只是提高了光合作用的转化量，使其最终转化成人类（或驯化动物）能够收获并食用的形式。现在我们来简短地看一下这一过程是如何发生的。

初级生产量（primary production）及初级生产力（primary productivity）表示在一定时间及一定面积内自养生物合成有机物（由太阳能转换而来）的总

量，通常用每天或每年的转化效率来表示。**总初级生产量**(gross primary production）是指包括植物自己所需能量在内的总能量，而**净初级生产量**(net primary production）则指除植物呼吸作用所需能量外，贮存于植物体内部可为异养生物所利用的潜在能量。**净群落生产量**(net community production）指生物群落（自养生物和异养生物）摄取它们全部所需食物后留下的生产量。最后，贮存在消费者（如牛或鱼）水平上的能量被称为**次级生产量**(secondary production)。

当物理因子（如水、营养物和气候）适宜时，尤其是当系统外辅助能减少了维持代价时（即无序耗散），自然生态系统和人工种植生态系统的初级生产力会很高。补充太阳以及使植物贮存并传递更多光合作用产物的次级能量被称之为**能量辅助**(energy subsidy)。热带雨林的风力和雨能、河口的潮汐能或用于耕作的化石燃料等都是能量辅助的实例；所有这些例子都是通过适应于利用辅助能的动植物来提高生产力的。例如，潮汐给盐沼带去营养物质，为牡蛎提供食物，同时带走废弃物，所以生物不需要在这方面花费能量，而将更多的生产力用于生长。

9. 源-汇能量学

能量辅助的必然结果是源-汇能量学（source-sink energetics）的概念，即一个生态系统（源）将多余的有机产物输送到另一个生产力较低的生态系统（汇）中。例如，高生产力的河口系统将有机物质或生物输送到生产力较低的近岸水体中。所以，一个生态系统的生产力是由本身的生产率和所接受的输入量来决定的。在物种水平上，一个种群繁殖的后代多于维持种群所需的量，多余后代则迁移到附近种群，否则后者就无法自我维持（Pulliam，1988）。

10. 光合作用的种类

光合作用的基本过程在化学上是一个氧化-还原反应，化学方程式为：

二氧化碳 + 水 + 光能 = 碳水化合物 + 水 + 氧气

其中，水被氧化，二氧化碳被还原（被固定）成碳水化合物，从而形成其他种类的食物和有机物。

在大多数植物中，二氧化碳的固定开始于三碳化合物（three-carbon compounds）的形成，但有些植物用另一种不同的方法来还原二氧化碳，始于四碳羧酸化合物的形成。这两种植物分别叫作**C_3 植物**(C_3 plant）和**C_4 植物**(C_4 plant)。C_4 植物叶片中的叶绿体排列方式与 C_3 植物的不同，更重要的是它们对光、温度和水的反应也不一样。

图 4-5 比较了 C_3 植物和 C_4 植物对光和温度的不同反应。C_3 植物的光合作用率（单位叶表面积）在中等光照强度和温度条件下最高，而在高温和全光照条件下受到抑制。相反，C_4 植物适应高温和高强度光照条件，在这种条件下对水的利用更加有效。如你所料，C_4 植物多为暖温带气候区和热带气候区沙漠和草地群落的优势物种，极少生长于森林以及光照和温度条件中等偏低的多云的北部地区。尽管 C_3 植物的叶面光合作用效率较低，但在光照、温度等条件温和的地方，因为它们在混合物种的群落中更具有竞争力，所以它们是世界上主要的初级生产者。在现实环境中，最适生存者并不总是那些在理想条件下单一种植的生理优势种；在自然界多物种共存的情况下，能够生存的往往是那些能在不总是适宜的条件下生存和繁殖的物种。

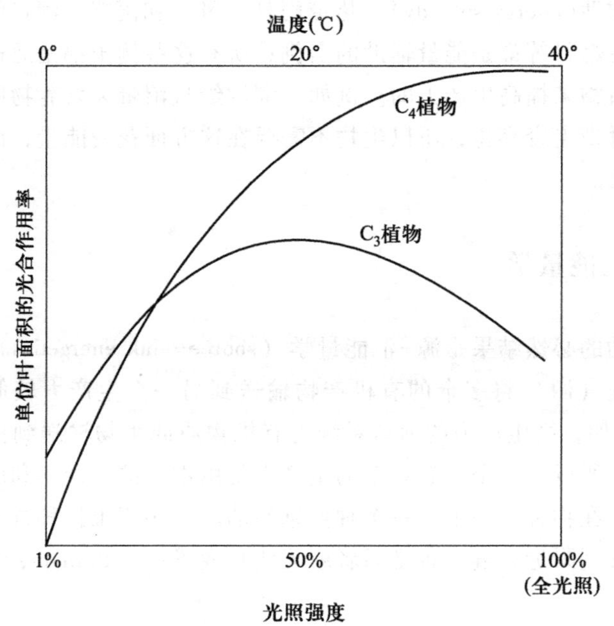

图 4-5　C_3 植物和 C_4 植物在光照强度和温度不断增强的条件下，两者光合作用反应的比较。

人类主要的食用植物，如小麦、水稻和马铃薯以及大部分蔬菜都是 C_3 植物。原产热带的作物如玉米、高粱、甘蔗是 C_4 植物；广泛用于南方牧场和高尔夫球场的狗牙根（Bermuda grass）也是 C_4 植物。我们可能应该在有灌溉的荒漠和热带地区栽种更多 C_4 植物。

在适应恶劣环境条件方面还有其他一些光合作用方式。一些光合作用细菌能在厌氧条件下氧化无机化合物，如硫化氢（H_2S），而不是水，在这种情况下不释放氧气。多肉沙漠植物如仙人掌的光合作用模式被称为**景天酸代谢**（crassulacean acid metabolism，CAM），这种植物晚上吸收二氧化碳，以有机酸的形式贮存起来，但不是“固定”，这个过程一直持续到第二天有光可利用的时候。这样，植物的叶片气孔在干燥炎热的白天就可以关闭，以保存水分。无论在什么样的物理环境条件下，也许还有很多尚未被发现的植物捕获光能的其他适应形式（大自然的适应性变幻莫测，这就是研究大自然的魅力之一）。

11. 世界初级生产力的分布

世界初级生产力分布的一般格局如图 4-6 所示。分布范围非常广（Whittaker 和 Likens，1971）。由于海洋缺乏营养，沙漠缺乏水分，占据大部分面积的开放海洋和陆地沙漠的年生产率小于 1 000 kcal/m^2。许多草地、海岸带、浅湖及一般的农业群落的年生产率为 1 000～10 000 kcal/m^2。一些河口、珊瑚礁、雨林、湿地及肥沃平原上的集约型（工业化）农业群落和自然群落的年生产率为 10 000～25 000 kcal/m^2。从面积来看，海洋和沙漠占了生物圈的 3/4，只有 10%的土地是天然肥沃的。然而，由于面积大，寡养地区的总生产力是很大的。正是这些地区的能流为我们提供了大量除食物之外的维生产品和服务。

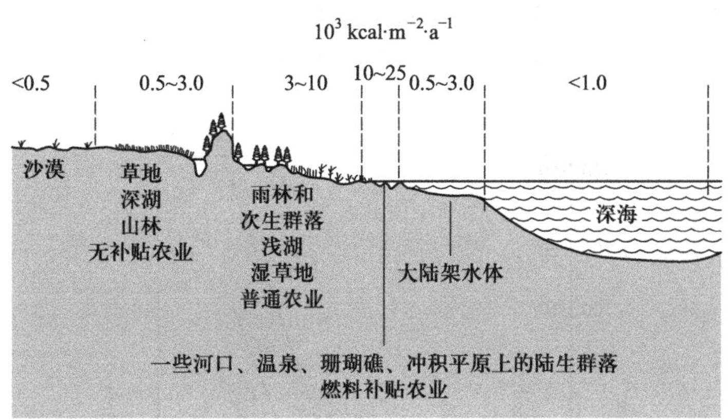

图 4-6 全世界初级生产力的分布。

12. 人类的食物

通过提高机械化程度、增加肥料、提供灌溉及使用杀虫剂，人类食物的单位面积产量在近几十年里有了极大的提高（图 4-7）。所有这些辅助形式正如太阳光一样，都属于能量输入；可用作物维持所做的功转化为热能的卡数或马力来估算（用于制造化肥和杀虫剂的能量就是化肥和杀虫剂的体现能，可用来衡量它们的贡献）。图 4-8 表示了作物产量与化肥、杀虫剂及工作能输入之间的一般关系。在过去，这些输入需要提高 10 倍，产量才能翻 1 倍。提高效率可降低这种高额成本。

图 4-7 喷洒杀虫剂是提高食物产量的一种能量输入方式，但同时也已产生其他问题，如人类的食物不断受到污染，有毒物质扩散到农田之外。浪费少的高效害虫综合治理方法就可以解决这些问题（照片由 B. J. Miller 拍摄/Biological Photo Service 提供）。

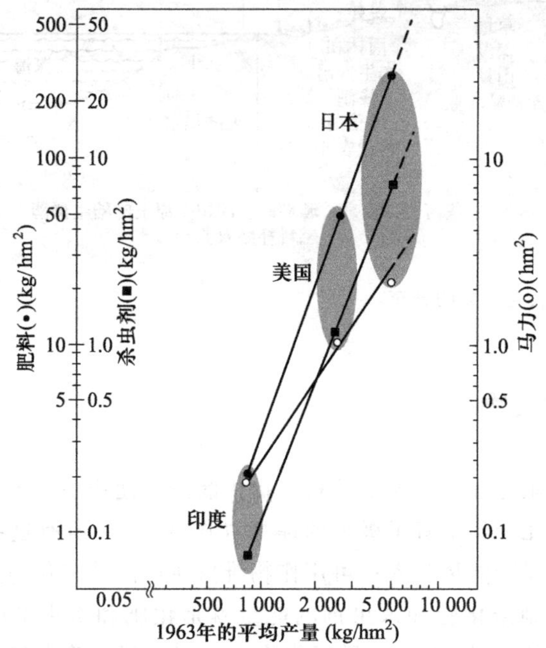

图 4-8 能量和化学药品辅助与作物产量的关系（仿 E. P. Odum，1983）。

提高产量的另一个方法是增加收获率（harvest ratio，即作物可食部分与不可食部分之比）的基因选择。新近在培育高产谷物品种上的成功被称为绿色革命（Green Revolution）。野生稻在种子上只投入不到20%的生产力，就足以确保其长期的繁殖；相比之下，高产培育“神奇”水稻品系的种子占生产力的80%（收获率为4∶1）。个中奥妙在于“神奇”的高产水稻品系没有将能量用于自我保护，它需要大量昂贵的外来能量为自己提供养料和抵制虫害——这些是小农场和小国家常常无法办到的。当然，所采用的辅助化学药品会造成环境污染。所以，绿色革命具有其双重的意义。

在任何一个图书馆，甚至很小的图书馆的参考书书架上，你都能找到联合国的《FAO生产年鉴》，每年出版一次，涵盖当年世界食品生产的全部数据资料。表4-2列举了最近年鉴中的一些数据资料。蛋白质含量不同的4种作物的年度产量分3个水平表示：① 最高产量的国家；② 最低产量的国家；③ 世界平均产量。高产量国家主要分布于欧洲、北美国家及日本，全世界人口中的约30%生活在这些发达国家里；70%生活于食品生产能力比发达国家低1/3~1/4的国家里。所以世界食品平均产量不是接近最高值，而是更加接近于最低值。从1980年至1990年间，欠发达国家的食物总产量有所提高，但仍不能赶上人口的增长。并且，产量的提高主要来自耕地面积的增加，而不是单位面积产量的提高。与此相反，欧洲和北美的单位面积产量大大地增加了，而耕地数量却减少了——如今，更多的食物来源于更少的土地。自从1990年以来，基本食用作物产量提高得很少，渐趋于稳定，但发达国家和贫穷国家间的差距还是很大。从表4-2提供的数据中可以看出，高蛋白作物如大豆的产量远远低于低蛋白作物的产量，如甘蔗。这种情况屡见不鲜，质量提高了，而数量却降低了（反之亦然）。

表4-2 在蛋白质含量的四个水平及辅助能的三个水平上的主要作物可食部分的年产量

作物	收成重量（kg/hm²）					
	发达国家（燃料辅助的农业，1990）		欠发达国家（极少能量辅助）		世界平均	
					1990年	1970年
糖*（从甘蔗中提取，含蛋白质<1%）	美国	7 680	巴基斯坦	4 150	6 133	3 000
水稻（含蛋白质10%）	日本	6 325	孟加拉	2 630	3 550	2 200
小麦（含蛋白质12%）	荷兰	7 700	阿根廷	1 850	2 550	1 200
大豆（含蛋白质30%）	加拿大	2 650	印度	1 000	1 900	1 200

本表摘自《FAO生产年鉴》（1990）的平均值。1990年以来，基本作物的产量增长很少，但富裕国家和贫穷国家间的差距还是很大。

* 根据该年鉴，估计糖占甘蔗收成重量的10%。

无谢意的感谢

包括那些孤陋寡闻的政治领袖们在内的许多人，都天真地认为只要给第三世界国家提供各种高产品种的良种和少数几个“农业专家”就可提高他们的食物生产能力。培育“神奇”作物品种需要昂贵的能量辅助，这是许多欠发达国家无法承受的。所以，在条件许可之前，还是帮助这些国家发展劳动力密集型农业为好。从很多方面来看，这些传统的或所谓“工业化以前的”农业系统都是非常精细且能量高效的。

在全世界许多穷人的饮食中最缺少的不是热能总卡数，而是蛋白质。孟加拉国是世界上最穷的国家之一，1960 年，每人每天蛋白质消耗量是 43 g——仅够维持身体所需（相比之下，美国的消耗量超过 100 g）。三十年后，1990 年，孟加拉人饮食中的蛋白质含量仍未提高——依然是每人每天 43 g（1990 年《FAO 生产年鉴》）。

肉类是人类的主要蛋白质来源。动物产品是能流链的末端环节（见图 4-3），所以在一定面积的土地上生产的肉量要少于谷物量。许多人深切关注着全球范围内的饥饿问题，建议生活于发达国家的人们少吃点肉类，以便人类可以获得更多的植物产品来作为食物。如果我们现在用来饲养家畜的谷物或大豆被用于解决一些人的温饱问题，可能会有一些帮助。但我们必须看到，牛和鱼可以吃那些无法作为人类食物的植物性饲料，如草、藻类及其碎屑物。草食性的牛和饲养于池塘中的鱼都不占用人类的植物性食物。我们现在认识到，富裕国家的大多数人吃肉类太多，尤其是肥肉，所以少食肉多食蔬菜是有其经济原因和健康原因的。

很值得强调的是，适宜耕种的优质土地面临短缺。我们已提到，全球只有小部分的土地是天然肥沃的。可耕种的土地最多占 24%，即有适合作物生长的土壤和气候。而其中大部分已用作耕地或牧场。扩大边缘土地的耕种面积将是个大错误，不只是因为代价高昂，而且还因为这样做会破坏维生的生态系统。

尤其值得我们关注的是潮湿热带森林向农业用地的转变。我们在第五章中会谈到，在许多这样的森林中，土壤里原本就不多的营养成分极易发生淋溶，因此不适合进行高产的连续条状作物的单一耕作。一旦营养成分枯竭，这些土壤就只能生长灌木和劣质牧草了。这还没考虑到所导致的热带森林悲剧——丰富动植物资源的永久丧失。通常热带干旱地区（有合理灌溉的地区）比潮湿地区更适合于可持续农业。随着每年新增数百万个饥民将使政府越来越难认识到，从长远的观点来看，完整的雨林比低产的玉米田和牧场更具价值。如今只有进行大面积保留，将农业用地转移到较干旱地区，才能保存生物多样性丰富的热带雨林。最近的一些经济评估显示（如 Peters 等，1989），雨林中可持续生产收获的非木材产品如水果、橡胶或药物的市场价值远高于一次性收获的木材。

穷者愈穷

当我们比较了 1970 年和 1990 年的《FAO 生产年鉴》后，我们遗憾地发现，富裕国家和贫穷国家之间在食物生产能力上的差距在 20 年中又拉大了 2 000 kg/hm^2 以上。绿色革命已经帮助了许多国家，如印度和中国，解决了那么多人的温饱问题，但富裕国家（及所有国家中富有的大土地所有者）比贫穷国家（及各地的小农户）获益更多（Shiva，1991）。当然，食物从“拥有者”出口到“无产者”是有所帮助的，但最需要食物的国家（及个人）却支付不起，无法从现在的自由市场上得到食物，至少要到大批的饥饿现象出现，才会引起富裕国家的注意。

在 1967 年和 1976 年，美国政府召集的专家小组发表了有关“世界食品问题”的长篇报告（共九卷），该报告“谨慎乐观”地认为，如果美国及其他发达国家更多致力于改善物资和土地的利用及分配，降低人口生育率，那是可以避免全球饥荒的。培育各种高产谷物的开拓者（常被称为“绿色革命之父”的 Norman E. Borlaug）总在他的文章与演说中提醒人们，在世界人口稳定之前，我们在增加作物产量上的成功只赢得了很少的时间。人口增长不停缓，我们的努力将是徒劳的。

13. 饲养动物的食物

我们应该考虑的不只是人类吃的食物而已。大量饲养动物（如牛、猪、马、羊及家禽）消耗了世界净初级生产力的很大一部分。事实上，饲养动物消耗的食物要比人类多得多，因为全世界家畜现存生物量大约是人类的 5 倍。家畜与人类之比（以生物量等值单位计）高至新西兰的 43∶1，低到日本的 0.6∶1，前者满地是羊群，后者的饮食中鱼类取代大部分陆生禽畜肉类。如果避开文化和经济的差别，一处景观的生态现状很受当地所饲养动物种类的影响。所以，新西兰人喜欢他们的羊群（在经济上也依靠羊），日本人则崇拜他们的鱼类，而美国人却热衷于牛排、牛仔和牧区庄园。

还有宠物，美国的宠物消费了大量的高质量食物——计算一下超市中有多少货架用于摆放宠物食品，你就可以略知一二了。在中国，宠物相对较少，宠物食品的消费量也相对较低。

14. 海洋食品

现在，全世界人类食物中来自水体生态系统的不到5%，其中大部分都是动物，原因已经讲过了（Emery 和 Iselin，1967）。此比例较高的是一些具有高生产力的河口、湖泊和溪流的地区和国家，如日本、东南亚和北美。全球的海洋捕鱼业连续多年持平，而在一些过捕或污染严重的地区，捕捞量呈下降趋势。大部分渔业生物学家相信，渔业的自然产量收获不会再有进一步的提高了。但人工繁殖带来了机遇。水产养殖（aquaculture，水生动植物的养殖）在东方国家有了长足的发展。在受管理鱼塘或圈围的肥沃河口区，水产产量等于或超过同等面积土地上的牛肉产量。从理论上来说，因为鱼（和贝类）是冷血动物，无须耗散能量来维持体温，所以，渔业生产要比家畜生产效率更高。

现在的问题是没有那么多地方适合集约型水产养殖。鱼和贝类极易受疾病、水体污染和寒冷天气的影响。同农业生产一样，水产养殖可以通过辅助能量来获得最高产量。在池塘中加入矿物肥料可使鲤鱼或鲇鱼的产量翻一番或两番；加入辅助食物，如谷物，尤其是配好的高蛋白鱼饵料，则能增加 10 倍的产量。虽然美国消费的海产品极少是人工养殖的，但全球消费的鱼类或贝类，1/7 来自水产养殖。这方面的发展是有目共睹的，但众所周知，海洋和淡水中的资源并不丰富，并不能全部满足世界上几十亿饥民的需求。无论在陆地还是在水体，要获得高产，就要投入昂贵的辅助能量。

15. 燃料和纤维的生产

人类更多利用的是农业产品中的初级生产力，如纤维（即棉花和纸张）和燃料，而不是食物。全世界一半以上的人口以木头来作为烧煮、取暖和轻工业的主要燃料（图 4-9）。在最穷的国家里，木头被用作柴火烧掉的速度远远大于其生长速度，所以森林就变为灌木林，然后逐渐再变为荒漠（当施加过度放牧压力时）。1975 年，世界观察研究所（华盛顿特区的一个私人研究群体）在一篇名为《其他能源危机：木柴》（Eckholm，1975）的报告中指出，在非洲的坦桑尼亚和冈比亚，每人每年消耗 1.5 吨木材燃料，99%的人口以木材为材料。由于这些国家的森林有限，所以前景不容乐观。

在北美及其他现存植被分布广泛的地区，人们对使用来自森林和农业土地的生物量作为燃料是有相当兴趣的。有几种做法：① 种植快速生长的树木，并做短期收获（在 10 年或更短的时间内皆伐并再种植）；② 使用在正常伐木后留下的大树枝、树桩、根部及其他部分（“整树收获”概念）；③ 通过纸的再利用来减少对木质纸浆的需求和用纸浆发电；④ 用农作物和动物粪便来产

图 4-9 大部分坦桑尼亚人以木材为燃料。图为收集木材的坦桑尼亚人。值得注意的是背木材的是妇女（照片由 P. R. Ehrlich 拍摄/Stanford University, Biological Photo Service 提供）。

生沼气或酒精；及⑤ 通过种植特别的作物，如甘蔗，制造用于内燃机的酒精。

虽然所有这些做法都能暂时缓解能源短缺问题，但是除第三种方式外，都有不足之处：它们反过来会影响土壤的质量，加剧食物与燃料对可耕地的竞争，恶化本已严峻的世界食物形势。根据最近的一项估计，如果发动机燃料（酒精和甲烷）完全来自农作物，至少世界可耕地的 1/4 将要用于满足当前全球对发动机燃料的需求。根据布朗（Brown，1980）要驱动一辆完全使用乙醇的普通美国汽车，相应种植面积为 8 英亩（3 公顷），而 1/3 英亩土地即可为第三世界国家一个普通人提供食物。

在收获作物或伐木时，大约总生物量的 1/3（如茎、叶、树桩和根）被留了下来。但是，如土壤学家詹妮（Hans Jenny）所指出的那样，这些留下来的生物量并不是“废物”；它们在维持土壤肥力和保持水分能力上有着重要的意义。詹妮反对不分青红皂白地将生物和有机副产品转换为燃料，因为从长远来看，“腐殖质资本”（humus capital）要比燃料更有价值，尤其是因为燃料有其他来源，而腐殖质则不是（Jenny，1980）。从生态学角度讲，整树收获概念似乎是个特别糟糕的主意，因为这样不仅会去除所有的有机质，同时土壤也被翻开。巴西的大部分石油都依赖进口，他们正在大范围内实施上述的第 5 种做法，据最近报道，已具显著成效；这个国家的许多汽车是以酒精为燃料的。这项工作将会是很有意思的——从长远来看效果如何？是否最终会导致食物与燃料在土地利用方面的竞争呢？

16. 食物网的能量分配

幸运的是，人类的需求没有用尽整个生物圈的初级生产量。据维图塞克等（Vitousek 等，1986）估计，在陆地净初级生产量中只有约 4%被人类和家畜直接食用或用作纤维和木柴燃料，而大约 34%的部分也被人类所占用，要么是由于不可食用的原因（如草地和庄稼的不可食部分），要么是被人类活动所破坏（如热带雨林砍伐或沙漠化过程）。对此很难做出估计乃至校正它，但似乎至少有 50%的陆地净生产量及大部分水体净生产量留给了“上帝的其他子民”。至为关键的是，我们不能忽视对维持生命及全球平衡做出贡献的自然食物网的需要，由于人类的贪婪，它已负担累累了。正因如此，我们在上一节中着重关注人类对森林或农业耕地的开发行为。如果我们希望将来还有庄稼或森林的话，那么在目前的初级生产量中至少要留出 1/3 给生态系统（它也需要食物能源）。

本书已经介绍过食物链和食物网的一般概念（见第二章的图 2-2 及第三章的图 3-2 和图 3-4）。来自太阳的能量经过生产者（植物）、初级消费者（植食性生物）、次级消费者（肉食性生物）等进行逐级转换。我们对此都有大体的了解，我们都知道“人吃牛肉，牛吃草，草固定太阳能”的道理。食物链中的每一步称为一个营养级（trophic level）。它是一个能量等级，不是种的等级，因为任何一个物种都可能利用一个以上的营养级（例如人类，绝大多数的人既吃植物，也吃动物）。我们已证实能量在每次转换中都要损失一部分，所以导致传递到下一营养级的能量越来越少。因此，肉类比面包贵，特别是当出现饥荒时，肉类在人类的食物中就变成了一种奢侈品。

第一个将营养级的概念引入生态学的人是林德曼（Raymond Lindeman），他在 1942 年发表的论文“生态学的营养动力学”已成为经典之作。不幸的是，林德曼英年早逝；然而，哈钦森（G. Evelyn Hutchinson）进一步地发展了他的观点，哈钦森也是物质循环领域的先驱，本书的下一章中将会提及此人。（想了解林德曼贡献的详细内容，参见 Cook，1977。）

在生物多样性极丰富的自然生物群落中，能流并不是如同草—牛—人类这样一个简单的线性过程，而是一个复杂的能流网络结构，我们称之为**食物网**（food web）。图 4-10 是基本食物网的一个简化模式。植物给初级消费者提供的产物分为两大类：活的物质和死的物质（碎屑物）；相应地，我们将对前者的消费称为**牧食食物链**（grazing food chain），后者称为**碎屑食物链**（detritus food chain）。通常在初级生产量中有相当一部分以液态物形式（溶解态有机质或 DOM）从植物的活细胞、花及维管系统中渗出来或从中提取出来。这条途径支持了固氮微生物、采蜜昆虫和蜂鸟等。从该能量源发展而来且基于微生物的食物链被称为**DOM-微生物食物链**（DOM-microbial food chain）。这条途径在海洋（Pomeroy，1974）和根圈（根系-土壤区）中尤其重要。这些食物链间的相互交叉形成了食物网。

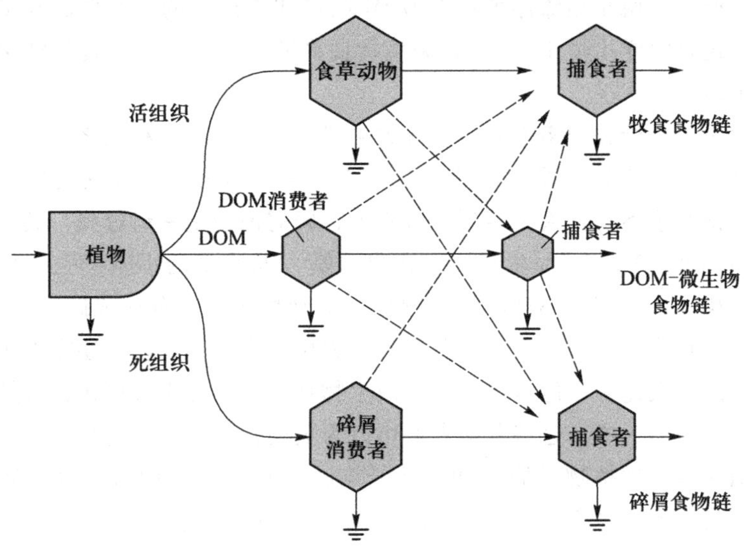

图 4-10 基于三种基本植物来源［活组织、DOM（溶解态有机质）及死组织（颗粒碎屑物）］的食物网一般模型。在不同类型生态系统以及不同情况下，流经这三条初级途径的净初级生产能量相差很大。

大部分生态系统（如森林、海洋和沼泽地）都是碎屑系统——被牧食的植物生产量低于10%，通常低于5%。这种滞后的消费非常重要，因为它能够建立起一个复杂的生物量系统，提高生态系统的贮存和缓冲能力。毕竟，如果幼树的被毁速度和它的生长速度一样快的话，森林就不可能发展起来。在某些生态系统中——如放牧大群食草哺乳动物的牧场或草地，或浮游动物大量摄食浮游植物的池塘——被牧食的净初级生产量多至50%。但即使在这种情况下，这样的高牧食率通常不会持续一整个年度。

植物为了抵御被食用，会分泌抗植食性动物的化学物质，如丹宁、生物碱、酚类等，或在它们自己的组织中生长大量不易被大多数动物消化的植物纤维物质和木质物。有些植物，如草，特别适应于被啃食（被割），因为它们的地表芽生长新叶的速度几乎与被割走的速度一样快。至于有多快，能维持多久还是有一定的限度的。无论如何都有大量植物物质在死亡之前没有被消费掉，形成颗粒态和溶解态有机质（POM 和 DOM）。

在活的植物渗出来的 DOM 里，大部分被细菌和真菌消费掉，细菌和真菌又被原生动物、小型节肢动物、线虫及其他小型动物所食，而后者又为较大型动物所捕食。由于这种类型的生产量很难测定，所以有关它们在各种生态系统食物网中所占份额的研究极少。DOM-微生物食物链中还有固氮菌和菌根真菌，它们直接从植物的维管系统中吸收5%~15%的光合作用产物（Odum 和 Biever，1984；Paul 和 Kucey，1981）。最近的研究表明，多至30%~50%的海洋初级生产量是由小型漂浮植物以DOM的形式渗出来的，然后流经微生物食物链。在这种海洋生境中，DOM-微生物食物链可能比另两个食物链更为重要（见 Pomeroy，1974）。

牧食是一个会让很多人联想到有关牛或蚂蚱的过程。相比之下，碎屑消费者不常见到，大多数人即使见到也辨认不出来，因为大多数这类生物非常细小，或小得几乎不易让人觉察到。事实上，碎屑消费是一组过程，其中，细菌和真菌与小型动物（如原生动物、线虫、螨）及水中的小型甲壳动物和昆虫幼虫之间相互作用着。小型碎食动物将死的动植物物质分解成碎片和易溶物，这比大块的食物更易被细菌和真菌所消化利用。小型碎食动物还吃微生物，这看起来有点令人诧异，但这样会刺激微生物种群，使之生长更快，分解碎食的速度更快。当然，所有这些分解者都可以为更高营养级的生物提供食物。

能消化抵御性植物残渣（如植物纤维物质和木质）的微生物与通常无此能力的动物会形成伙伴关系，这在反刍动物（如牛、鹿和羚羊）和白蚁中尤其发展得好。反刍动物有一个特别的胃——**瘤胃**（rumen），里面的共生微生物将纤维素转化为动物能够利用的糖。白蚁体内小肠中有一种专门的微生物（特别是鞭毛虫）来消化白蚁所食的木头和枯草，为彼此双方都提供了营养。在一些热带草地，白蚁消费的草比羚羊和其他的牧食动物多得多，蚁冢成为重要的景观组成（图4-11）。你若在腐木或在家中发现白蚁时，你可知道，出现

图4-11　澳大利亚景观中引人注目的大蚁冢（照片由 John Alcock 提供）。

在你眼前的并不仅仅是一种生物，而是一个由相互协作的物种组成的世界上最完美的碎屑消费系统。像这样的事情经常发生，在人类世界里令人感到可怕的害虫，在自然界里却是一个很好的成员，因为枯木需要被分解，而不是保存。

有花植物在陆生植物中占据优势地位，大部分有花植物产生与繁殖有关的特殊产物——花蜜、花粉、种子和果实。它们为多种食性专化者——食蜜动物、食种子动物、食果实动物——提供了富有营养的食物。植物产生花蜜是为了吸引传播花粉的昆虫和其他动物。与温带森林相比，热带森林中分泌花蜜的方法尤为显著，因为这里的大部分植物是通过动物来传粉的，而在温带森林中，大部分植物依靠风来传粉。果实能吸引动物来帮助散播种子。花粉和果实都是能量消耗的昂贵产物，但植物要繁殖，这种方式就很有必要。这是植物为下一代的生存支付的“报酬”。这些“报酬”维持了一个活跃的“动物工业”，后者是食物网中的一个重要组成部分。人类通过养蜂从这个食物网的能流中挖掘出一些资源。

当我们在种群和群落层次上考虑食物链过程时，捕食与被捕食并不是只有捕食者才受益的一个单向过程。当一头鹿被一头美洲狮咬死并取食时，这头鹿当然不会从中获益，但是，对整个鹿种群来说，假如其中一些个体被捕食者所捕获，鹿群也许会变得更好。鹿群的其余生存者将有更大的空间和更多的食物，而且鹿群超出其生境资源承受能力的可能性也会因此减少。食草动物的适度啃食对整个植物群落来说通常是有益的。当啃食减少某一个优势种的数量时，能增加群落的物种多样性。研究表明，啃食对新的植物生长有刺激作用；在一项研究中发现，蚂蚱的唾液中含有一种促进植物生长的物质，当蚂蚱食草时，这种物质被草吸收，刺激草根生长更多叶片。东非平原上大规模的羚羊啃食已被证实有利于提高草的产量；啃食区的净初级生产力远高于非啃食区的净初级生产力（McNaughton，1976）。值得注意的是，牧群应该在大面积范围内移动，以避免过度啃食。狩猎动物的圈养抵消了这种适应。

如刚才引用的例子中，当能流的“下游”生物对“上游”的食物供给起到某种促进作用时，我们称之为正反馈（见第二章的图 2-2），或者甚至称为**报偿反馈**(reward feedback)。如果消费者能同时利用和改善食物的供给量，那么就能得到更好的长期生存（正如人类既消费饲养动物，又促进它们的福利)。随着对食物网的深入研究，我们发现了更多在生产者与消费者之间以及不同级别消费者之间的伙伴关系和互惠关系（Lewin，1987；Dyer 等，1993，1995)。与大多数人的想法相反，自然界中并非都是“狗咬狗”的关系。虽然竞争和捕食在自然界中占有一席之地，但如我们在第六章中所讲的，生存通常有赖于合作。

由于种种不完全明了的原因，食物链的长短有天壤之别。布赖恩德和科恩（Briand 和 Cohen，1987）研究了文献中 113 条食物链，发现其长度与初级生产力无关，但三维的或“稠密的”群落，如森林或海洋水体中的食物链较二维的或“稀疏的”群落，如草地或海岸潮间带的食物链要长。

17. 个体的能量分配

图 4-12 是一个个体或种群的能量分配模型。阴影方形框（B）代表了活的结构或生物量。I 代表能量输入：自养生物所需的光，异养生物所需的食物。能量输入的可利用部分被生物同化（A），不能被利用的部分被生物排出体外（NU）。同化量受能源质量的制约：如果食物质量高（如糖），同化量可达 90%；如果食物质量低（如枯叶），则仅为 5%。同化能量中总有相当大的一部分呼吸能量用于维持身体功能和修复作用，即提供维持（maintenance）或存在（existence）的能量；图中的 R 即指这部分能量。剩下的能量用于生长和繁殖，或贮存起来以备后用（如脂肪）。这部分能量由图中的生产量（P）代表。一小部分能量随排泄（E）而丧失。

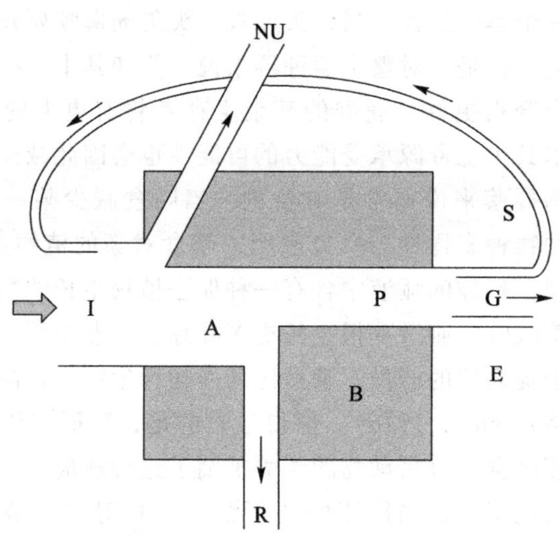

图 4-12　在个体或种群中的能量分配：I，输入或消化的能量；NU，未被利用的能量；A，被同化的能量；P，生产量；R，呼吸量；B，生物量；G，生长；S，储存能量；E，排泄能量。

对个体或物种而言，P 与 R 之间的能量分配至关重要。与个体小的生物相比，个体大的生物需要更多的维持能量，因为它们需要维持的生物量更多。代谢率与个体大小之间不是线性关系，而是曲线关系（代谢率与表面积的关系比与重量的关系更为直接）。鸟类和哺乳动物等温血动物的呼吸代谢高于冷血动物，因为后者在外界温度下降时无须消耗能量来维持体温。与食草动物相比，捕食动物必须将更大部分的同化能量用于呼吸代谢，因为找寻和征服猎物的过程需要耗费大量能量。如果能够选择的话，捕食动物将会选择用较少的能量来捕食个体较大的且营养更丰富的猎物；然后将更多可利用的能量用于繁殖或贮存上。通过自然选择，生物获得了尽可能高的能量利用收益-支出比。生态学家耗费了大量的时间来研究不同种生物及不同环境条件下的生物如何达成能量的最优利用。

当然，对于所有不是人类饲养的生物而言，用于繁殖的能量分配是至关重要的。适应那种不稳定的、面临生态灭绝的或种群非饱和的环境的物种通常将它们的大部分能量用于繁殖，而适应于稳定的或种群饱和环境中的物种只将少量的能量用于繁殖（大部分能量必须用于胁迫环境中的个体生存）。图 4-13 是对一枝黄花的能量分配的研究结果。采样于受人类干扰的开放野地里的物种 1，将其能量的 45%用于开花和生产种子。在这个能量分配范围的另一极端是生长于森林中的物种 6，它用于繁殖的能量还不到 5%。它的生存更加依赖于生长出大的叶面积，以此来捕获稀少的阳光——这就是为什么不能在树荫下大面积地种植地面层开花植物的原因。第六章中将讨论自然种群和人类种群间极为有趣的相似之处。

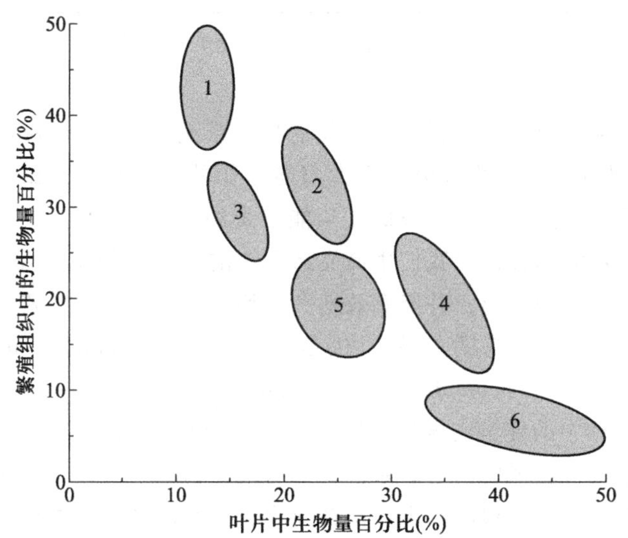

图 4-13 菊科一枝黄花属的 6 个种的繁殖结构（花，种子）与叶片之间的能量分配，这 6 个种分别生长在从旷野（1）到森林（6）的生境里（仿 Abranhamson 和 Gadgil，1973）。

18. 基于能量的生态系统分类

在第一章中，我们把景观分为发展区、耕作区和自然区三类。从能量使用的角度来分，可相应分为燃料供能系统、辅助太阳供能系统和基本的太阳供能系统三种。根据上述已有的能量原理，我们更为详细地来讨论这种基于能量的生态系统分类。

表 4-3 中给出了按每年每平方米消耗的能量（kcal/m^2）来估算的四种生态系统的**能量密度**(energy density) 或**动力水平**(power level，这一概念也在第一章中介绍过)。基本的太阳供能生态系统已被分为“无辅助的”和“自然辅助的”两种生态系统（当然两者中间不存在着明确的界限)。

表 4-3 按能量来源和水平划分的生态系统

生态系统	年能流［动力水平］(kcal/m^2)
1. 无辅助的太阳供能生态系统	1 000~10 000 [2 000]
2. 自然辅助的太阳供能生态系统	10 000~40 000 [20 000]
3. 人类辅助的太阳供能生态系统	10 000~40 000 [20 000]
4. 燃料供能的城市-工业生态系统	100 000~3 000 000 [2 000 000]

括号内的数字为整数表示的近似数量级平均值。地球生态系统还需要进一步深入调查才能在一定置信度上计算平均值。

表 4-3 中第一项，无辅助的太阳供能生态系统（unsubsidized solar-powered ecosystem)，即完全或绝大部分依靠太阳能运作的生态系统，如开放的海洋或高地森林。虽然这类系统供能较低（年能流量约为 2 000 kcal/m^2)，它们覆盖了地球表面的很大部分，是我们生命支持系统的主要部分。生活于这些系统中的生物显然已经相当适应，并能有效地利用稀少的能量及其他资源。

自然辅助和人类辅助的太阳供能生态系统(naturally subsidized solor-powered ecosystem，human-subsidized solar-powered ecosystem)（表 4-3 中的第二项和第三项）中的能量密度比无辅助的太阳供能生态系统高出约 10 倍，但不是那么普遍。自然辅助的生态系统，如有潮河口和一些雨林，是自然界中的高生产力系统，不仅有很高的生命支持能力，并且能产生过量的有机物，贮存起来或输出到其他系统中去。人类辅助的生态系统由人类提供的辅助燃料或其他能源来维持，以生产食物和纤维。这些系统一起为我们提供了大部分食物和具他有价值的服务。从飞机或卫星上俯瞰地球，受辅助的生态系统呈鲜绿色(因为含有丰富的叶绿素，表明具有高的初级生产力)。在由环绕轨道运行的地球资源技术卫星常规拍摄的红外影像中，它们呈浅粉红色。

最少见的，但至目前为止功效最大的生态系统是燃料供能的城市-工业生态系统(fuel-powered urban-industrial ecosystem)。这是人类登峰造极的成就——大城市及其工业和延伸的郊区被合称为大都市区（metropolitan district)，其能量密度的数量级比太阳供能系统要大好几个数量级（大约 10 个数量级），每年流经纽约、伦敦、东京等工业化城市的能量不是每平方米几千千卡，而是每平方米几百万千卡。高度浓缩的燃料不仅仅是太阳能的补充能源，而是取代了太阳能，但它反而会加热混凝土建筑并促进了烟雾的产生，从而成为一大昂贵的公害。我们认为，燃料具有更高的做功能力（与太阳能相比），但自然系统与城市-工业系统之间体现能的差异比用卡路里计算的结果大得多。工业化城市确实是“热点”，并且它们在某些地区连接成片，如美国东部和中北部地区、欧洲和日本的本州岛，它们像孤岛一样广泛地散布在大片低供能的环境中。事实上，像纽约和华盛顿哥伦比亚特区那样具有很高能量的大工业区，它们的气候明显与乡村不同。由于尘土和烟雾，它们较乡村更热，具有更多的雾和细雨，因而太阳光较少。

整个美国大陆景观，直接与人类使用燃料有关的平均能量密度为 2 000 kcal/m^2，与太阳供能的自然群落的平均值大致相同（但记住，燃料与太阳能在质量上有很大的差别，所以效果也大不相同）。全世界燃料能量密度平均只有约 100 kcal/m^2（Smil，1984）。如第一章中所强调的，由于燃料供能城市的能耗量很大，所以需要大面积地供能自然环境和农业环境来支持它。

杀死下金蛋的鹅

如同食物网中的生产者和消费者一样，城市和乡村也是互利的一对，因为城市从乡村获得维持生命的物品和服务；反过来，乡村获得城市生产的财富和文明。遗憾的是，政治领袖们似乎总是不理解城-乡间的相互依赖关系；我们不断看到乡村与城市在政治舞台上一争高低，这让我们想到了孩子们为了玩具而吵闹不休的场面。尤其当我们看到我们的技术是多么成熟、精致时，我们许多现行的政治行为却是那么的不成熟、急功近利和不开化。我们真诚希望，在我们的政治体系还没有趋于成熟之前，不要杀死所有为城市提供金蛋的农村鹅。

19. 能源展望

1955 年，在瑞士日内瓦召开的第一届国际和平使用原子能大会（FICPUAE）上，大会主席——来自印度的巴哈（Homi J. Bhabha）形容了人类的三个时代：肌肉力量时代（动物、奴隶和仆役创造了伟大的文明）、化石燃料时代（化石燃料驱动的“服务机器”解放了奴隶）和原子时代。巴哈充满自信地说道：由于原子的广泛可获得性，即将来临的原子时代将缩小贫富国家间的差距。当时，我是该会的一名代表，几乎差点被这即将到来的乌托邦的热情冲昏了头脑。

30年后，从原子中获得廉价而丰富的能量的梦想仍未实现，因为事实证明，开发原子能巨大潜力的前景远不如1955年所预计的那样乐观，贫富国家间的差距正变得越来越大。美国原子能委员会第一任主席威尔森（Carroll Wilson）在1979年题为《核能：错在何处?》一文中表达了这个想法："无人会明白，如果整个系统不紧密地结合在一起，那么其中任何一个部分可能都无法被接受。"有整体眼光的生态学家是明白的，但在当时他们却无法表达或证明他们的想法。

现在看来，基于铀裂变的核能是一项有缺陷的技术，因为在对高的或低的放射性废物（裂变产物）的处理问题上仍未有可预见性的解决方式，此外还有燃料浓缩和工厂建筑的高昂费用及事故的高风险性，如美国的三里岛和乌克兰的切尔诺贝利核电站事故。只有设计出新的从核资源中获得能量的较为稳妥的方式，才能实现原子时代的到来。现在，我们不是和平利用原子能，而是多半将原子能用于军事上，我们面临着核战争的可怕威胁。同时，全球正在积极寻找其他的能源形式，以更加有效（低浪费）的方式使用剩余的化石燃料，尽可能延长对它们的利用时间。可再生能源中有望开发的一个能源是利用热带海洋的表层温水和深层冷水间的温差来驱动兰金循环（Rankin cycle）引擎发电的，这项技术就是海洋热能转换（ocean thermal energy conversion，OTEC）（见Avery和Wu，1994）。

20. 净能概念

似乎只有极少数的人意识到产生能量也需要能量，因为任何现有的能量转换系统所产生的能量中都不得不有一部分能量被返回用于维持该转换系统，见图4-14。要产生净能（net energy），能量产量（A）必须高于维持转换系统所需的能量（B）。对一个真正有价值的发电厂来说，它所产生的能量（净能）至少是其所需能量（或工程师们所称的"能耗"）的2倍，最好是4倍。

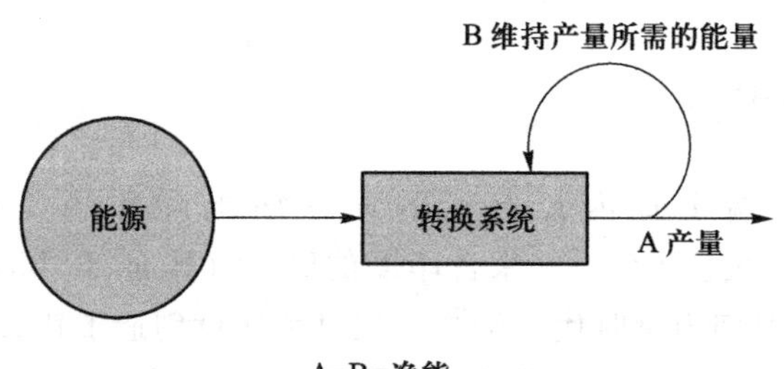

图4-14 净能的概念。产量必须比用于维护转换系统的能量高，以达到净能的正值。

例如，在海底深海钻井中，如果抽提 12 单位的原油需要 10 单位燃料，该资源就不被看好。现有的铀裂变发电厂无论是在建设上还是在维护上都十分昂贵，所以，其净能是微乎其微的。因此，各种政府补助（例如，支付废物处理的费用）对于保证核发电厂的正常运行通常都是极为必要的。迄今为止，核裂变实验都没能产生出任何可用的净能（能量代价高于能量产出）。达到裂变发生所需的极度高温使得驯服氢弹极为困难，几乎是不可能的。

虽有种种困难，但某些形式的核能仍具有开发前景，如前面已经提到过，只要我们可以找到比较合适的方式来开发其潜力。同时，资源的使用与其质量相匹配变得尤其重要。例如，将低聚集度的太阳能用于家庭和建筑物的供热(低质量功)，那么高聚集度的能量，如石油和电力，就可以节约下来用于做高质量的功，如开动机器。如果你稍加注意，便会发现为了给一幢屋子取暖而燃烧原油是一项惊人的浪费，因为居然用一种非常高质量的能源做最低质量的功。加利福尼亚州是这方面的先驱，那里的大多数新居都设计了用太阳能为房间供暖并提供热水。至少在不久的将来，人类将能利用几种能源，而不是像过去的 20 世纪一样只依赖于一种主要的能源。

国际能源机构最近的一份报告中说，保护能源的措施使西方工业化国家的能源使用效率提高了约 20%（一年节约的能源量相当于 8.8 亿吨石油，有关新闻报道见 1987 年的 *Science*，135：23-25)。持续的能源保护措施能够节省更多能源。虽然我们无法准确预知未来，但我们可以认识到并且能够避免未来发生不幸的事情。例如，如果我们浪费高聚集能源，如果工业化国家不采取有效的措施来降低人均能耗量，就会逐渐导致能源的日益短缺。

走“软途径”

当提及能源未来时，我不知道还有谁比 Amory Lovins 和他的妻子 Hunter 更有耐心的了。几十年来，他们一直在进行查证、写作、讲演和验证被他们称之为“软途径”的方法。“软途径”包括能源保护和寻求化石燃料以外的来自太阳的其他形式的能量（Lovins，1977，1991；Lovins 和 Lovins，1986)。长期以来，人们对他们的观点一直置若罔闻，但现在，甚至公用事业部门都开始认为，节约能源措施与不断寻求更多能源的方式相比，前者既便宜，对环境也更为有利。例如，将电能的使用效率加倍，并采取房屋和建筑物的隔热措施，就可以极大地减少对新建更多发电厂的需要。

21. 能量和货币

由于制造货币需要能量，所以货币直接与能量相关。货币是能量的逆向流动，即货币从城市和农村中流出以支付流入的能量和物质。麻烦的是货币追随的是人造的商品和服务，而不是同样重要的自然物品和服务，如图 4-15 所示。在生态系统水平上，如图 4-15A 所示，只有当自然资源转换成可销售的商品和服务时，货币才得以介入，而生态系统用于维持该资源所做的功都没有定价（因此不被重视）。在所示的例子中，只有生产链中的收获过程及海产品的加工过程具有货币价值；而河口用于维持资源产量以及提供其他有价值的服务，如空气和水的循环所用的能量和所做的功都完全被摒弃在货币系统之外。事实上，对社会而言，河口作为一个整体除其产品的经济价值外还具有其他更大的价值。即使河口没有任何产品收获，它亦是价值不菲的。

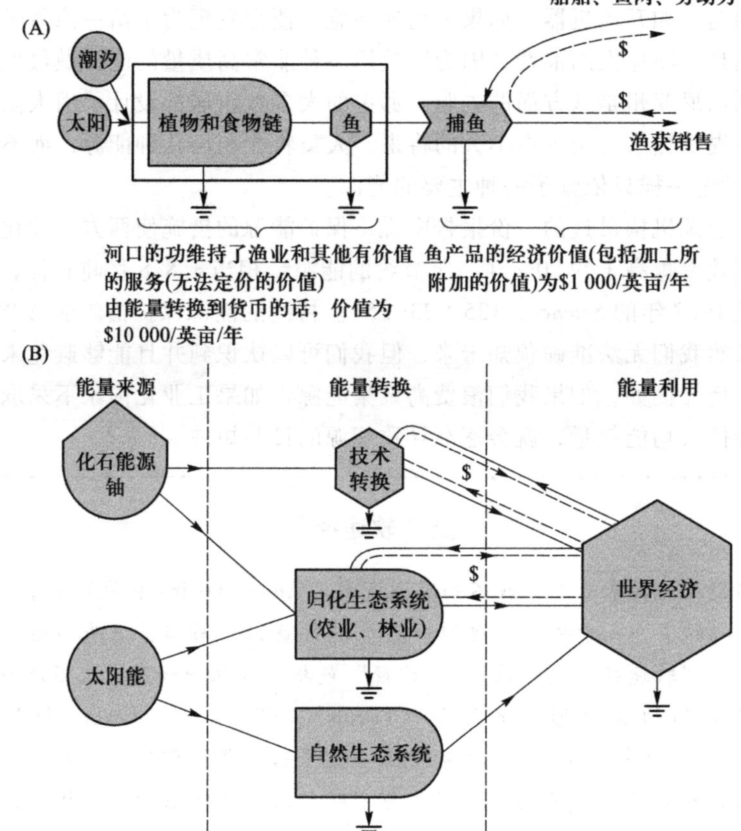

图 4-15　能量与货币。（A）河口的价值。在传统经济中，直至捕到鱼时，货币才得以介入；河口出产鱼所做的功没有被赋予价值。河口为人类所做的有用功总价值至少是其收获产品的 10 倍（实线箭头代表能流，虚线箭头代表货币流动）（见 Gosselink 等，1974）。（B）人类的能量支持系统。货币流（$）伴随着人工生态系统和归化生态系统的能流，但未伴随自然生态系统的能流（H. T. Odum 作图）。

在全球水平上，如图 4-15B 所示，货币流通（$）伴随着人工生态系统和归化生态系统的能量流动，而不是自然生态系统的能量流动。换句话说，我们支付的产品和服务来自城市工业生态系统和农业生态系统，而不是来自自然生态系统。所以，就后者的价值而言，市场存在着缺陷。

我们需要一种新货币吗？

由于货币和能量相互联系，单用货币来衡量财富是不全面的，所以将能量作为评价和分配各种商品和服务的依据是合理的（H. T. Odum，1973，1996；Hall 等，1986）。例如，要评价一个河口的总价值，就要用能集（eMergy，代表生态系统的总功）来确定总能流值，然后根据市场商品生产的能流-货币比率，将该值转换为货币单位。如果在地方经济或国民经济中生产 1 美元需要消耗 10 000 卡路里能量的话（例如人均能耗与人均收入之比），那么每英亩每年的能流为：$1\ 000\times10^4=10^7$卡路里，即可认为当年生产的所有商品和服务的价值为 1 000 美元时等值的能量。按年算的话，河口面积所含的价值相当于市场经济中的几万美元。果斯林克等人（Gosselink 等，1974）用此法估计，有潮河口的总价值为 20 000～50 000 美元/英亩。

还有一种纠正市场缺陷的方法是，不断强化市民支付用于维持维生生物圈所需服务的意识。例如，大多数人看起来似乎都愿意多支付 10%～20%的电费，用来交换更洁净的空气。如果发电厂在燃烧煤和其他燃料之前除去其中的污染物，那么空气污染和酸雨将大幅度减少。这种“清洁燃料技术”已得到充分发展，并用于加利福尼亚州的实验燃煤发电厂（Spencer 等，1989）。较高的燃料价格的合理结果应是建造节能房屋和节能建筑物，这样不仅可以减少我们公用事业支出费用的压力，而且还可以进一步减少大气的胁迫。

博尔丁（Kenneth Boulding）是被选入大名鼎鼎的美国国家科学院的为数不多的几个经济学家之一。30 年来，他一直为发展一个更加整体的经济学辩护，他认为这种经济将会缩小市场（标价的）价值和非市场（未标价的）价值间的差距。他的大量著作和文章的标题都非常具有挑战性，如《经济学重建》（*A Reconstruction of Economics*，1965）、《即将来临的太空地球经济学》（*The Econimics of the Coming Spaceship Earth*，1966）和《经济动力学》（*Ecogynamics*，1981）。他的著作被广泛引用，但对 20 世纪 60—70 年代的经济影响甚微。然而，如跋中所述，近年来，经济学家和生态学家之间已经建立了良好的对话关系。事实上，经济学家和生态学家已经走到了一起，创办了名为《生态经济学》（*Ecological Economics*）的刊物。

货币是我们最重要的发明之一，是现今社会大多数层次中决策的依据。但我们必须记住，我们现在的货币系统并未包括生活的全部真正价值，我们要留意不能让货币成为我们决策的唯一因素。当考虑到人类的生活质量时，货币和人工市场商品的消费（当前经济所基于的）不是唯一要考虑的。文化、美学（对艺术、音乐及自然的鉴赏）、爱和健康在我们对快乐的不懈追求中是更为优先的考虑内容。

推荐读物

* Abrahamson, W. G., and M. Gadgil. 1973. Growth form and reproductive effort in goldenrods (*Solidago*, Compositae). *Am. Nat.* 107: 651-661.

Adey, W. H. 1987. Food production in low-nutrient seas. *BioScience* 37: 340-348. (Shellfish and crabs cultured on platforms—artificial reefs—suspended in the lighted zone.)

Altieri, M. A., D. K. Letourneau, and J. R. Davis. 1983. Developing sustainable agroecosystems. *BioScience* 33: 45-49.

* Avery, W. H., and C. Wu. 1994. *Renewable Energy from the Ocean: A Guide to OTEC*. Oxford University Press, Oxford.

Black, C. C. 1971. Ecological implications of dividing plants into groups with distinct photosynthetic capacities. *Adv. Ecol Res.* 7: 87-114.

* Bowman, K. P. 1988. Global trends in total ozone. *Science* 239: 48-50.

* Boulding, K. E. 1965. *A Reconstruction of Economics*. Science Editions, New York.

* Boulding, K. E. 1966. The economics of the coming spaceship earth. In *Environmental Quality in a Growing Economy*. Johns Hopkins University Press, Baltimore.

* Boulding, K. E. 1981. *Ecodynamics*. Sage Publications. Beverly Hills, CA.

* Briand, F., and J. E. Cohen. 1987. Environmental correlates of food chain length. *Science* 238: 956-960.

* Brown, L. R. 1980. *Food or Fuel: New Competition for the World's Cropland*. Worldwatch Paper no. 35. Worldwatch Institute, Washington, D. C.

* Cohn, J. 1987. Chlorofluorocarbons and the ozone layer. *BioScience* 37: 647-650.

* Commoner, Barry. 1976. *The Poverty of Power: Energy and Economic Crisis*. Bantam Books, New York.

Cook, E. 1971. The flow of energy in an industrial society. *Sci. Am.* 224, 225 (3): 135-144.

* Cook, R. E. 1977. Raymond Lindeman and the tropho-dynamic concept in ecology. *Science* 198: 22-26.

* Dyer, M. I., A. M. Moon, M. R. Brown, and D. A. Crossley. 1995. Grasshopper crop and mid-gut extract effect on plants: an example of reward feedback. *Proc. Natl Acad. Sci.* 92: 5475-5478.

Dyer, M. I., C. L. Turner, and Tr. R. Seastedt. 1993. Herbivory and its consequences.. *Ecol. Appl.* 3: 10-16.

*Eckholm, E. P. 1975. *The Other Energy Crisis: Firewood.* Worldwatch Paper no. 1. Worldwatch Institute, Washington, D. C.

*Emery, K. O., and C. O., D. Iselin. 1967. Human food from ocean and land. *Science* 157: 1279-1281.

*Food and Agricultural Organization of the United Nations. 1990. *FAO Production Yearbook*, vol. 44. Food and Agricultural Organization, Paris.

Gates, D. M. 1985. *Energy and Ecology*. Sinauer Associates, Sunderland, MA.

*Gosselink, J. G., E. P. Odum, and R. M. Pope. 1974. *The Value of the Tidal Marsh*. LSU-SG-74-03. Center for Wetland Resources, Louisiana State University, Baton Rouge.

*Hall, C. A. S., C. J. Cleveland, and R. Kaufmann. 1986. *Energy and Resource Quality: The Ecology of the Economic Process*. Environmental Science and Technology. Wiley, New York.

*Hulbert, M. K. 1971. The energy resources of the earth. *Sci. Am.* 224, 225 (3): 60-70.

*Jenny, H. 1980. Alcohol or humus? *Science* 209: 444.

*Kerr, R. A. 1996. Ozone-destroying chlorine tops out. *Science* 271: 32.

Lewin, R. 1987. On the benefits of being eaten. *Science* 236: 519-520. (Review of recent work on herbivore-plant and predator-prey positive feedback.)

Lewin, R. 1989. Sources and sinks complicate ecology. *Science* 243: 477-478.

Lieth, H., and R. H. Whittaker. 1975. *Primary Productivity of the Biosphere*. Ecological Studies, vol. 14. Springer-Verlag, New York.

Lieth, H., and R. H. Whittaker. 1975. *Productivity of World Ecosystems.* National Academy of Sciences, Washington, D. C.

*Lindeman, R. L. 1942. The trophic-dynamic aspect of ecology. *Ecology* 23: 399-418.

Lotka, A. J. 1922. A contribution to the energetics of evolution. *Proc. Natl Acad. Sci. USA* 8: 140-155.

*Lotka, A. J. 1925. *Elements of Physical Biology*. Williams and Wilkins, Baltimore.

*Lovins, A. B. 1977. *Soft Energy Paths*. Ballinger, Cambridge, MA.

*Lovins, A. B. 1991. Energy conservation. *Science* 251: 1296 - 1298. (See also *Science* 252: 763.)

*Lovins, A. B., and H. Lovins. 1986. *Energy Unbound: Your Invitation to Energy Abundance.* Sierra Club Books, San Francisco.

*McNaughton, S. J. 1976. Serengeti migratory wildebeest: Facilitation of energy flow by grazing. *Science* 191: 92-94.

*Odum, E. P., and L. J. Biever. 1984. Resource quality, mutualism, and energy partitioning in food chains. *Am. Nat.* 124: 360-376.

*Odum, H. T. 1971. *Environment, Power, and Society*. Wiley-Interscience, New York.

*Odum, H. T. 1973. Energy, ecology, and economics. *Ambio* 2 (6): 220-227.

*Odum, H. T. 1996. *Environmental Accounting: EMergy and Environmental Decision Making.* John Wiley & Sons, New York.

*Odum, H. T., and E. C. Odum. 1981. *Energy Basis for Man and Nature*, 2nd ed. McGraw-Hill, New York. (The maximum power principle is explained on pp. 32-34.)

*Paul, E. A., and R. M. N. Kucey. 1981. Carbon flow in plant microbial associations. *Science* 213: 473-474.

*Peters, C. M., A. H. Gentry, and R. O. Mendelsohn. 1989. Valuation of an Amazon rain forest. *Nature* 339: 655-656.

*Pomeroy, L. R. 1974. The ocean's food web, a changing paradigm. *BioScience* 24: 499-504.

*Pulliam, H. R. 1988. Sources, sinks, and population regulation. *Am. Nat.* 132: 652-661.

*Prigogine, I., G. Nicoles, and A. Babloyantz. 1972. Thermodynamics and evolution. *Physics Today* 25 (11): 23-38; 25 (12): 138-141.

Prigogine, I., and I. Stengers. 1984. *Order out of Chaos: Man's New Dialogue with Nature*. Bantam, New York.

Rowland, F. S. 1989. Chlorofluorocarbons and the depletion of stratospheric ozone. *Am. Sci.* 77: 36-45. (Review by one of the two persons who first suggested, in 1974, that chlorofluorocarbons are destroying the ozone layer.)

*Shiva, V. 1991. The green revolution in the Punjab. *Ecologist* 21 (2): 57-60. (Negatives: increased vulnerability to pests; soil erosion; water shortages; displacement of small farmers. Beneficiaries: agro-and petrochemical companies; large landowners.)

*Smil, V. 1984. On energy and land. *Am. Sci.* 72: 15-21.

*Spencer, D. F., A. S. Alpert, and H. H. Gilman. 1986. Cool water: Demonstration of a clean and efficient new coal technology. *Science* 232: 609-612.

Starr, C. ed. 1971. *Energy and Power*. Special issue, *Sci. Am.* 224, 225 (3).

Starr, C., M. F. Seari, and S. Alpert. 1992. Energy sources: A realistic outlook. *Science* 256: 981-987. ("Unabated historical energy trends would lead to an annual energy demand four times the present level by the middle of the next century, but extensive global conservation and energy-efficient systems might reduce this value by half.")

Sun, M. 1984. Pests prevail despite pesticides. *Science* 226: 1293. (Report on an international conference on the subject.)

*Vitousek, P. M., P. R. Ehrlich, A. H. Ehrlich, and P. A. Matson. 1986. Human appropriation of the products of photosynthesis. *BioScience* 36: 368-373.

*Whittaker, R. H., and G. E. Likens, eds. 1971. Primary production of the biosphere. *Hum. Biol.* 1: 301-369.

*Wilson, C. L. 1979. Nuclear energy: What went wrong? *Bull. Atom. Sci.* 35 (6): 13-17.

*代表本章中引用的参考文献。

第五章

物质循环和生存的物理条件

当大城市的天气预报人员预报第二天是晴天时，总是欣喜若狂，反之则一脸歉意，周末尤其如此。人们通常期望每天都是晴天，反之我们会将雨天视作一场灾难，因为下雨就会使生活变得有些不惬意、不方便。但如果一直不下雨，就不会有生命存在，当然更没有城市了。城市居民对天气的这种看法反映了我们对环境状况的短浅意识。农民当然喜欢下雨，但当天气不利于作物生长时，他们也会对天气怨声载道。我们的生活离不开天气——这是我们聊天的惯有话题。19 世纪著名作家罗斯金（John Ruskin）说得好："没有真正的坏天气，只有不同的好天气"。即使风暴也对环境有利，它向内陆输送海洋的微量营养物，补充地下水，如果人们不执意在泛滥平原上或离海岸很近的地方建筑房屋的话，风暴带来的损失就不会那么严重。

水是天气的一个主要成分，也是维持生命的一种重要物质，在生物与非生物环境间循环不息。当水被利用后，从植物、湖泊和其他表面蒸发出来，然后渗透到土壤中成为地下水，最后随江河流入大海。只要商业、农业、娱乐活动及人类生活的每个部分一如既往地继续下去，无论水是怎样离开生态系统，它最终还必须被雨（或以地下水形式贮存的史前雨）替代。

1. 水循环

图 5-1 表示的是**水循环**(hydrological cycle）的两个相：由太阳能驱动的上升相或称上游相，和为我们和生活环境带来所需物品及服务的下游相。从海面蒸发的水分多于进入海洋的降雨量，陆地的情况正相反。可见相当一部分的降雨支持了陆地生态系统，人类的大部分食物生产都来源于海面蒸发的水分。例如，密西西比河谷的雨量中大约 90%来自海洋（主要是墨西哥湾流）。水力发电就是我们从向下水流的能量中获得的直接受益。

定量化水循环，即水流数值化，是一项至今尚未完成的艰巨任务。一种估计是，陆地年降雨量中约 20%流入海洋，80%充填在地表和地下水库中。人类由于铺路、挖渠、排干沼泽、紧实土壤和伐木增加了径流量，减少了进入土壤和地下水库的渗透量。在许多地区，地下水（即挖井时找到的水）比地表水要丰富得多，越来越多地被人类用于灌溉、工业和饮用。美国大陆地区的地下水总量估计是五大湖区总水量的 4 倍。即便如此，由于地下水补充不足以及受

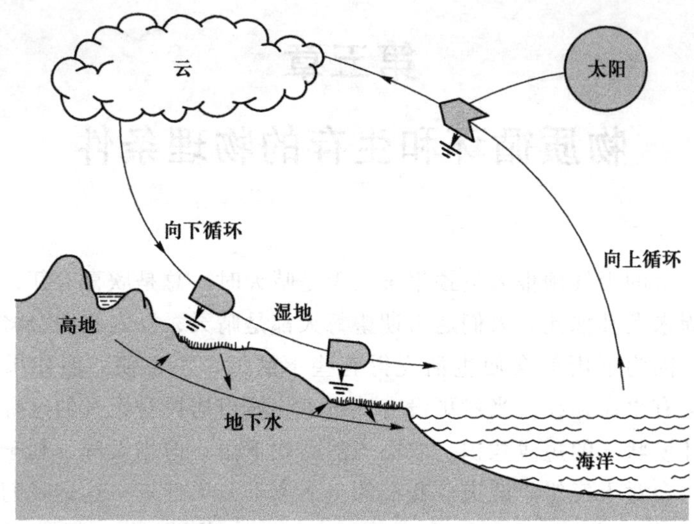

图 5-1 水循环能量学可被看成是两个环：由太阳能驱动的向上循环和向湖泊、河流及湿地释放能量并使人类直接受益的做有用功（如水电站）的向下循环。

到有毒物质的污染，美国仍受水资源短缺的困扰。

免费洁净水

第四章中已经提到，到达地面的太阳能中约 1/3 耗散于水循环驱动中。水的自然循环不只是一项“免费”服务，更体现了太阳能的巨大用途，这一点几乎未被大众所认识。如果我们被迫用昂贵的燃料来循环和净化饮用水，那将是经济上的一大悲哀。如果我们不能阻止新鲜水资源免受污染，这是极有可能发生的事情。输送到你家的 1 加仑经人工淡化、净化的海水至少需要 1 美元，目前在一些降雨量极少的偏僻岛屿上已是如此。现在这些工作由自然力来干，你花不到 1 美元即可得到几千加仑的纯净水！

2. 奥加拉拉（Ogallala）含水层面临的困境

地下水最大的贮存区是含水层（aquifer）：通常是由石灰石、砂石或砾石组成的多孔质地下层，外有不通透的岩石或黏土，像一条巨管或长罐一样贮存着水。在干旱地区，许多含水层没有水的补充，或只有极少的水补充，因而我们认为那里的含水层里的水是和化石燃料一样的不可再生资源（相应地，我们可称之为化石水）。在美国西部，有 1/4 从含水层抽取的地下水被认为是超采的（超过补充），比如得克萨斯州、堪萨斯州、俄克拉何马州、内布拉斯加州和科罗拉多州东部高原的奥加拉拉含水层。这些灌溉地区的谷类产物是美国出口市场的重要组成部分，用以平衡对石油的进口。化石水和化石燃料（用来泵水）相互结合使用，在该地区创造了 10 亿美元的经济价值。遗憾的是，考虑到各种实际用途，含水层将会在 2000 年或稍后的时间里被泵完而枯竭（Opie，1993）。水将先于化石燃料而枯竭，没有水，化石燃料也就变得毫无用途了。然后，估计当这些地区的土地回复到以前那种不那么赚钱的干旱农场地时，这些地区可能会发生严重的经济衰退和人口骤减。当目前用于维持景观生机的水源不复存在时，20 世纪 30 年代的尘暴将会卷土重来（图 5-2）。

图 5-2　21 世纪初，当维持美国高原现有景观生机的地下水源枯竭时，20 世纪 30 年代的尘土风暴将卷土重来。我们早已知道保护土地就是为了防止这样的大灾难发生，但出于短期的经济利益考虑时，转变计划便寸步难行（照片由土壤保持局提供）。

替换含水层？

如果奥拉加加含水层枯竭的话，一个继续灌溉农业的可行性办法是建筑一条水渠从密西西比河水系引水。这样的冒险代价昂贵，而且会引起严峻的政治和伦理问题。是否需要全国的纳税人承担那些由于人为因素而造成主要自然资源枯竭地方的经济援助？还是，在水资源枯竭之前逐渐将谷物种植农业迁移到水资源条件较好的地方去更好呢？如果是这样的话，谁来组织和实施有计划的过渡——州政府、联邦政府还是农业部门？

全世界从含水层抽取的水中约 70%用于灌溉作物。如第四章所述，在世界的许多地区，人们通过结合使用灌溉、增加肥料的使用、培育不同高产品系的方法来提高作物产量。现在的大问题是：这种水的利用方式有多大程度的可持续性？我们这样通过努力增加泵水量来喂饱越来越多的饥饿人群和饲养动物还能持续多久？对于沙漠国家如利比亚和沙特阿拉伯来说，获得答案是不会太久的（Gardner，1995）。

3. 盐化作用

作物灌溉除了减少地下水供应外，还可导致**盐化作用**(salinization)，或水分蒸发后在田地里堆积盐分，这种状况在温暖干旱地区尤为明显。由于盐化作用导致的耕地丧失多于由水分短缺导致的丧失。目前大量的针对减少这种威胁的研究正在进行中。

说起盐，用于融化道路冰雪的盐（氯化钠）越来越多，以致破坏了行道树和其他植被，腐蚀了地下自来水总管道、电话线及电缆。人们已经开始认识到，含水层中盐分的渗入将会危害人类的健康。每年全世界盐产总量的10%多被用于美国多雪州的高速公路！

4. 生物地球化学循环

生态学家将化学元素在生物体与其环境之间或大或小的循环通路称为**生物地球化学循环**(biogeochemical cycle)。"bio" 指的是生物，"geo" 指地球上的岩石、土壤、空气和水。地球化学是有关地壳及其海洋、河流等的化学成分的一门重要的物理科学。因此生物地球化学便是对生物圈中生命成分与非生命成分间物质交换（即来回的移动）的研究。该词可能是由《生物圈》（*The Bioshpere*，1926）一书的作者——俄国科学家维纳德斯基（Vladimir Ivanovich Vernadsky，1863—1945）提出来的，但哈钦森（G. Evelyn Hutchinson，1944，1950）却是这个领域的先驱。

图 5-3 是一个添加了生物地球化学循环过程的简化能流图，表示了两大基本过程间的相互关系。要记住，驱动物质循环是需要能量的。自然循环大部分由自然能量来驱使，如太阳光。为了获得净收益的人工再循环，获得做功能量所付出的代价不得超过再循环产品的价值。当资源丰富且供大于求时，除了获取黄金或白银等非常具有价值的物质外，人工再循环未见适宜。但当供应有限时，人工再循环就变得可行并且有价值了，如本章后面部分的纸张循环例子。自然界中的生物也是如此：它们倾向于贮存和再循环相对较贫乏的生命必需元素，如磷。

和水一样，约 20 种生命必需元素（碳、氮、磷、钙、钾和其他生物体在不同程度上需要的元素）在生态系统中的分布并不均匀，并且具有不同的化学形态。确切地说，物质存在于室（compartment）或库（pool）中，它们之间具有不同的交换率。一般而言，区分较大但运动较慢的非生物库与较小但更活跃的生物库具有实际意义。例如，你家花园里的土壤中有不溶性磷，不能马上被你的花或植物的根部直接吸收，但也有可溶性磷，可被生长期中的植物吸收和利用。可利用库通常很小，所以要获得高产量就需添加肥料。

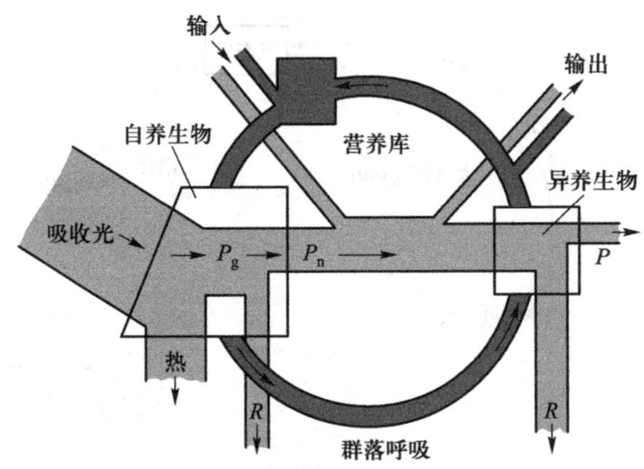

图 5-3 营养物质循环和驱动生物地球化学循环的单向能流间的关系。P_g 为总初级生产力；P_n 为净初级生产力；P 为次级生产力；R 为呼吸作用。

图 5-3 中标有“营养库”的方框为大贮存库，在自养生物和异养生物之间的灰色循环圈表示物质的来回快速循环。有时贮存库部分被称为不可利用库，循环部分被称为可利用库；假如对这些术语的相关性有正确理解的话，这样的称呼是可以的。贮存库内的微量元素不会永久地不被生物所利用，因为不可利用库和可利用库间总是存在缓慢的运动。

分解作用释放的不仅是无机物，而且还有可能会影响自养生物吸收矿物质的有机副产物。发生此过程的一条途径是螯合作用（chelation，法语 *chele* 有“抓取”之意），即有机分子“抓取”钙、锰、铁及其他离子，或与这些离子形成复合物。螯合态无机物可溶性更强，与具有同样元素的无机盐相比，其毒性通常更小，尤其是金属螯合态。例如，工业废物中的铜离子对近岸水体的海洋生物产生的毒性小于对近海水体中的生物产生的毒性，因为近岸水体有大量有机物存在，而近海的螯合态物质比较少。

5. 循环的两种基本类型

从生物圈整体来看，生物地球化学循环可分为两个部分：气态循环，大贮存库位于大气中；固态循环，大贮存库位于地壳的土壤和沉积物中。图 5-4 和图 5-5 分别表示两种循环的典型例子，即氮（N）循环和磷（P）循环。氮和磷是重要的营养元素，它们的可利用程度通常影响生产力，所以我们了解这些必需无机元素的行为是非常有必要的。通常氮对海洋初级生产力的限制作用更大，而磷则是淡水中初级生产力的限制元素。在陆地土壤中，两者都供应不足。

6. 氮循环

氮（N）不断地在大气贮存库和与生物相关的快速循环库之间流动。在**反**

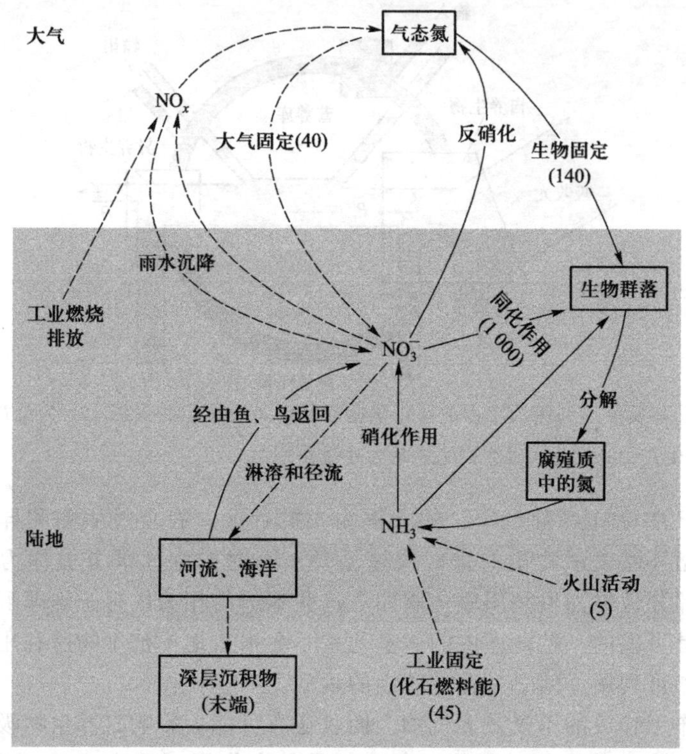

图 5-4 氮循环。在较大的大气贮存库与较小却活跃的地球（地圈）土壤和水体贮存库之间氮的几种主要形式的循环。实线箭头表示生物（尤其是微生物）调控的流动和交换。虚线表示主要由物理作用力或人类活动所引起的流动。大气中的氧化氮（NO_x）有多种形式，如 N_2O 或 NO_2。正是这些形式的氮导致了酸雨、烟雾和其他形式的空气污染。目前仍无法定量全球水平上氮的所有流动通量。括号内的数字表示一些交换过程中的相对重要程度（例如，固氮微生物的生物固定作用比闪电或肥料生产过程中的工业固定作用更重要）。

硝化作用（denitrification）和**固氮作用**（nitrogen fixation）中，都是既有生物机制，又有非生物机制，反硝化作用将氮释放到空气中，固氮作用将不能被自养生物直接利用的气态氮转变为生物可利用的氨、亚硝酸盐和硝酸盐。专化微生物在氮循环的大部分步骤中起着重要作用（见图 5-4）。例如，只有少数的原始细菌（原核生物，包括应更确切地称作藻青细菌的蓝绿藻）能固氮。豆科和其他一些高等植物仅能通过生活在其特别根瘤中的原核细菌来固氮。我们在第三章中已讨论过盖亚假说，而固氮作用是微生物在维持我们这个维生系统中起着至关重要作用的又一例证。图 5-4 以简化的方式表示了使氮循环和其他循环（如碳循环和水循环）在生物圈中的大范围内进行有效自我调节的反馈和交换机制。沿着一条循环通路上的运动有任何增加都会因其他通路的迅速调节

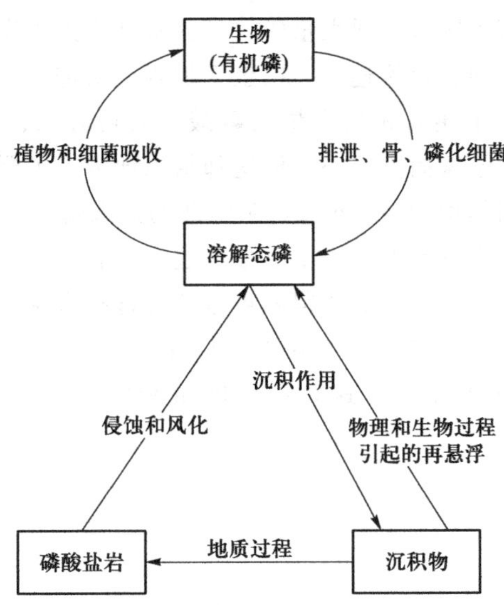

图 5-5 磷循环的简化图，包括离开和进入沉积物贮存库的缓慢流动。

而得到补偿。然而，由于再生（即氮从不可利用形态转化为可利用形态）的过程太慢或区域氮的净损失，氮经常在局部区域成为生物系统的限制因素。

氮的可利用性对我们和生物都是至关重要的，因为氮是所有生命基本单位——DNA（遗传物质）、蛋白质和氨基酸的一个必要成分。然而氮从我们周围巨大的大气贮存库进入到我们的细胞要经过一连串耗能的固定过程和食物链。大气中氮气（N—N）的三价键断裂需要大量能量，然后才能与水（H_2O）反应生成氨（NH_3）。

7. 磷循环

与氮相比，大多数营养元素更多来自土壤；其循环的自我调节能力较差，所以更易受人类干扰。磷循环（图 5-5）是一个沉积循环的典例。能量转化是区分活的原生质和无生命物质的重要特征，这个过程需要磷的参与，与生物需求量相比，地球表面的磷含量相对较少。生物已经演化出很多机制来获取该元素，所以 1 g 生物量中的磷浓度通常比 1 g 周围环境（如水或土壤）的磷浓度高出许多倍。

磷循环库周旋于生物和局部的生物地球化学循环，所以贮存库磷随着侵蚀和沉积作用有向下缓慢流入海洋的趋势。从长远来看，磷随着向上移动的造山运动、岩石风化、空中尘埃或盐尘和火山气体的形式返回陆地。风驱动深部海水带着磷和其他营养物质从无光带随着上涌流上升到光合作用带（此处可被植物所利用），在海洋中提供了一个重要的磷返回机制。食鱼鸟类通过将富含磷的鸟粪排在海岸筑巢区来返回大量磷，鸟粪常被收集用作肥料。

人类加速土壤侵蚀和径流速率，以至于加剧了磷进入巨大的不可利用的海洋库的单向流动。由于还有相当数量的磷酸盐岩可开采，以补充耕地流失的磷，所以现在的农业学家尚不担心，但这却给当地带来了严重的环境问题，当游客参观佛罗里达州的坦帕（Tampa）东南部的露天磷矿山后无不为此担忧。

我们在第一章输入管理的讨论中已强调过，在农业系统和其他人类控制系统中提高对磷与其他营养元素的滞留和再循环变得越来越重要，不仅要保护它们的供应，而且还要减少非点源污染（进入地表水和地下水的径流）。希望我们永远不必从深海中开采磷，这将耗费能量和钱，会导致食物价格的大幅上扬。

8. 硫循环

从图 5-6 所示的硫（S）循环中可以看出物质循环的许多主要特征。

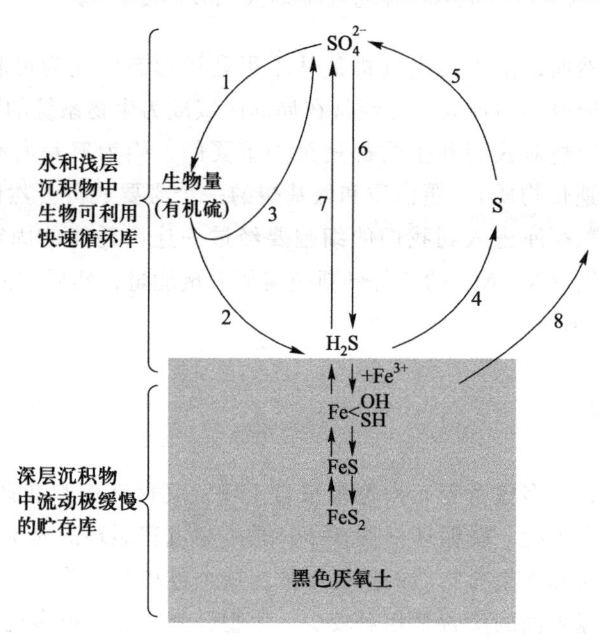

图 5-6　硫循环。步骤 1 为植物的初级生产量。步骤 2~7 由生物来完成，其中大多数是特化的微生物来完成。步骤 2：异养微生物的分解作用；步骤 3：动物排泄；步骤 4 和 5：无色、绿色和紫色硫化细菌；步骤 6：厌氧的硫还原细菌，脱硫弧菌属（*Desulfovibrio*）；步骤 7：好氧的硫氧化细菌，硫杆菌属（*Thiobacillus*）。步骤 8 为硫化铁形成时，生物不可利用磷转化为生物可利用磷，说明一个重要元素的循环如何影响另一元素的循环。

（1）沉积物中有大贮存库，而大气中的贮存库较小。

（2）以特定微生物为主的生物群像一支接力队伍，每一种生物都执行一个特定的化学转变（图 5-6 中编号的步骤），这些生物在快速波动库（图 5-6 中的“圆圈”）中起了重要作用。

（3）硫化氢（H_2S）是一个气态相，向上运动，导致硫受到微生物的作用而重新进入硫循环，不然就会“消失”在深层沉积物里。

（4）地球化学、气象学和生物学过程的相互作用以及空气、水分和土壤之间的相互依赖维持了全球水平上的循环。

（5）当沉积物中形成硫化铁时，磷从不可溶态转变为可溶态（图 5-6 的步骤 8，箭头表示“磷的释放”），并进入生物可利用的库中。磷回收作为硫循环的一部分，在湿地厌氧（无氧）沉积物中极为显著，湿地也是氮和碳循环的重要场所。

渗漏的郊区

20 世纪 70 年代，美国国家科学基金会在威斯康星州的温故拉湖（Lake Wingra）流域（或集水盆地）资助了一个景观的研究，类似研究还有若干个，是美国向国际生物学计划做的贡献之一。湖的一边发展了大片郊区，另一边是大片森林保护区。每到春天，积聚的肥料、土壤和沉积物（包括狗粪），渗出草地，进入该湖，导致湖中藻类繁殖茂密，而使郊区一侧的水面呈现鲜绿色。相反，森林这一边极少有渗透物，所以靠近森林一侧的湖面一直保持干净（Watson 等，1981）。尽管郊区景观（像许多其他人类支配的和归化的景观一样）流失大量物质，而进入森林保护区的营养物质不断再循环，净损失量极少。

当越来越多的人类支配景观向我们维生系统中渗出有毒及有用的物质时，与其进行事后的废物处理工作，不如致力将注意力和技术用于减少污染源，增加再循环。本书的跋将更多讨论治理由污染产生的无序而引起的这种主要转变。

9. 错位的资源

在城市和工业的大气污染中都有硫循环和氮循环。氮的氧化物（N_2O 和 NO_2）和硫的氧化物（SO_2）皆为有毒气体，在各自循环中仅为临时产物。然而，燃烧化石燃料会使这些空气中的挥发性氧化物浓度剧增，不仅在城市工业区如此，而且距离这些地区较远的下风区也是如此，以至于危害我们人类的健康，保护我们的绿色植物也受到威胁。煤的燃烧（尤其是大型发电厂）是 SO_2 的主要来源，汽车尾气及其他工业燃烧是氮氧化物的主要来源。在美国及其他工业化国家中，以上两者占排入大气的工业污染物总量的1/3左右。

哈根·史密特（Haagen-Smit）和他的同事们在20世纪50年代初发现，SO_2正在破坏光合作用，洛杉矶盆地的叶类蔬菜、果树和森林开始表现出受到这方面胁迫的迹象（Haagen-Smit等，1952）。再者，SO_2与水蒸气相互作用，生成稀硫酸（H_2SO_4）小水滴，降到地面则形成**酸雨**(acid rain)，酸雨的警报，引起了全世界公众和研究人员的广泛关注。当土壤或水体中缺乏pH缓冲液来平衡酸时，酸度增加（pH减小）到一定程度便会对植物和鱼类产生巨大的胁迫。虽然目前尚不能确定酸雨是唯一的因子（也许还有臭氧，将在下一部分讨论），但是纽约州阿迪朗达克山脉（Adirondacks）地区湖泊中鱼类的消失，德国黑森林（Black Forest）地区树木的大片死亡都要归罪于酸雨。燃煤发电厂和其他工厂建立高烟囱可减少当地的空气污染（图5-7），却使问题更加棘手，因为这些氧化物在云层中待得越久，就会形成越多酸雨（这也可以解释为什么山地森林早于低地森林受到破坏）。这是因为快速治疗或短期方案而造成更严重的长期后患的典例。

图5-7 高烟囱减轻了其附近地区的大气污染，却增加了酸雨问题（照片由J. N. A. Lott拍摄/McMaster University，Biological Photo Service提供）。

目前空气中氮氧化物的浓度也正威胁着人们的生活质量，它们刺激了高等动物和人类的呼吸器官表面。由于氮氧化物与水结合生成硝酸，所以也会导致酸雨的形成。并且，与其他污染物的化学反应会产生一种**增效作用**(synergism，即几个因子共同作用的效应超过各自单独反应的效应累加之和)。例如，NO_2 和未完全燃烧的碳氢化合物（都由汽车大量产生）在紫外线照射下形成**光化学烟雾**(硝酸过氧化乙酰基和臭氧在化学上都被称为“光化学氧化剂”)，不仅使人流泪，并且通常有害人体健康。据 Hall 等(1992) 估计，由于空气污染造成的相关疾病，住在加利福尼亚南部海岸盆地的人们平均每人每年有 17 天不能上班，用于预防这些疾病的经济代价将达近 100 亿美元。你只要去南加利福尼亚、阿巴拉契亚山或西德的山区即可亲眼看到烟雾对松林的破坏。松针发黄早落，树冠减小，生长减慢直至最终死亡都是松林受光化学氧化剂极度胁迫的症状。虽然光化学氧化剂对庄稼的损害尚不如此明显，但是也有很大的影响。据估计，由于南加利福尼亚的氧化物空气污染，大豆产量下降 15%，蔬菜每年总计损失 45 000 000 美元(Kneese，1984)。

迫在眉睫的空气净化

有关控制发电厂烟囱排放问题已有诸多讨论，但仍未广泛采取行动。控制排放的费用是如此之大，以至于在控制排放的投资-收益比得到公认且公众“愿意支付”此费用之前，由污染物所造成的经济损失必定很大。但拖延过久的行动会延长破坏的时间，因而在健康和维生方面的损失将达数十亿美元。我们必须督促政治领袖们采取从根源上减少空气污染的有力举措。

最近我们看到一些令人欣喜的报道，加利福尼亚的一家燃煤发电厂采用“洁净燃烧法”(在煤燃尽前去除硫和其他污染物)，与传统发电厂相比，它们在经济上仍具有竞争力（Spencer 等，1986)。换句话说，该技术是可行的，但迄今（1996）由美国国会通过的《空气净化法》还是没有强制执行这项专用技术。事实上，这种举步欲止的行为反而使事情变得更糟，因为发电厂为了遵守现有的规定，只需改用西部的低硫煤就可以了，所以导致了东部的高硫煤矿工人的失业。

我们再次回到输入管理概念中，从长远来看，减少生产系统中输入方面的污染源（用于燃烧的煤）比减少输出方面（大烟囱排放物）的举措更为经济有效。

10. 臭氧，一种“化学杂草”

杂草有时被定义为长错地方的植物——即一种通常认为有用或无害的植物，长期生长在你不希望看到它的地方，比如你家花园等。当生命必需的资源在循环中的正常位置或自然位置由于数量增加或因人类活动而错位的话，就会产生麻烦。臭氧（O_3）就是一个重要典例，我们的生活离不开它，但错位的话便是一种代价昂贵且又危险的“化学杂草”。在自然界状态下，射入大气层的太阳辐射与氧气相互作用，在平流层形成臭氧。如第四章中所讨论的，大气层顶部的臭氧层挡住了射入的致命紫外线。一些化学污染物会破坏这个维生保护层，由于前景极不容乐观，所以工业化国家已经采取措施来减少它们的生产。

但我们在尽力维护大气层中臭氧层的同时，大气层中较低部的臭氧是地表面主要的光化学氧化剂污染物。一项研究表明，甚至在远离大城市的地区，目前臭氧的浓度都在 0. 02~0. 14 ppm（百万分率），使得所有受检的庄稼和树木的光合作用都有所减少（Reich 和 Amundson，1985）。这个发现说明，地表面的臭氧比起酸雨来说，对我们及我们的生命支持系统威胁更大。这个发现或许会让我们想到这两者之间可能存在着一种增效作用。克内塞（Kneese，1984）在一项研究净化空气和水的经济利益时计算出，即使地表面臭氧浓度只减少 0. 01 ppm，都会在工厂区减少 1 000 000 例慢性呼吸系统疾病，产生的经济效益将大于 10 亿美元/年。

11. 全球碳循环

图 5-8 是一个全球碳循环的模型，包括对四个主要分室——大气、海洋（包括已上升的碳酸盐沉积，如著名的多佛白色悬崖）、陆生生物量、土壤与化石燃料——的二氧化碳估计量。图中箭头表示分室间的流通率。从量上看，与其他库相比，大气库最小，但它却是一个非常活跃的库，燃烧化石燃料、开垦及耕作农地都会向大气中释放二氧化碳，从而影响大气库。我们相信，在工业时代前，大气层、大陆及海洋间的流动是平衡的，如图 5-8 中的实线箭头所示。然而，在过去的一个世纪中，由于人类输入到大气层中二氧化碳的量超过植物和海洋碳酸盐系统的去除速度（如图 5-8 中虚线箭头所示），因此大气层中的二氧化碳含量开始慢慢上升。大气中的二氧化碳含量从 19 世纪早期的 290 ppm（0. 29%）（由于那时缺乏测量工具，所以该值为估计值）上升至 1958 年的 315 ppm（首次发明精确的测量工具），到 1990 年已达 345 ppm——而且目前仍在上升。

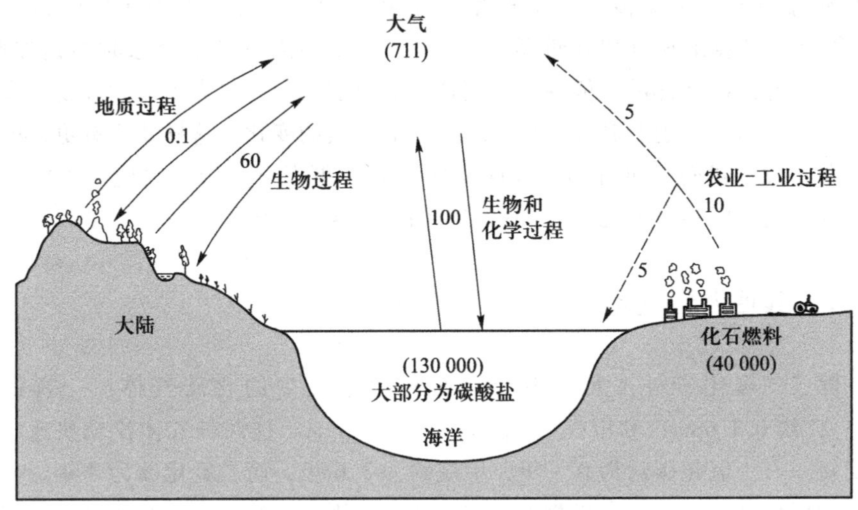

图 5-8　全球碳循环。数字根据主要的生物圈分室和分室间循环（箭头所示）中 10^9 吨的估计量。人类活动释放的二氧化碳越来越影响大气的小分室。

12. 不易平衡的全球冷暖

尽管空气中更多的二氧化碳有利于提高初级生产力，它也会产生可能不利的气候变化——**温室效应**(greenhouse effect)。大气中的二氧化碳像温室的玻璃一样；可让短波的太阳光进入，而由地面反射的长波热辐射却不能通过，这样便妨碍了生物圈的热散发。如果二氧化碳和其他温室气体（如甲烷）仍以目前的速率增加到 21 世纪，那将会发生全球变暖。只要平均气温上升 1~4 ℃，就会导致海洋受热（温水体积较冷水大）和极地冰川融化，从而使海平面迅速上升；假设果真如此，我们只好告别纽约和其他的海滨城市了。全球变暖还会导致降雨量格局的变化，破坏农业生产，这也许将是更为糟糕的灾难。

在此同时，我们也马上指出，现在有使地球趋于变冷的相反力在起作用。在最近的地质年代中，每隔 1 万~2 万年就会发生一次冰川期（现在离上一次冰川期已有很长一段时间，所以我们将面临下一次冰川期）。自然大事件，如火山爆发和人类活动，使大量颗粒物（灰尘和其他气悬细颗粒）进入大气中，这些物质能反射辐射进来的太阳射线，从而使地球变冷。最近几年中，来自烟囱和其他污染源的细颗粒物组成的“污染性烟雾”已经在北美东部、欧洲中部及东亚的工业区逐渐增厚，使得这些地区的空气温度实际降低了，与世界上其他大部分地区形成明显的对照（见 Kerr，1995）。伴随着温度人为上升的云层增厚也会阻碍全球变暖。然而，这些可能的益处却无法平衡空气污染所带来的后果。霾和云层都会减少到达地面的太阳光，从而降低初级生产量，并且霾含有有毒物质。一场核战争会产生大量的灰尘，因此，人们所广泛讨论的“核冬天”将会出现（Ehrlich 等，1983）。一系列陨石撞击地球时亦是如此。有这么多导致冷和热的可能性，我们迫切需要加强国际努力来监测温度、大气二氧化碳、彗星轨道和其他威胁全球平衡的因素的变化，这样才能有更好的方法来防止发生我们不愿看到的气候变化（如需更多有关温室效应和可能的全球气候变化的资料，参见 Bolin 等，1986；Gates，1993）。

13. 其他大气气体

除了二氧化碳外，大气中还有两种含量较少的含碳气体：一氧化碳（CO），约 0.1 ppm，和甲烷（CH_4），约 1.6 ppm。这两种气体流动快速，留存期短——一氧化碳约为 0.1 年，甲烷约为 3.6 年，而二氧化碳为 4 年。一氧化碳和甲烷都是来源于有机物的不完全分解或厌氧分解；都能在大气中被氧化成二氧化碳。目前化石燃料的不完全燃烧，尤其是汽车尾气排放出来的一氧化碳量与自然分解释放量相等。对人类致命的一氧化碳尚未构成全球威胁，但在空气不通畅的市区，它是一种令人担忧的污染物。在交通繁忙地区，一氧化碳浓度高达 100 ppm 是很常见的。（每天一包香烟的烟民吸入的一氧化碳高达 400 ppm，显著降低了他们血液的携氧能力。）

湿地、牛和白蚁（其消化系统为厌氧系统）也会大量产生甲烷，该气体是大气的另一个成分，同时具有正效应和负效应的潜力。它对维持大气层上层臭氧层的稳定性具有重要作用。但过量的甲烷会破坏热平衡。

14. 贫养土地的营养循环

一个有关热带的谬论说，那里的土壤肥沃，如若我们去除全部的森林并种植庄稼的话，那可以供给全世界人类的食物。当然，在那里有温暖气候下的沃土，但与爱荷华的草原土壤相比（那儿有大面积的土壤，如亚马孙河谷的热带雨林）是相当贫瘠的（Jordan，1985）。亚马孙河谷之所以森林生长繁茂仅仅是因为存在高效的生物再循环机制，该机制维持了氮、磷等主要营养成分在生物量中的循环周转。在这样的森林中，土壤中的可利用营养库连一半都不到，而在欧洲或北美东部的森林土壤中则占 90%多。为了农垦而去除温带森林或温带草原植被时，土壤依旧保持其营养养分和土壤结构。它们通常可耕作若干年，包括一年中一次或若干次翻耕，种植一些短季的一年生作物，应用大量的可快速释放的无机肥料。在冬季，寒冷温度有利于保持土壤养分和防止病虫害。而在热带，如破坏了热带森林，那也就剥夺了土地在常年高温多雨条件下的持肥能力和营养再循环能力（还有抗虫害能力）。由于热带土壤薄层缺乏有机与生物留持机制，所以土壤中的养分很快就会流失掉（见第八章图 8-15）。作物产量迅速下降（有时甚至只需 2~3 年），土地荒废，产生了热带常有的**烧垦农业**(shifting agriculture；也称为临时农业 swidden agriculture)。

在热带森林中，有如下帮助在活生物量中维持营养循环的生物机制：

(1) **根垫**(root mat) 由许多可快速穿透枯枝落叶表层的细小饲食者组成，可在落叶的营养流失前迅速回收捕获之。根垫也明显限制反硝化细菌的活动，阻止氮流失到空气中去。有的热带树种甚至还有“向上运动根”，这种根沿树干向上生长（而不是像普通的根那样向下进入土壤），这样就能够从沿茎流下的雨水中吸收养分（Sanford，1987）。

(2) **菌根真菌**(mycorrhizal fungi)，与根系共生的微生物，能保持营养养分，帮助回收营养养分和在生物量中留持养分。(这种高等植物和微生物间的互利共生同样也在温带的贫养土壤中广泛存在，对此将在第六章中讨论。)

(3) **常绿叶**(evergreen leaf) 的厚蜡质表层和厚树皮可阻止水分和养分流失，并防止食草动物和寄生物的摄食。

(4) **藻类**(algae) 和**地衣**(lichen) 覆盖在许多叶片表面，从雨水中获得营养，从空气中固定氮。

(欲知更多热带森林中的营养循环，见 Jordan，1982，1985。)

当然，这个小结过于简单化了复杂情况，但它解释了为什么北方作物管理模式无法用于一些生长着茂密森林的热带地区。显然，在热带地区需要设计不同于其他地方的农业作物管理模式，包括：减少土壤干扰行为（减少翻地），更多地种植 C_4 植物光合作用类型的多年生植物和具菌根植物，更多地使用复合耕作及更多地栽种豆科植物和其他固氮类植物。

遗憾的是，农学被禁锢在工业化农业的概念之中，农业经济过度依赖于一年生的谷类经济作物，以致对农业必要的重新调整发展缓慢。我们尤其要对几个世纪以来人们在热带发展并持续的传统农业有一个全面的认识。它们包括：稻田和洪水灌溉的水稻作物栽培法、由古代玛雅人发展起来的现在仍在墨西哥使用的玉米-大豆-南瓜复合栽培法、生产食物的乔灌木与一年生蔬菜及谷类作物混合栽培的园艺系统以及中国的鱼稻共生模式（用作物残余物养鱼）(Gliessman 等，1981；Altieri，1987)。第八章中将从能量的角度来比较传统农业与工业化农业的差别。

15. 再循环途径

既然我们都愈来愈关注自然和商业这两个方面的再循环使用问题，那么我们来回顾一下在再循环途径中的生物地球化学内容是很有启发性的。图 5-9 表示的是资源再循环的几条途径。如上所述，许多必需营养物质的再循环途径包括微生物的作用和有机质分解中产生的能量（图 5-9 中的途径 1）。在小型植物，如草或浮游植物被大量摄食的地方，通过动物排泄物来进行物质再循环的途径可能很重要（途径 2）。在贫营养环境中，如上一节中提到的，固氮根菌作为自养生物（植物）的一部分的共生微生物，完成了营养物质的直接归还（途径 3）。如水循环图（图 5-1）所示，许多物质都是以太阳能参与的物理方式来循环（途径 4）。最后，人类还使用燃料供能来驱使水、肥料、金属和纸的再循环（途径 5）。需要重申的是再循环需要来自一些源的能量耗散，这些源包括有机物（途径 1，2，3）、太阳能（途径 4）或燃料（途径 5）。

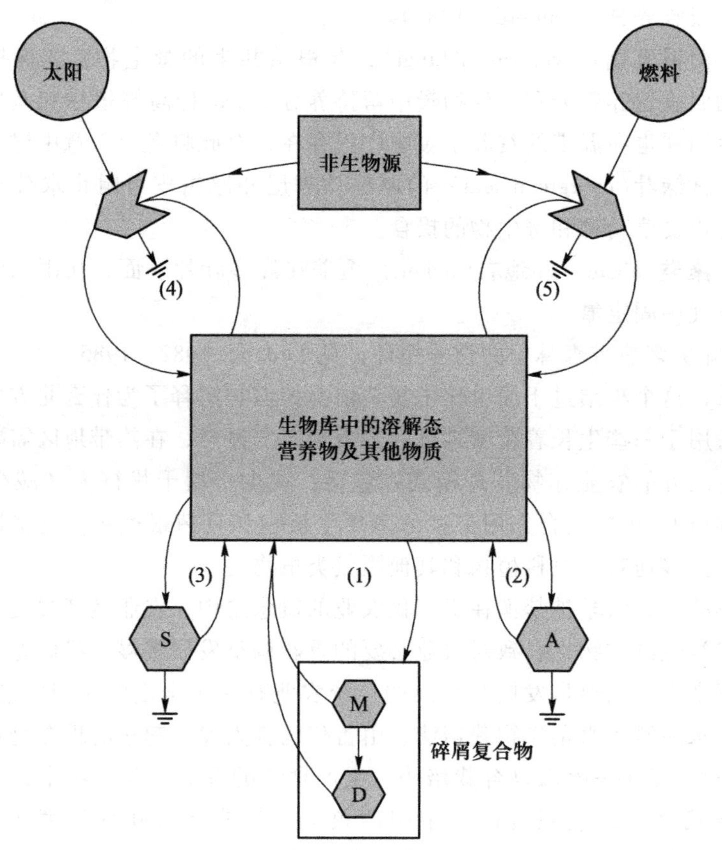

图 5-9　五种主要的再循环途径：（1）分解（M，微生物；D，碎屑消费者）；（2）动物（A）排泄物；（3）共生生物（S）；（4）太阳能驱动的，如水循环；（5）燃料能驱动的，如工业再循环。

16. 纸的再循环

纸是工业系统再循环的一个典范，其循环方式与自然生态系统中重要物质的再循环途径类似。在这两个系统中，当资源变少或废弃物堆积以至于危及系统内的生命时，就非常有必要消耗能量来再循环这些物质。

只要有足够的树木和造纸厂，以及足够的填埋场，就没有必要投注资金和能量（用于废纸收集、分类和运输）用来建立高效再循环计划，如图 5-10A 所示。但当城市周围变得拥挤，土地价格上涨时，维持填埋场或当旧的填埋场负荷已满而要寻找新的填埋场就会变得愈来愈困难，费用越来越昂贵。或者当纸浆供应或造纸厂不能满足需求时（欧洲许多地方目前正面临这样的困境），新纸张的价格就会上涨。这两种情况都值得考虑再循环。要成功地实施纸张再循环，需要有提供旧报纸和旧纸板市场的再循环工厂，见图 5-10B。这样一座工厂与热带雨林中的菌根再循环系统相似。换句话说就是要在总系统中加入新元素。同样，如图 5-10B 中虚线所表示的货币流动所示，以前不得不将资金投入到维持填埋场上的那些城市，现在还可以从出售旧报纸中获得资金，这有助于为其他废物的处置提供费用。

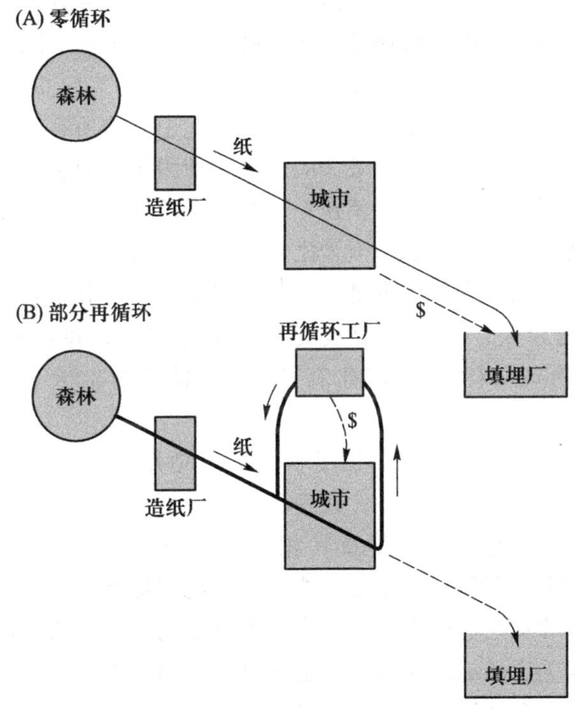

图 5-10　不利于（A）和有利于（B）纸张再循环的条件。对公众而言，再循环总的好处在于减少了有害环境的影响（对森林、河流和土地的影响），用于城市服务的税收降低了。再循环的必要条件包括：市民的参与、一个收集的系统（改良废物收集系统）、一个分类和打装仓库、一个再循环工厂、指向再循环工厂的交通、废纸市场，以及城市获利或低于填埋场的费用。

17. 限制因子概念

生物受需求生态链中最薄弱环节所控制，这一观点可追述至一个世纪以前或更早的利比希（Justus Liebig）时代，利比希是位从事农业无机化肥研究的先驱。他在观察作物的过程中发现，作物的生长通常受那些最为缺少的（相对于需求而言）必需元素所限制，而与其需要量的大小无关。**利比希最小因子定律**（Liebig's law of the minimum）是指作物生长受相对于需求而言供应量最少的营养物质所限制。这个概念扩展用于包括除营养物质之外的其他因素，并包括最大量的限制效应（即过量也会产生限制效应）。我们要认识到各因素间的相互作用；即某一种因子的短缺会影响到植物对本身并无限制效应的其他因素的需求。该结论是一个行之有效的原则。

我们可以将范畴延伸后的**限制因子概念**（concept of limiting factor）复述如下：一个生物、一个种群或一个群落的延续依赖于环境复合体；任何达到或超过生物或生物群体耐受限度的环境因素都将成为限制因子。限制因子概念的主要价值在于它给生态学家们研究复杂状况提供了一个“入门的楔子”。环境关系确实很复杂，值得庆幸的是在一个给定的环境中并非所有因子都是同等重要的。例如，氧气是大部分动物所必需的一个生理因子，但它只有在供不应求的环境中才成为限制因子。例如，鱼在一条受污染的河流中濒临死亡，那么水中的溶氧量将是我们首先要考虑的因素之一；水中氧气含量变化很大，容易因分解作用而耗尽，所以经常供应不足。但是，假如小型哺乳动物在野外死去，我们将会寻找其他原因；空气中的氧气从需求上来讲，供应充足，含量丰富（不容易为生物活动所耗尽），因此氧气不太可能成为生活于陆地上呼吸空气动物的限制因子。

利比希定律（及普遍的限制因子概念）最适用于流入量与流出量平衡的稳定条件，最不适用于瞬态条件，在这种环境中，流动不平衡，作用率可能依赖于许多因子的快速变化浓度及其相互间的作用。布鲁姆等（Bloom 等，1985）在最近的资源限制评估中总结指出：植物能够调整它们的资源分配，如此一来，所有资源对它们的生长限制作用大致相同。他们认为这个有关生长与资源限制作用间关系的原理比利比希定律更为准确。不管怎样，有大量的自然资源可选出作为生态系统和人类的主要限制因子：如已经讨论过的陆地水源、水体含氧量和许多环境中的氮、磷含量及能量。

“单因子”控制学说在瞬变态条件下是没有理论基础的，所以污染控制决策中应包括尽可能减少富营养化和毒性物质的输入种类和数量，而不仅仅局限于减少一两种物质的输入。

18. 因子补偿作用

地理分布广的物种通常都会就地发展出适应于当地生境的遗传种群或亚种群，称为**生态型**(ecotype)，它们具有不同的生长型，或具有对温度、光照、营养物质或其他限制因子不同的耐受性。利用相互移植实验可以揭示，到底是一定环境梯度的补偿作用导致了各种遗传种群，抑或这仅仅是由于个体适应的结果。在应用生态学中，当地品系中遗传固定的可能性常被忽略，结果通常导致物种恢复遭到失败，因为在远方个体被用来重新恢复即将灭绝的生态型时不能适应当地环境。

图 5-11A 表示的是一个无遗传固定的物种的温度补偿作用案例。一种小

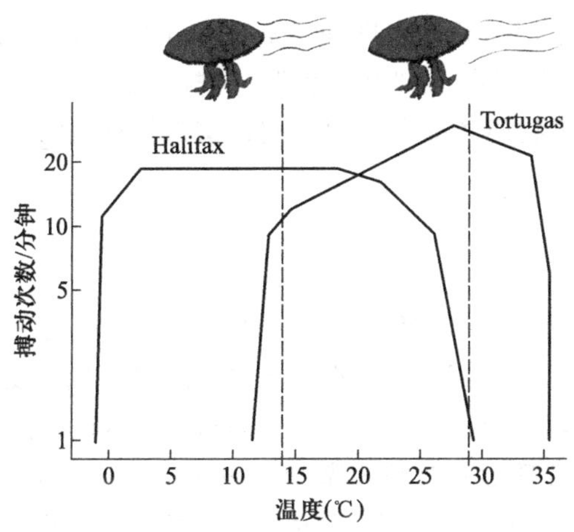

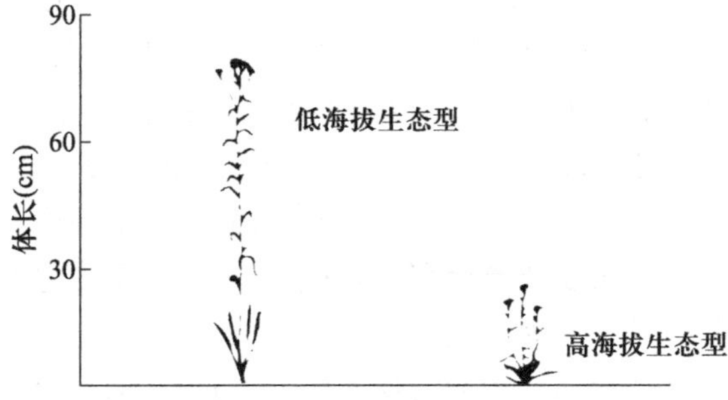

图 5-11　动植物中物理因子的补偿作用。(A) 同种水母的不同地理种群，尽管生活于不同的水温环境中，但几乎习惯于用同一种速度游泳（仿 Bullock，1955）。(B) 一种来自高海拔和低海拔的欧蓍草个体播种在同一海拔高度（海平面）的花园里，成熟后它们仍然保持其固有的高株或低株形态，表明已发生遗传固定。因此，这两个品种是真正的不同生态型（仿 Clausen 等，1948）。

型水母（海月水母，*Aurelia aurita*）在水中有节律地收缩运动，这种运动类似于喷气式推进，将水从中央腔中排出。最适的推进速率似乎是 15~20 次/分钟。加拿大新斯科舍省（Nova Scotia）哈利法克斯（Halifax）附近北部海域的水温虽然比南部海水低 15~20 ℃，生活在其中的水母游泳速度却与南部海水中的水母游泳速度大致相同。

图 5-11B 表示的是从海平面到洛基山高海拔之间分布的一种欧蓍草的真正生态型。如图中所示，对于生活于高海拔和低海拔的欧蓍草，同时用两者的种子种植在同一个花园时，来自高海拔的生态型的仍保持其矮形态，来自低海拔的生态型仍保持其高形态，这说明遗传固定已发生作用。

许多种的耐受性范围窄，相应地对环境变化就比较敏感，这样的种可以作为有用的生态指示生物（ecological indicator），用以指示环境条件的变化。例如，牧区管理人员发现，对放牧敏感植物的相对多度可以在整片草地明显发生过度放牧之前就能给人们信息。多度随着放牧而下降的物种称为“减少种”，多度随着放牧而增加的物种称为“增加种”。同样，在不同类型的水体污染评价中，指示生物（动植物两者都有）通常被证实是很有用的。

19. 生物钟

生物不仅能适应一定的物理环境，并且能利用物理环境中的自然周期性来安排它们的活动时间，“计划”它们的生活史，所以它们可受益于适宜环境。它们是依靠定时的生理机制——生物钟（biological clock）来完成的。最普遍的，也许是最基本的表现形式是昼夜节律（circadian rhythm；*cira*：“大约”，*dies*：“天”），即使没有明显的环境提示，如日光，生物仍能以 24 小时左右为一个周期来安排完成它们的生理功能。当我们坐飞机经过了长途旅行后，正是该生理节律导致了“时差综合征”，使我们产生不适感。生物钟由环境节律与物理节律共同设定，使生物能够具备日、季节、潮周期和其他周期。从生理上说，定时器涉及眼、小脑中心以及脊椎动物的松果腺之间相互关系的“昼夜轴”，松果腺释放的褪黑激素，现已被制成一种天然的安眠药。显然，还有一种瞬间定时器，就像一个沙漏或跑表来实际测定时间（详细理论见 Morell，1996）。

温带生物依靠日照长度或**光周期**（photoperiod）来安排它们的季节性活动。与温度和大多数其他季节性因子相反，在一定的季节和地方，光周期总是相同的。光周期的季节性变化随纬度的增加而增加。这样不仅提供季节提示，也提供了纬度提示。例如，在加拿大的温尼伯，一年中光周期最长可达 16.5 小时（6 月份），最短为 8 小时（12 月下旬），在美国佛罗里达州的迈阿密，光周期变化范围仅为 13.5 小时（6 月）到 10.5 小时（12 月）。

目前已经证实，光周期是启动一系列生理活动的定时器或扳机，这些生理活动将导致许多植物的生长和开花、鸟类和哺乳动物的换羽蜕皮、脂肪积累、迁徙和昆虫滞育（休眠期）的开始。动物的眼睛或植物叶片的特殊色素起了接收器的作用，如感应日照长度，然后激活一种或多种激素或酶系统，从而导致相应的生理反应或行为反应。虽然高等动植物各具不同形态，但它们对日照长度的反应却是惊人的相似。对许多（但不是所有）光周期敏感生物而言，实验性或人为地改变光周期，它们的生理反应也会做相应的改变。例如，花农经常通过改变温室内的昼长使花卉反季节开花。

与昼长截然相反的是，沙漠降雨是所料不及的。而沙漠植物以其独特的方式来适应这一不确定性。许多沙漠一年生植物的种子里都含有一种萌发抑制物，至少需要某一最小量的雨才能将其洗去（例如，雨量不小于半英寸）。这些雨量给植物生长、结籽、完成其生命周期提供了必需的全部水分。如果这类种子被置于温室中的潮湿土壤里，它们是不会萌发的。但当喷淋足够的水分后，萌发便迅速开始。沙漠花卉的种子可在土壤中存活多年，等待出现一场足够大的雨才开始萌发。这也是为什么沙漠植物在一场暴雨后会如此迅速繁荣的原因。

20. 作为生态因子的火

火是一个主要的环境因子，在世界大部分陆地环境中，火几乎是塑造植被历史的气候的一部分。在温带和具有旱季特征的热带地区，火对森林和草地尤为重要。美国的大部分地区，尤其是南部、西部各州，几乎找不到一片在近50~100年间未发生大面积火灾的森林和草地。很久以前，火便是自然生态系统的一个因子。火最初来源于自然界的闪电，早期的人类（如北美印第安人）有规律地燃烧树丛和大草原，以强行赶出猎物或为农业和放牧开辟空地。与大众意识相反，现代的火并非肯定无益。如我们所见的，受控火烧（controlled burning；也称为计划火烧）是管理某些森林和草地极为有用的方法。

在季节性或周期性小火频发的地区可以找到**适火植被**（fire-adapted vegetation），它们的繁荣或生存有赖于火。第二章中所讨论的南加利福尼亚的夏旱灌丛（矮生常绿灌丛林），美国东南部的长叶松林，大群羚羊漫游的东非平原，是三个适火植被研究的范例。图 5-12 说明了火是如何维持美国西南部草地的。在这个例子中，草不仅适应火，而且还较灌木更适宜于放牧，灌木在无火的情况下会逐步增加其数量。受控火烧可以抵御灌木入侵而维持草地。

在干燥或炎热地区，堆积的陈旧落叶层由于过干而使细菌和真菌无法对其产生腐烂作用，火起到分解者的作用，释放其中的矿物营养。在这种情况中，火加速了再循环从而真正提高了生产力。再者，周期性的小火将可燃的落叶层维持在最小量，从而防止大火发生。几十年来，国家公园（如黄石国家公园）和森林中一直严格执行禁火条令，现在，林业人员转向用受控火烧作为防止灾

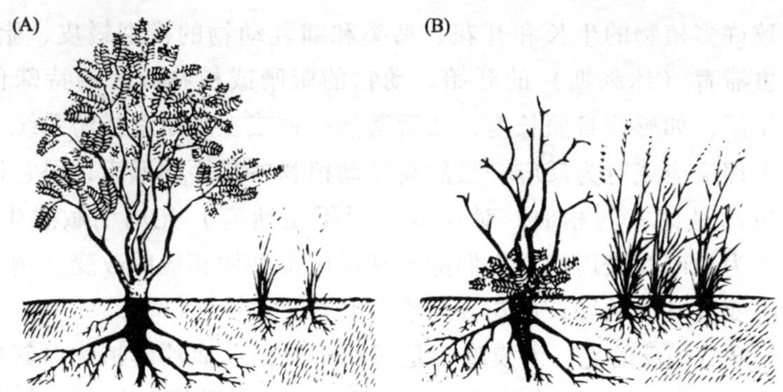

图 5-12 本图说明了在美国西南部长有牧豆树的地方火如何使草长得更好。(A) 在无火的情况下，牧豆树抑制了草的生长。(B) 火烧后，草迅速恢复生长，在竞争压力减小的情况下生长旺盛。受控燃烧完全杀死了牧豆树，从而维持了草地（仿 Cooper，1961）。

难性野火发生的措施（Oberle，1969）。能否通过受控火烧计划来防止加利福尼亚居住区被“火风暴”破坏是一个颇受瞩目的问题。

21. 土壤资源

空气（大气圈）、水（水圈）和土壤（土壤圈）是维持生命的介质。本章已详细论述了空气和水；土壤是生物圈中的第三种重要的维生组分，人类活动正影响着这个重要资源。土壤（soil）是地壳（如岩石和黏土矿物质）风化和生物活动的产物，尤其是植物和微生物。越来越多的人不仅仅将土壤视为植物生长的一种黏土、砂石和腐殖质混合物，而且还是一个有生命的系统。土壤中惊人的生物多样性吸引了越来越多的注意力，其中不仅有微生物（细菌和真菌），而且还有土壤动物（螨、弹尾目昆虫、蚯蚓）及代谢活跃的根区（根圈）（例如，见 Coleman 和 Crossley，1996）。

斯摩基熊[①]是（部分）正确的

区分适火生态系统的特征性大面积轻度表层火与制造头条新闻的极具破坏性的林冠火是极其重要的。人类由于疏忽，有制造这种大破坏的可能性，所以务必使公众强烈地意识到防止火灾的必要性——因此，斯摩基熊就是这种宣传广告。市民必须意识到自己不论身在何处的自然环境里，都不应引起任何破坏性的火灾。不过，另一方面，我们又应该懂得，火灾经常是由于闪电引起的，火是许多地区自然环境中的一部分，专业人员科学地利用火作为一种工具是符合公众利益的。

① 美国林务局用来提醒人们防止森林火灾的形象。——译者注

在陆地生态系统和陆地景观中，土壤的功能是作为主要的组织中心，因为所有用于维持初级和次级生产力的必要成分都贮存在土壤中，并通过土壤发生再循环（第一章中提到的"褐色带"）。相应地，土壤也是整个环境健康状况的最佳指示物。其原理是，如果土壤的质量得以维持，那么其上的任何东西（天然植被、农业、林业）都可得以持续。问题在于目前尚无普遍认可的度量和监测土壤质量的标准。显然需要以某种复合因子参数来作为综合标准。与此有关的大量文献都提出了许多建议（尤其见 Paul，1989 和美国土壤科学学会，1994）。

图 5-13 是一条岸堤或深沟的剖面图，可见土壤由明显的层面组成，这些层面的颜色不同。这些层面被称为**土壤层位**(soil horizons)，由上至下的层位顺序称为土壤纵剖面（soil profile）。最上层或 A 层（A horizon，又称表层土，topsoil）由动植物尸体降解的细颗粒有机物与黏土、沙石、淤泥及其他矿物质混合组成。第二层或 B 层（B horizon）由矿物质土壤组成，有机质在其中被矿化（分解成无机化合物），与降解后的微细母质完全混合。B 层中的可溶物质通常在 A 层中形成，而随水流向下运动（渗漏），累积于 B 层的上层，见图 5-13 中的暗带。第三层或 C 层（C horizon）是或多或少未改变的母质。母质(parental material）是该地分解的原始地质产物，或是被重力、冰川、风力、水力（淤积）或火山运动搬运过来的物质。在搬运物质上发育的土壤通常非常肥沃，如爱荷华州的深部风积土壤、大河三角洲的优质土以及在火山灰上发育的沃土。

图 5-13　美国东部落叶林区原始区与侵蚀区土壤剖面的比较。深色层（1~6）为 A 层或表层土。其下较浅的部分为 B 层，有淋溶物质累积。注意，侵蚀区已损失了 1/3 的表层土(照片由土壤保持局提供)。

在营养物循环方面，土壤的有机部分可分为两个库。第一个库为不稳定（活跃）部分，可立即为植物提供营养物。这个库的相当一部分由微生物组成。第二个库为稳定的不很活跃的部分，由腐殖质组成，即第四章中提到的“腐殖质资本”（humus capital）。这个库不易腐烂，为土壤质量的维持提供了重要的组织结构成分（Paul，1989）。

22. 土壤发育

随着时间流逝，土壤也像生物或生物群落的发育一样经历着从年轻到成熟直至衰老的过程。幼年土壤（就像幼年生物一样）迅速积累有机物，发育结构（剖面）如图 5-13 所示。等达到一定稳定状态（长期的得失平衡）时，就达到成熟期。在良好基质上，从母质最初暴露起（时间为 0），这个时期至少要经过 100 ~ 2000 年方能达到，取决于气候、植被和其他条件（Hall 等，1982）。当然，薄层土（岩石、沙石或其他有限层面上的浅土）的发育非常缓慢。随着土壤年龄的增加（几千年后），营养物的淋溶速度将大于积累速度，而且土壤中形成不透层（硬质地层），阻止根、空气和水分的穿透。从农业的角度而言，土壤在发育早期较为肥沃，当有机物积累到一定程度并发生结构发育时，但在过于风化和限制层发育之前，土壤肥力潜力达到最大。

23. 主要的土壤类型

表 5-1 中列举了土壤学家目前划分的 10 种主要土壤类型（纲）。这些土壤类型是按照其在陆地上的分布百分比顺序排列的，为了便于比较，表中列出它们在美国陆地上所占的分布百分比。新成土是最年幼的土壤，老成土是高度风化的土壤。淋溶土（中度风化的森林土壤）和松软土（草地土壤）是最好的农业土壤。这些土壤在全世界仅占陆地面积的 24%，而在美国大陆约占 38%。美国的沙漠和风化热带土壤面积（旱成土和氧化土）比世界平均水平小。事实上，世界上 3/4 的土壤不适宜集约化耕作，除非像第四章中讨论世界食品危机时所提到的那样，用肥料和水分对土壤进行深度改良。

24. 土壤位移：自然与人类的促进作用

由水和风引起的土壤侵蚀的自然速率总是很慢的，特大洪水、冰川运动、火山爆发、彗星作用（可能的话）和其他周期性的突发事件才会导致土壤的阶段性重大位移。土壤损失快于新土壤形成的地方通常会发生产量下降和其他不利影响。土壤堆积过多的地方也可能产生负面影响，就像第一章中提到的伊

表 5-1 世界主要土壤类型在全球和美国的分布状况

	占土地面积的百分比	
土壤类型	世界	美国
旱成土（沙漠土壤）	19.2	11.5
新开发土（轻度发育的土壤）	15.8	18.2
淋溶土（中度风化的森林土壤）*	14.7	13.4
新成土（新近的土壤，土层未发育）	12.5	7.9
氧化土（热带土壤）	9.2	0.02
松软土（草地土壤）*	9.0	24.6
老成土（高度风化的森林土壤）	8.5	12.9
灰土（北方针叶林土壤）	5.4	5.1
变性土（可膨胀的黏土土壤）	2.1	1.0
有机土（有机土壤）	0.8	0.5
其他各种土壤（陡坡等）	2.3	4.88
总计	100.0	100.0

数据来自 Steila，1976 和 USDA，1975。

* 淋溶土和松软土是最好的农业土壤；它们总共占全世界陆地面积的 24%左右，占美国陆地面积 38%左右。

利诺伊河的例子。但是，如同已提到的那样，当土壤从山上冲刷到山谷和三角洲，或因风的作用而在大草原上沉积，会提高土壤的肥力。如同许多自然过程一样，人类倾向于加速土壤侵蚀，最终导致长期的不利后果。

20 世纪 30 年代，美国政府成立了土壤保持局（Soil Conservation Service, SCS），与成千上万英亩农场和森林地的土壤侵蚀做斗争。几乎与此同时，西部平原正遭受“尘暴”而蒙受重大损失。该项目是为了保护土壤而发展起来的，成了政府如何通过民主为公众利益服务的一个出色范例。华盛顿特区的联邦政府、各州的州政府以及获得政府拨给土地的大学和郡县之间建立了紧密联系。华盛顿联邦政府提供经费，大学致力于研究，但由当地政府做出决定，郡县政府直接与土地拥有者一起工作。通过修筑梯田、水道边种草、建造河边森林缓冲带（Lowrance 等，1984）、作物轮作和其他措施，同时努力提高农民经济状况和教育程度，从而阻止了土地损失的浪潮，**土壤保护道德准则**（soil conservation ethic）普遍为农民和其他土地拥有者所接受。

可能部分是由于 SCS 的成功，SCS 在国会和各州得到了极高的支持率，导致了其内部的官僚作风日益泛滥（比如对真正的需求漠不关心），并且将其活动范围扩张到其他领域，如开辟河道和修筑大坝（图 5-14），这些做法在土壤保护中的价值令人怀疑。而后，由于两种新的趋势，在 20 世纪 70 年代土壤侵蚀忽然间重新成为迫在眉睫的全国问题。其一是农业的工业化，强调经济作物应作为销售的商品而不是食物，尤其是在海外市场。不幸的是，当农场严格按照商业运作时，公司或其他外地拥有者是以长期的肥力和生产力为代价来达到最大的短期作物产量。其二是城市的扩张，公路和住宅在乡村如雨后春笋般地发展，甚至几乎全然不顾土壤和优良农场地的损失。

(A)

(B)

图 5-14　（A）昂贵的大坝在建成后的短短几年内，由于泥沙严重淤积而被迫废弃的水库。虽然侵蚀原因归结于流域火灾和“异常”大雨，但是对这个植被稀疏流域进行生态系统水平上的研究表明，这不是个适合建坝的地方。（B）建设写字楼中发生的不可挽救的土壤侵蚀。农民未来的利益有赖于土壤侵蚀的减少；除非发展商因图中所示的破坏而被巨额罚款，否则他们不会有保护土壤的积极动机（照片由土壤保持局提供）。

当时迫切需要抵制这两种主要土地利用变化的不利影响，重新建立土壤保护道德准则，这在政府报告（如：环境质量委员会，1981）和非官方保护团体评估报告中得到了充分体现（Batie 和 Healy，1983；Batie，1983；Clark 等，1985）。土壤保持局认为，土壤每年损失的最大“耐受量”，肥沃的深层土壤是 5 吨/英亩，贫瘠的浅层土壤是 2 吨/英亩。根据前文引用的调查结果看，爱荷华州和伊利诺伊州的良田中，有一半每年正以 10~20 吨/英亩的速度在流失土壤，美国所有农场中有 1/4 正以高于最大“耐受量”的速率流失土壤。如此而言，1 英亩的 6 英寸表层良土（约为耕作深度）重约 1000 吨，1 英亩 1 英寸深的土壤约为 167 吨。每年每英亩丢失 10 吨土壤将导致每 17 年丢失 1 英寸表层土——其损失速度远大于任何形式的土壤形成速率。兰代尔等（Langdale 等，1979）估计，表层土每损失 1 英寸，作物产量至少下降 10%。虽然城市和郊区建设导致的土壤损失通常是短期的，但后果更为糟糕（图 5-14B）。每英亩损失 40 吨土壤的例子已很常见，个别地方已创下了每英亩损失 100 吨土壤的极端纪录（Clark 等，1985）。

当然，由于当地的土地滥用导致的土壤侵蚀已不是什么新鲜事了。通过对历史的粗略研究即可发现，土地滥用和由此引起的表层土损失已导致许多历代文明的衰落（Cater 和 Dale，1974）。新出现的情况是，由于市场压力、人口增长及大型高功率机械的使用，导致土壤流失速率的加快和土壤受干扰范围的扩大；有毒的农业和工业化学物质随着位移的土壤流向下游或低谷地区。如果照目前土壤损失的趋势发展，我们从更少的土地上获取更多食物的需求和愿望是不可能实现的。

25. 可持续耕作

可喜的是，全世界都认识到了当前维生土壤所受威胁的严重性。逐渐增加土壤肥力而不是使土壤枯竭的新式耕作方法正被迅速地投入使用。**保护性耕作**（conservation tillage；又称**作物残余管理**，residue management）便是其中一例，即土壤保持在任何时候都有植被或作物残余层覆盖，并且减少耕作（**有限耕作**，limited till）或完全限制耕作（**免耕**，no-till）。图 5-15 所示的就是这种方法。保护性耕作不仅能够极大地减少土壤侵蚀，甚至完全可以阻止侵蚀（Langdale 等，1991），而且还能提高土壤质量，其持续性产量不亚于传统耕作。水分和肥料在土壤中的滞留时间延长了，水分和杀虫剂的流失减少了。频繁的翻地和重型机械对土壤的压实操作减少了对土地的干扰，促进了自然土壤生物的作用及其对土壤的改造过程。最初，人们认为在免耕的情况下，必须使用更多的除草剂来控制杂草，在一些情况下也确有其事；但最近的田间实验表明事实并非需要如此。欲更多地了解有关保护性耕作方面的资料，请参见 Phillips 等（1980）和 Gebhardt 等（1985）的综述和 Little（1987）的著述。

图 5-15 爱荷华州保护性耕作的例子。上一年的残留作物覆盖在地面上而不翻耕，第二年直接在上面种植大豆（免耕系统）（照片由土壤保持局提供）。

放弃使用翻土犁板（交换表层土与深层土的器械）并不是一种新主意。1943 年，福克纳（Edward H. Faulkner）在免耕田间实验的基础上出版了一本小册子——《庄稼汉的愚行》（*Plowman's Folly*）。在从事多年的农业顾问和农业指导教师的工作基础上，他认为翻地没有其科学依据，并在俄亥俄州他自己的农场中证实了这个观点。那时福克纳的方法与传统耕作截然不同，但与现今被广为接受为未来浪潮的耕作过程有着惊人的相似之处（Sidey，1992）。

最终，土壤系统的命运取决于社会意识干预市场的意愿及阻止市场为掠取短期的经济利益而破坏土壤的行为，土壤质量和肥力从而得以长期维持。在这方面已有可行的技术，该技术还将随着农业生态学研究的深入而得到改进。土壤可以再造，但保护土壤总是更为便宜。

采矿常常是一个被忽略的且没有规章制约的破坏行为，是导致土地恶化和土壤侵蚀的原因。据估计，由于采矿而从土地中流失的物质多于所有的自然侵蚀作用（Young，1992）。这种损失在发展中国家尤为严重，这些国家所开采的矿物占世界矿物供应的大部分，但它们自己使用的却很少。结果，通常是，发达国家愈来愈发达，而发展中国家不仅得不到应有的经济回报，而且还要遭受不应有的环境破坏。这就是为什么欠发达国家有许多“铜山”存在的原因（见第三章的图 3-12）。

世界范围内的土地退化

按照有植被土地退化的百分比来计算，1992 年的土地退化情况如下：全世界为 17%；欧洲为 23%；亚洲为 20%；南美洲为 14%；北美洲为 5%（世界资源研究所，1992—1993）。这些数据是否包括了由于采矿而引起的土地毁坏尚不得知。在亚洲和南美洲，破坏森林是土壤流失的主要原因，但在北美洲不是。然而，如果北美洲为了短期的经济利益，不阻止目前这种大肆破坏森林的行为，那么砍伐森林将很快成为土壤流失的一个主要因素。所有这些数据都表明，长期以来欧洲和亚洲的土地集约化使用是土地退化的主要原因。我建议，美洲有机会和义务来表明如何阻止在这些地区由于土地利用加剧而导致的土地退化。

26. 有毒废物：工业社会的祸根

我们的生命支持系统具有从周期性的短期干扰（如风暴、火灾、污染事件或收获）中恢复过来的顽强能力，因为生物和生态系统过程已经适应了地质年代和人类史中正在发生和已经发生的自然干扰。事实上，有的生物需要周期性的干扰来保持其长远的生存，如我们曾经讨论过的适火植被。然而，近来人为干扰在其强度和地域上都在迅速扩展，尤其是新的化学有毒物，如杀虫剂和放射性物质在环境中被大范围地使用。一份 1980 年的新闻期刊（*Time*，1980 年 9 月 22 日）在标题新闻“美洲的毒化”中综述的有毒废物状况如下：

在人类对自然秩序的干预中，最惊人的莫过于对化合物的创造了。通过人类的天赋，仅仅在美国，现代炼丹家们每年要研制出多达 1 000 种的调和物。据最近调查，市场上约有 50 000 种化学品。的确，其中有许多化学物质对人类有益——但经美国环境保护署分类鉴别，在美国使用的近 35 000 种化学品对人类健康存在着明显或潜在的危害。

附带说一句，“潜在的危害”应该包括对生命维持过程的危害，因为这将间接地危害人类的健康。

高浓度放射性废物从其产生开始就受到了严格的控制，对工业有毒废物的处理直到最近还被认为是商业的“**外部效应**”，没有受到特别关注。废弃物被扔在有毒的废物堆中（图 5-16），或是堆在哪个看不见的地方，直到当地发生几件灾难性的事件，才能引起公众的注意。纽约州的洛夫运河（Love Canal）事件曾被广泛报道，说的是一幢建筑在当地废物堆上的住宅由于住户的健康受到严重威胁而被迫废弃。还有一件事，十氯酮污染了弗吉尼亚州的一大段詹姆斯河（James River），并使工厂中制造该杀虫剂的工人中毒。（河流已得到恢复，但有些工人却没有恢复过来。）还有一个广为人知的事件，即密苏里州的整个镇被迫废弃，原因是用于铺路的物质中含有致命毒性的二噁英。采矿和熔炼，还有上一节中提到的将废物埋入地下和土壤中，是有毒废物的主要来源，远远超过垃圾填埋场的有毒废物（Young，1992）。

图 5-16　（A）一个露天的垃圾堆场，这样的垃圾堆在美国和加拿大已被禁止，但在其他许多国家中仍是非常普遍（照片由土壤保持局提供）。（B）一个有毒废物堆（照片由美国环境保护署提供）。我们无法容忍这种废物处理方式。现在，全球必须最优先重视与高科技废物管理和废物再循环相结合的废物减量方法。

野生生物-人类的联系：由化学物质诱导的内分泌功能失调

大量人工合成的类激素、碳基化合物正被泄漏到环境中（伴随有少量天然物质），它们潜在地破坏着包括人类在内的动物的内分泌系统。其中有难以降解的、具生物积累效应的有机卤素（包括一些杀虫剂），许多工业塑料和其他产物（HCBs、RCBs、二噁英、酚类）及一些金属（镉、铅和汞）。许多野生生物种群已经受到影响，包括鸟类、哺乳动物、龟类和短吻鳄。室内实验和野外观察都发现，非正常和破坏性的行为及繁殖下降现象都被认为是与上述这些化学物质在它们体内的含量有关。人类精子数量的下降及某些癌症的患病率增加也被怀疑是某些化学物质给人类健康所带来的后果。（欲知更多这方面危害的资料，请参见 Colborn 等，1996。）像 DDT 和 CFCs 这样的化学物质，我们预计会有更多的反对意见和新规章来限制使用它们，人类能竭力找到更为安全的替代物质。

可能最大的危险和潜在威胁还是地下水的污染，尤其是为城市、工业和农业提供大部分用水的深层含水层（Pye 和 Patrick，1983）。由于地下水中几乎没有分解细菌，也不暴露在阳光、强力水流或任何地表水的自然净化过程中，所以一旦地下水受到污染，就很难甚至不可能得以净化。工业中心地区的城市已经不能再饮用当地含污染物的地下水；它们必须以高昂的代价从远处引水——这是另一个案例，即非市场化的维生价值正变成一项开支费用，而非市场经济的收益。

27. 原料减量和成本内在化

这些因涉及有毒废物而引起的广为人知的事件和恶化状况已引起姗姗来迟的公众诉求。人们希望通过工业界和政府共同努力，首先，清理最糟糕的垃圾堆，其次，发展废物还原和废物去毒化技术。下一步是寻找大多数有毒化合物的替代物，以减少需特殊处理的物质的输出量。最关键的是废物管理的成本要“内在化”，即要成为生产总成本的一部分。一旦解决了这个问题，市场压力将会刺激工业通过减少使用处理昂贵的有毒危险物质，以便降低其生产成本。这样，经济刺激因素就可以替代许多累赘的条例。我们很乐观地看到，公众意识将很快要求促进成本内在化所需的受条例刺激的基础建设能够被纳入正轨。

绿色净化

众所周知，有时，许多植物是“过度积累者”，它们耐受、吸收和百倍地浓集有毒金属物质，如铅、镍和汞。据推测，该能力具有自然选择的优势，有毒离子的高浓度阻止了毛毛虫或其他食草动物对这种植物的食用。近几年来，繁殖和应用生物工程来繁殖这些植物，用它们来净化被金属和其他有毒物质污染的土壤和水体的做法引起了人们的广泛关注。这个新兴的领域即所谓的“植物修复”或“生物修复”，或是通常所说的“绿色净化”。

常见的粉绿狐尾藻（*Myriophyll*），一些芸薹属（*Brassica*）植物和菥蓂属（*Thlaspi*）植物都具有较强的植物修复能力（Brown，1995）。遗传学家将一种细菌积累基因移植到小型水生植物拟南芥（*Arabidopsis*）体中以提高其挥发汞的能力，从而去除水中的汞，将其挥发到空气中去。这些技术在小范围受污染程度高的地区很有效，但它们不应是倾卸或堆积有毒物质的替代手段。

28. 辅助-胁迫模型

任何一项社会文明都会对自然环境产生综合影响。人类在改善环境的同时也破坏了环境。通常这是一个尺度的问题。低层次的人为干扰活动通常增强了生态系统的反馈能力，但高层次上的却会起破坏作用。例如，良好的农业耕作和林业管理改善了我们的景观，但在大范围单一耕作中使用大剂量的肥料和杀虫剂则会对景观起到破坏和毒害作用（物极必反）。少量的热或二氧化碳或磷如果在其自然条件的极限内，则能提高水体的生产力，但这些物质的大量输入则会明显地抑制其基本功能，反过来会影响某些物种的营养和生存。

这样的“辅助-胁迫梯度”可用图 5-17 中假设的“行为曲线”来解释，x 轴标注的是某种干扰不断增加的强度，y 轴标注的是某种指定的功能速率的反应。如果干扰输入中含有可利用的资源或能量，那么就可以用一根凸状或“驼背”行为曲线来模拟系统的反应（图 5-17 中的上方曲线）。如果干扰中含有毒性物质，或者以某种方式产生破坏力，那么系统行为就可能受到抑制——可能在某一点上，该群落被一个由耐受性物种组成的新群落所替代，或最终在某一点上该地区内的生物种群严重衰落，甚至完全灭绝（图 5-17 的下方曲线）。

当达到或超过最大行为平台期时，从理论上说，相对差异也会迅速上升。因此，不仅要注意到由于干扰所引起的偏差，还要考虑到与递增差异性相关的

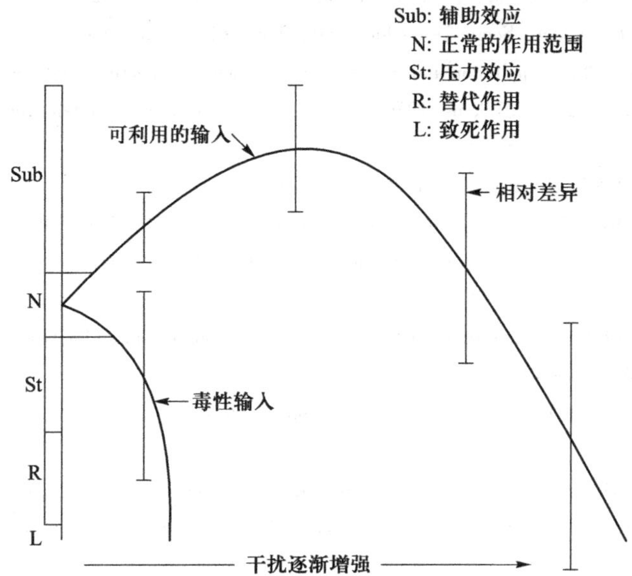

图 5-17 一个受干扰生态系统在两种干扰输入的情况下所产生的假设行为曲线。曲线模拟了由于输入干扰强度不断增加所产生的输出反应变化（由合适的系统或功能成分速率测定）。

稳定性下降的可能性。全球变暖导致了气候变化加剧即是一例（欲更多地了解辅助-胁迫模型，见 Odum 等，1979）。

推荐读物

Abrahamson, W. G. 1984. Fire: Smokey Bear is wrong. *BioScience* 34: 179-180.

Agarwal, A. 1979. Why the world's deserts are still spreading. *Nature* 277: 167-168.

* Altieri, M. A. 1987. *Agroecology: The Scientific Basis of Alternative Agriculture*. Westview Press, Boulder, CO. (Traditional agricultural systems are described on pp. 41-59.)

* Batie, S. S. 1983. *Soil Erosion: Crisis in America's Croplands?* The Conservation Foundation, Washington, D. C.

* Batie, S. S., and R. G. Healy. 1983. The future of American agriculture. *Sci. Am.* 248 (2): 45-53.

Berner, E. K., and R. A. Berner. 1987. *The Global Water Cycle*. Prentice-Hall, Englewood Cliffs, NJ.

Blaikie, P. M., and H. Brookfield. 1987. *Land Degradation and Society*. Chapman and Hall, New York.

* Bloom, A. J., F. S. Chapin Ⅲ, and H. A. Mooney. 1985. Resource limitation in plants—an economic analogy. *Annu. Rev. Ecol. Syst.* 16: 363-392.

Bolin, B. 1970. The carbon cycle. *Sci. Am.* 223 (3): 124-132.

Bolin, B., B. R. Doos, J. Jager, and R. A. Warrick, eds. 1986. *The Greenhouse Effect: Climate Change and Ecosystems.* Scope 29, Chichester; John Wiley, New York.

Bormann, F. H. 1985. Air pollution and forests: An ecosystem perspective. *BioScience* 35: 434-441.

Bormann, F. H., and G. E. Likens. 1970. The nutrient cycles of an ecosystem. *Sci. Am.* 223 (4): 92-101.

* Brown, K. S. 1995. The green clean. *BioScience* 45: 579-582.

Bryson, R. A. 1974. A perspective on climatic change. *Science* 184: 753-760. (An early warning that atmospheric values such as turbidity and carbon dioxide are being altered by human activities.)

Bullock, T. H. 1955. Compensation for temperature in the metabolism and activity of poikilotherms. *Biol. Rev.* 30: 311-342.

* Carter, V. G., and T. Dale. 1974. *Topsoil and Civilization.* University of Oklahoma Press, Norman.

Chaboussou, F. 1986. How pesticides increase pests. *Ecologist* 16 (1): 29-35. (Pesticides sometimes derange plant metabolism, making the plants more vulnerable to disease and infestations.)

* Clark, E. H., J. A. Haverkamp, and W. Chapman. 1985. *Eroding Soils: The Off-Farm Impacts.* The Conservation Foundation, Washington, D. C.

* Clausen, J. C., D. D. Keck, and W. M. Hiesey. 1948. Experimental studies on the nature of species, Ⅲ. Environmental responses to climatic races of *Achillea*. Carnegie Institution of Washington Publication 581: 1-129.

* Colborn, T., D. Dumandski, and J. P. Meyers. 1996. *Our Stolen Future: Are We Threatening Our Fertility and Survival—A Detective Story*. Dutton (Penguin Books), New York.

* Coleman, D. C., and D. A. Crossley. 1996. *Fundamentals of Soil Ecology*. Academic Press, New York.

* Cooper, C. F. 1961. The ecology of fire. *Sci. Am.* 204 (4): 150-160.

* Council on Environmental Quality. 1981. *Environmental Quality*. 12th annual report. U. S. Government Printing Office, Washington, D. C.

Deevey, E. S. 1970. Mineral cycles. *Sci. Am.* 223 (3): 148-158.

Delwiche, C. C. 1970. The nitrogen cycle. *Sci. Am.* 223 (3): 136-146.

* Ehrlich, P. R., and 19 coauthors. 1983. Long-term biological consequences of nuclear war. *Science* 222: 1293-1300.

* Faulkner, E. H. 1943. *Plowman's Folly*. University of Oklahoma Press, Norman.

Frieden, E. 1972. The chemical elements of life. *Sci. Am.* 227 (1): 52-60.

* Gardner, C. 1995. From oasis to mirage: The aquifers that won't replenish. *Worldwatch* 8 (3): 30-36.

* Gates, D. G. 1993. *Climate Change and Its Biological Consequences*. Sinauer Associates, Sunderland, MA. (A thorough discussion of the greenhouse effect, climates of the past, and the projected global temperature rise and what it will mean for our ecosystems, particularly in temperate regions of the Northern Hemisphere.)

* Gebhardt, M. R., T. C. Daniel, E. E. Schweizer, and R. R. Allmaras. 1985. Conservation tillage. *Science* 230: 625-630.

* Gliessman, S. R., E. P. Garcia, and A. M. Amador. 1981. The ecological basis for the application of traditional agricultural technology in the management of tropical agroecosystems. *Agroecosystems* 7: 173-185.

* Haagen-Smit, A. J., E. F. Darley, E. F. Zaitlin, M. Hulland, and W. Noble. 1952. Investigation of injury to plants by air pollution in the Los Angeles area. *Plant Physiol* 27: 18-34.

* Hall, G. F., R. B. Daniels, and J. E. Foss. 1982. Rate of soil formation and renewal in the USA. Chapter 3 in *Determinants of Soil Loss Tolerance*. ASA Special Publication no. 45. American Society of Agronomy: Soil Science Society of America, Madison, WI.

* Hall, J. V., A. M. Winer, M. T. Kleiman, F. W. Lurmann, V. Brajer, and S. D. Colome. 1992. Valuing the health benefits of clean air. *Science* 255: 812-816.

Harris, T. 1991. *Death of a Marsh*. Island Press, Covalo, CO. (Selenium poisoning in the Kesterson National Wildife Refuge and 43 other sites in 15 western states.)

Hobbie, J., J. Cole, J. Dungan, R. A. Houghton, and B. Peterson. 1984. Role of biota in global CO_2 balance: The controversy. *BioScience* 34: 492-498.

Holden, P. W. 1986. *Pesticides and Groundwater Quality*. National Academy Press, Washington, D. C. (Between 1960 and 1980, nitrate concentration increased threefold in Big Spring water that drains 100 square miles of Iowa farmland. Unusually clear-cut case of contamination of groundwater by agricultural chemicals.)

Houghton, R. A. 1987. Terrestrial metabolism and atmospheric CO_2 concentrations. *BioScience* 37: 672-678.

* Hutchinson, G. E. 1944. Nitrogen and the biogeochemistry of the atmosphere. *Am. Sci.* 32: 178-195.

* Hutchinson, G. E. 1950. Survey of contemporary knowledge of biogeochemistry. *Bull. Am. Mus. Nat. Hist.* 95: 554.

Jackson, W. 1987. *Altars of Unhewn Stone*. North Point Press, San Francisco. (Jackson practices as well as writes about ecological agriculture at his Land Institute in Kansas. "Unhewn stone" is an Old Testament metaphor.)

Jenny, H. 1980. *The Soil Resource: Origin and Behavior*. Ecological Studies, vol. 37. Springer-Verlag, New York.

* Jordan, C. F. 1982. Amazon rain forests. *Am. Sci.* 70: 394-401.

* Jordan, C. F. 1985. *Nutrient Cycling in Tropical Forest Ecosystems: Principles and Their Application in Management and Conservation*. Wiley, New York.

Kellogg, W. W., R. D. Cadle, E. R. Allen, A. L. Lazarus, and E. A. Martell. 1972. The sulfur cycle. *Science* 175: 587-596. (Discharges from industrial regions are overwhelming natural removal processes.)

* Kerr, R. A. 1995. Study unveils climate cooling caused by pollutant haze. *Science* 268: 802.

* Kitchell, J. F., R. V. O' Neill, P. Webb, G. W. Gallepp, S. M. Bartell, J. F. Koonee, and B. S. Ausnais. 1979. Consumer regulation of nutrient cycling. *BioScience* 29: 28-33.

* Kneese, A. V. 1984. *Measuring the Benefits of Clean Air and Water*. Resources for the Future, Washington, D. C.

* Langdale, G. W., A. R. Barnett, R. A. Leonard, and W. E. Fleming. 1979. Reduction of soil erosion by the no-till system in the southern Piedmont. *Trans. Am. Soc. Agric. Engr*. 22: 83-86.

* Langdale, G. W., W. C. Mills, and A. W. Thomas. 1992. Use of conservation tillage to retard erosive effects of large storms. *J. Soil Water Conserv*. 47 (3): 157-160. (Areas under conservation tillage suffered no soil loss during heavy rainfall events.)

* Little, C. E. 1987. *Green Fields Forever: The Conservation Tillage Revolution in America* Island Press, Washington, D. C.

* Lowrance, R., R. Todd, J. Fail, O. Hendrickson, R. Leonard, and L. Asmussen. 1984. Riparian forests as nutrient filters in agricultural watersheds. *BioScience* 34: 374-377.

* Morell, V. 1996. Setting a biological stopwatch. *Science* 271: 905-906.

* Oberle, M. 1969. Forest fires: Suppression policy has its ecological drawbacks. *Science* 165: 568-571. (Fighting fire with fire.)

* Odum, E. P., J. T. Finn, and E. H. Franz. 1979. Perturbation theory and the subsidy-stress gradient. *BioScience* 29: 349-352.

* Opie, J. 1993. *Ogallala Water for a Dry Land*. University of Nebraska Press, Lincoln. (See also *Time*, May 1982, pp. 98-99.)

* Paul, E. A. 1989. Soils as components and controllers of ecosystem processes. Chapter 15 in *Towards a More Exacting Ecology*, ed. P. J. Grubb and J. B. Whittacker, pp. 353-374. Blackwell Scientific Publications, Oxford.

* Phillips, R. E., R. L. Blevins, G. W. Thomas, W. Frye, and S. H. Phillips. 1980. No-tillage agriculture. *Science* 208: 1108-1113. (The authors are the modernday pioneers in plowless agricultural research.)

Pye, V. I., and R. Patrick. 1983. Ground water contamination in the United States. *Science* 221: 713-718.

* Reich, P. B., and R. G. Amundson. 1985. Ambient levels of ozone reduce net photosynthesis in tree and crop species. *Science* 230: 566-570.

Richards, B. N. 1974. *Introduction to the Soil Ecosystem*. Longman, New York. (Revised in 1987 under the title *The Microbiology of Terrestrial Ecosystems*.)

* Sanford, R. L. 1987. Apogeotropic roots in an Amazon rain forest. *Science* 235: 1062-1064.

Schindler, D. W. 1977. Evolution of phosphorus limitation in lakes. *Science* 195: 260-262. (Nitrogen deficiency can be "self-corrected" by nitrogen fixation, but not so for phosphorus, which is thus the limiting nutrient in the long term.)

* Sidey, H. 1992. Revolution on the farm. *Time* 139 (26): 54-56. (The plow is being replaced by new technologies of residue management-no-till, crop rotation, and herbicides that break down quickly—that protect the land and promise even more abundant crops.)

* Soil Science Society of America. 1994. *Defining and Assessing Soil Quality*. SSSA special publication no. 35. Soil Science Society of America, Madison, WI.

* Spencer, D. F., S. B. Alpert, and H. H. Gilman. 1986. Cool water: Demonstration of a clean

and efficient new coal technology. *Science* 232: 609-612.

* Steila, D. 1976. *The Geography of Soils*. Prentice-Hall, Englewood Cliffs, NJ.

Svensson, B. H., and R. Soderlund, eds. 1976. *Nitrogen, Phosphorus and Sulfur: Global Cycles*. Ecological Bulletins, 22. Royal Swedish Academy of Sciences, Stockholm.

Turco, R. P. et al. 1983. Nuclear winter: Global consequences of multiple nuclear explosions. *Science* 222: 1283-1292.

United States Department of Agriculture Soil Conservation Services. 1975. *Soil Taxonomy*. Agriculture Handbook no. 436. U. S. Government Printing Office, Washington, D. C.

* Vernadsky, W. I. 1945. The biosphere and the noösphere. *Am. Sci.* 33: 1-12. (Vernadsky's book, *The Biosphere*, was first published in Russian in 1926.)

* Watson, V. J., O. L. Loucks, and W. Wright. 1981. The impact of urbanization on seasonal hydrologic and nutrient budgets of a small North American water-shed. *Hydrobiologia* 77: 87-96.

Winfree, A. T. 1987. *The Timing of Biological Clocks*. Scientific American Library, no. 19. Scientific American Books, New York.

Worster, D. 1985. *Rivers of Empire: Water, Aridity, and the Growth of the American West*. Oxford University Press, New York. (A history of the impact of irrigation in arid lands.)

Young, J. E. 1992. *Mining the Earth*. Worldwatch Paper no. 109. Worldwatch Institute, Washington, D. C.

* 代表本章中引用的参考文献。

第六章

种群和群落生态学

现在，我们回到生态学中的生物学内容，即生物与生物之间的相互作用。到目前为止，我们已经把注意力集中于地球的物理作用力和化学作用力上了。我们已经概述了来自太阳的能量是如何流经诸如海洋、耕地和森林等生态系统的。并且，我们已经知道，化石燃料能源是如何被人类修改、补充使用并与太阳供能的生物圈发生作用的。同样，我们已经解释了物质是如何循环和再循环的，生物是如何受温度、光、营养物质及其他非生物因子限制的。我们已经强调，生物并非仅仅如象棋比赛中的兵卒一样由物理环境支配它们的所有行为活动；恰恰相反，生物（尤其是人类）会修改、改变甚至调节物理环境。

具备了这样的知识背景，现在我们准备将注意力集中于个体、种群及群落这些组织层次上来（见第二章表 2-1）。在这些层次上所发生的自然选择和遗传机制导致了物种的进化改变。了解种群是如何增长的及物种与个体之间是如何相互作用的，这有助于促进人类与为人类提供生命支持服务的生物之间的共生关系。

1. 种群增长模型

在第二章中，我们将种群定义为特定空间里同一物种的一个生物群。种群有许多特征，当我们希望比较在不同种群或不同时间点上的相同种群时，我们通常对度量下面这些特征感兴趣。它们包括：

密度(density)：单位空间中的种群大小。

出生率(natality, birth rate)：由繁殖而增加新个体的速率。

死亡率(mortality, death rate)：个体的死亡速率。

扩散(despersal)：个体迁入或迁出种群的速率。

分布(dispersion)：个体在空间上的分布方式，大体上以下三种主要模式中的一种或几种：① 随机分布（random distribution），一个个体在空间任意一点上出现的概率是相等的；② 均匀分布（uniform distribution），个体在空间上的分布要比随机分布更有规律，像在玉米田里种植的玉米；③ 成群分布（clumped distribution）（自然界中最普遍的类型），个体在空间上的分布比随机分布更没有规律，例如一丛无性繁殖的植物，一群鸟，一个城市里的人群。

年龄分布(age distribution)：种群中不同年龄个体的比例。

遗传适合度(genetic fitness) 或持续性 (persistence)：长时期内个体留下后代的概率。

种群增长率(population growth rate) ——出生、死亡及扩散的净结果，具有多种形式。图 6-1 表示了当机会出现时，种群增长的两种对照方式，例如生长季节开始时，或少数个体进入（或被引入）一个未被占据的区域，或当不能利用的资源变为可利用的资源时。为方便起见，我们将两者分别称为**J 形增长**(J-shaped growth form) 或**指数式增长**(exponential growth form) 和**S 形增长**(S-shaped growth form, sigmoid growth form)（图 6-1)。在 J 形增长形式中，种群密度是以指数形式或几何形式增长的，如 2、4、8、16、32，等等，直到种群耗尽某种资源或遇到某些其他限制为止。理论上（图 6-1，上方)，种群增长到了一定的时候是突然停止的，然后种群密度迅速下降，直至另一增长期的条件得以恢复。实际上（图 6-1，下方)，指数式增长势头通常是如此的强劲，以至于越过极限，导致了“激增-崩溃”循环。除非受到来自种群外部的调节因子的影响，不然这种种群增长形式的波动幅度将会很大。

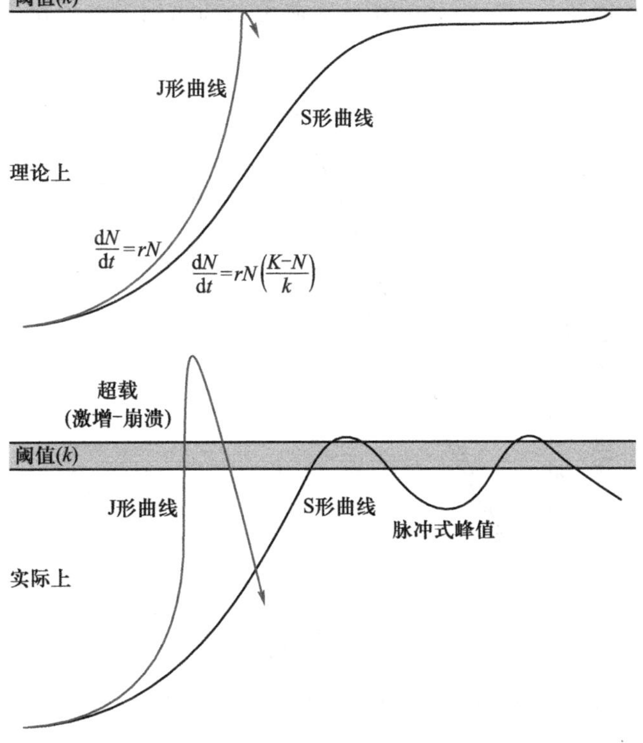

图 6-1　理论上和实际上的指数式增长（J 形曲线）和 S 形增长（S 形曲线）。

在S形增长模型中，随着种群密度的增加，种群越来越受到由拥挤造成的负反馈限制，种群增长率从而降低。从理论上讲，假如限制作用与种群密度是成线性比例的，增长形式将是一个对称的S形曲线，密度接近于并不超过上渐近线水平，K一般称为**环境容纳量**(carrying capacity)，因为它表示理论上最大的可持续种群密度。然而，在现实的世界中，种群密度通常不会稳定地停留在K值之下的某一个状态，而会在此极限的上下波动，如第三章中所讨论的一样(图3-11)，并没有生物水平上的置位点控制（此模式展示的是稳流而不是内稳态)。在没有外部干扰的情况下，当种群与环境相互协调时，波动幅度可能会随着时间逐渐减小。

图6-2中暂时无限制的J形曲线和自我限制的S形曲线是由密度对数，而不是由算术比例绘成的。这种类型的曲线称为半对数图，因为一个轴（此例中的密度轴）是对数值，而另外一个轴（此例中的时间轴）是算术值。如此的图形有这样的优点，J形增长曲线成了一条直线，它的斜率代表增长率常数。S形增长形式成了一条凸状曲线，表示了增长率如何随密度的增加而减少直至为零。任意一点上切线的斜率代表此时间点上的瞬时增长率。只要增长状况持续在半对数图上以直线形式进行，那就可以将它称之为指数式(exponential)增长。(图6-1和图6-2所表示的不同方程将在以下部分予以说明。)

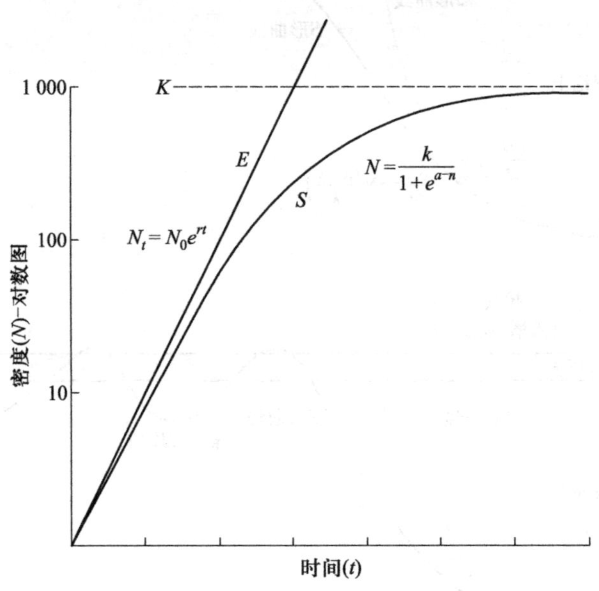

图6-2　由半对数曲线绘成的指数式增长曲线和S形增长曲线（密度取对数值，时间取算术值)。

很显然，无论是一个种群还是类似人类社会的燃料消耗量，指数式增长是难以长久持续的，免不了会面临增长过剩的危险。因为随着时间的加倍，种群增长变得越来越快速。假如一棵树上的一个食叶昆虫种群以每个月10倍的速率指数式增长，两个月后可能只有100个个体，但是四个月后就有10 000个个体，足以吃光所有树叶（这种脱叶方式在自然界中的确存在，我们将在以下章节中表述）。图6-1和图6-2中的J形和S形增长形式代表快速增长与慢速增长的极端模型。大多数种群表现出中等增长速率或者几种增长模式的综合。具有复杂生活史的动物如具有幼虫-蛹-成虫阶段的昆虫，其增长曲线经常呈现阶梯状的增长形式。

图6-3表示了三种与种群密度有关的种群增长类型。有自我限制能力的种群，种群增长的速率随其密度的增加而降低，这样的种群增长状况被称为**逆密度制约**(inversely density-dependent)。其他种群或多或少无限制增长直到受其外部作用力的控制，这样的种群被称为是**非密度制约**(density-independent)的。当缺乏外部因子（如捕食者、食物供应、物理因子）的制约时，这样物种的密度易产生强烈的振荡，而且可能会成为前面已经提到过对人类有严重危害的生物。我们也许能将“有害生物”定义为：当生态系统内部缺乏控制或控制被破坏时，能够指数式增长的机会主义者。我们在第二章中已经讨论过引入的昆虫和其他有害动物的案例了。

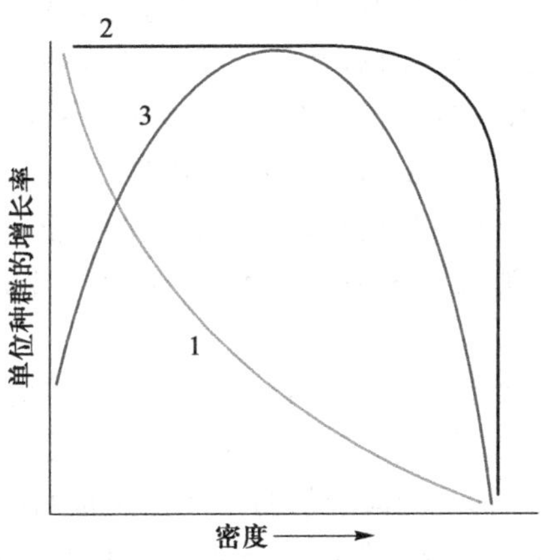

图6-3 与种群密度有关的三种种群增长率格局。曲线1，种群增长率随着种群密度的增加而下降（自我限制或逆密度制约类型）；曲线2，种群增长率一直保持高水平，直到种群密度变得很高和种群外部因子成了制约因素时才下降（非密度制约类型）；曲线3，种群增长率在种群中等密度时达到最高（阿利增长型）。

密度与增长率之间的关系还有第三种类型。在一些社会性动物和群聚性植物中，中等密度时的增长率要大于低密度或高密度时；换句话说，“密度太低”和“过度拥挤”都会限制种群密度的增长率。这种增长模型称之为**阿利增长型**

(Allee growth form)，是在已逝的阿利（W. C. Allee）于1951年出版的《与人类有关的动物间合作》（*Cooperation among Animals, with Human Implications*）一书中，作者总结了他一生中对动物社会生活的实验研究而得出的种群增长形式。集群筑巢的海鸥就是很好的例子：群巢栖息密度相对较高时，每对海鸥繁殖的幼体数量要高于仅有几对或严重拥挤时的繁殖数量。配对形成和幼体看护所必需的行为模式明显受到邻近存在个体的激发和促进。牡蛎礁也是一样，当局部的密度处于中等时，牡蛎的生长较成功，但其原因不同。牡蛎的生活史从能自由游动的浮游幼体开始，幼体必须栖居于硬基质，再发育成双壳类的成体。有大量老牡蛎的地方，它们的壳能为幼体提供良好的栖居基质。假如收获太多的牡蛎，牡蛎群体的再增长因为缺乏硬基质而减慢（或不可能发生）。

某些动物种类以周期性**种群剧增**（population irruption）或**种群爆发**（population outbreak）而著名，即有规律的几乎是可预测的种群多度的周期性繁盛与衰落循环。北极旅鼠（arctic lemmings），一种像小鼠一样的小型啮齿动物，其种群大约每四年爆发一次。达到它们多度数量高峰时，不计其数的旅鼠出现于苔原景观；而一年以后却仅有极少数旅鼠存活下来。也许最著名的例子是白靴兔（snowshoe hare）和加拿大猞猁（Canadian lynx），由毛皮收购记录所揭示，两者大约都在每隔11年的同一时间达到其多度顶峰。资料保存完好的例子还有食针叶毛虫（蛾类的幼虫），它们在1880—1940年间于德国的纯松木林里每隔5~10年爆发一次。云杉卷叶蛾（spruce budworms）、小蠹虫（bark beetles）、天幕毛虫（tent caterpillars）及北美松鸡（grouse）的种群剧增周期大约是10年或十余年时间。在欧亚大陆，周期性成群迁飞的蝗虫，其数量足以能在几个小时之内消灭所有庄稼，使之成为一片荒芜之地（Carpenter，1940）。

像这样的种群剧增和种群爆发常常发生在因严酷的自然限制因子（如在北极）或因人类干预而被简化的生物群落中（每一个营养级水平上只有少数几个物种），这两个原因都是趋向于削弱反馈控制机制的。生态学家对此有不同的意见，即这种不稳定性究竟是由于外部节律还是由种群内部起作用的生物调节因子引起的？说法不一。至于天幕毛虫和叶蛾，广泛的实验研究没能发现其在北方森林里的繁盛和衰落循环与物理环境因子有什么关联。最近的资料表明，特种病毒涉及繁盛与衰落的世代交替。在最近的评论中，迈尔斯（Meyers，1993）提出“这些昆虫经过多年的进化，看起来已经是适应了，其种群爆发保证不会完全破坏其宿主树木”，树木很快从周期性的脱叶中恢复过来。如果这是真的，那么在其种群爆发时，通过喷洒杀虫剂来“控制”昆虫就是多此一举了。

过犹不及

阿利理论也适用于人类状况。一般来讲，聚集在城镇对我们这种高度社会性的物种来说是有益的。但如海鸥群一样，城市可能会变得太大和太拥挤，从而影响它们自己的利益，并且若它们如此发展，受益递减将出现。对一个城市来说，这种收益递减可能是污染、噪声、犯罪活动的增加和高额税款。

2. *r*–选择和 *K*–选择

学过微积分的读者会发现图 6–1 中所提供的 S 形增长和指数式增长的差分方程形式，和图 6–2 中的积分形式。这些方程的差分形式可用语言形式书写如下：

（1）增长率 = 繁殖率 r × 数量 N

（2）增长率 = 繁殖率 r × 数量 N × 自我限制因子［如（$K-N$）/K］

这些方程中有两个重要的常数 K 和 r，K 是前文提到过的环境容纳量水平上限，r 是种群在没有限制的环境中的内禀增长率。在不拥挤的环境中（如在一块荒弃庄稼田里或一个新池塘中的早期群落），自然选择压力有利于具有高繁殖潜力的物种（对后代投资很大）。相比之下，拥挤的环境（如一个成熟的森林）有利于具较低增长潜力但更能利用和竞争紧缺资源能力的生物（在成体的维持和生存上投入更多的能量）。根据增长方程中的 r 和 K 常数，这两种模式就是已知的 ***r*–选择**（*r*-selection）和 ***K*–选择**（*K*-selection）（相应物种被称为 *r*–对策者和 *K*–对策者）。

表 6–1 比较了两种草本植物的生殖对策。*r*–对策者——豚草会产生大量的草籽，其中 30% 的生物量是生殖结构（花、种子等）。相比之下，栖居森林的石芥花为 *K*–对策者，产生少量的种子，而仅将它 1% 的生物量投入到生殖结构中；为了在很阴暗的森林下生存，它必须将大量的生产量投入到非生殖结构中（茎、根和叶）。当然，我们还发现了介于 *r*–对策和 *K*–对策之间的中间对策，如第四章图 4–13 中所给出的 6 种一枝黄花的例子。

表 6–1　两种草本植物生殖对策的比较：生活在不同环境中的物种的 *r*–选择和 *K*–选择

群落和物种	单个个体的平均种子数	繁殖结构的平均干重百分比（%）
一年耕种的田地	1 190	30
豚草（*Ambrosia artemisifolia*）		
森林	24	1
石芥花或胡椒根（*Dentaria laciniata*）		

数据来源于 Newell 和 Tramer，1978。

3. 修正的环境容纳量

不管种群怎么增长，进一步增长的受益递减（规模导致的不经济）迟早都将出现。那么，我们如何来定义和评价在一个既定环境条件里维持种群大小的增长上限理论值（*K*，环境容纳量）呢？环境容纳量这个概念看来是最直接不过了，但应用于人类和具有很不同的增长形式和生活史的物种并不是件容易的事。甚至更困难的是将这一概念应用于较高的组织层次：种群、群落和生态系统。生物学家一般把环境容纳量定义为一个给定生境能支持的生物数量或生物量。典型的两个水平是：① 最大密度（maximum density）或存活密度（subsistence density），或是在生境中能竭力维持生存的个体最大数量，以及② 最适密度（optimum density）或安全密度（safe density），即在一个较低的密度下，个体在食物保障、抵抗捕食者及周期性资源波动上更为安全。根据S形增长曲线（见图6-1），*K*代表最高水平，而最适水平可能位于饱和水平与**拐点**（inflection point）*I*之间的某个地方，此处的种群增长率最高，密度是最大种群密度的1/2~2/3。

最好的动物种群环境容纳量实验研究之一是麦卡洛（McCullough，1979）做的，他以密歇根州一个以篱笆封闭的两平方英里范围内的鹿群为研究对象。因为不存在捕食作用，所以他发现鹿群的“*K*轨迹”，鹿群的数量迅速增长到最大的环境容纳量并且超过它；结果，生境由于过度啃食被破坏了，植被不再像以前一样能维持那么多鹿。为了避免这样的处境，鹿以一定的速率被除去（即实验性捕食作用），以维持鹿群在过载水平以下安全生存。在长期研究的基础上，他估计出最大环境容纳量为每平方英里90头鹿，最适环境容纳量为每平方英里50头鹿。

埃林顿的麝鼠

保罗·埃林顿是最早提出安全环境容纳量或最适环境容纳量概念的生物学家之一（Paul Errington，1946a），他尤以长期对爱荷华州淡水沼泽地的麝鼠（muskrats）和水貂（minks）的研究而著名。他观察到有些麝鼠在其取食区域附近有安全兽穴，而没有安全兽穴的麝鼠更易遭受水貂捕食。具安全兽穴的麝鼠数量表示的是安全环境容纳量，该值几乎总是小于没有捕食作用存在时食物供给所能支持的麝鼠数量。

当然，这些概念同样适用于植物和动物种群。例如，100棵松树可能可以拥挤地生长在一小块地上，但单棵松树的生长可能会受阻，死亡率可能会很高。如果通过稀疏的方法使密度减少一半，那将会提高每棵松树个体的质量，因而取得更大的经济价值。

只要每个单位（每一个体或每一重量单位）对环境有着同样的或多或少的影响，在数量和生物量的基础上来估计环境容纳量是可行的。然而，同一物种的不同个体可能对环境的影响是很不同的，例如，蝴蝶和它的幼虫。对人类来说尤其如此。我们在第四章中已经提到过，在工业化的国家里，每人消耗的能量和资源可能是贫穷国家的50倍。因此，根据给定资源-能量的基础，要维持目前生活方式，以可维持的人数来估计环境容纳量的话，工业化国家的环境容纳量是非常低的。

因为人类对其维生资源的影响显著不同，所以社会学家在他们的环境容纳量概念中增添了第二维，**利用强度**(intensity of use)。例如，William R. Catton (1987) 将环境容纳量定义为，在不降低环境的未来使用适宜性的情况下，利用环境的容量和强度。利用人数和人均利用强度这两个维度同时产生作用，且相互影响；即当利用强度上升时，可持续的使用人数就会下降，反之亦然。Catton 也建议，环境容纳量可以与利比希最小因子定律联系起来（见第五章），因为后者能提供一种估计环境容纳量上限的方法。从总体上的生态学观点来看，社会学家的环境容纳量概念更加全面，优于生物学家的单维概念，因为不只是人类，许多物种的个体影响都不尽相同。

值得注意的是，对任意一个特定种群而言，其环境容纳量不是一个常数（如增长方程中的 K），而人类种群的环境容纳量也不是无限制的。如果两个种群同时竞争同一资源，一旦除去其中一个种群，那么另一个种群的环境容纳量就可能会增加。你还可以想象到其他许多能改变增长上限的因子。

人类与环境容纳量

最适环境容纳量几乎总是小于最大环境容纳量，这是房地产开发商难以逾越的一个障碍，他们喜欢在同样大小的社区里建造过多的房产，因为通常通过增加数量要比提高质量来赚钱要快速得多。有力的分区制政策和税收调节有利于防止过量的趋势。

理论上来讲，只要输入的太阳能总量和质量保持恒定，在全球水平上，自然生态系统的环境容纳量应该近于一个常数。当生态系统变得更大更复杂，总生产量中用来维持群落生存的比例就要增加，而总生产量中用来进一步增长的那部分比例就要下降。当这些输入和输出达到平衡时，如果没有产生繁盛-衰落循环，生态系统的大小（生物量）就不会进一步增加。

4. 能量使用的最优化

分析一个生物或一个种群在各项生命活动中如何分配可获得的能量（输入能量）类似于个人财务或商业财务的成本-效益分析，效益就是适应性的提高（目前及将来物种的生存），成本是为保证将来繁殖输出所必需的能量和时间。如第四章中所讨论的，比较整个生态系统中的 P（生产量）和 R（呼吸或维持）之间的能量分配及生态系统整体净能量的概念，个体生物和它们的种群仅在它们能够获得的能量高于维持所需时才能够生长及繁殖，维持生命所需的能量经常被称为**存在能量**（existence energy）。繁殖（供繁殖结构、交配行为、种子、卵和幼体的生产、抚幼行为等）需要多余的或者说**净能量**（net energy），所以这也都是后代生存所必需的。

生物通过自然选择，尽可能地获得了适合的能量与时间的效益-成本比。对自养生物来说，此比例是作为可利用光能的时间函数，即可利用光（能转化成食物）与维持捕能结构（如叶片）所需能量的差值。对动物来说，重要的是食物中可利用能量与寻找和取食的能量消耗的比例。最优化能以两种基本途径获得：时间最小化——例如高效率的寻找或转化；或者是净能量最大化——选择大的食物类型或其他易转化的能源。

最近的能量收支分析（energy budget analyses）显示，食物的绝对丰盛度（或其他能源）越低，需要搜索的栖息地面积就越大，所需的食物种类范围就越大。维尔纳和哈尔（Werner 和 Hall，1974）所进行的实验提供了实例。研究者调查了大小不同的大鳍鳞鳃太阳鱼（bluegill sunfish）和大量的枝角类动物（水蚤），记录了所选择的猎物大小。当食物丰盛度很低时，所有猎物，不论大小，随机遇到了就会被捕获。当食物丰盛度增加时，鱼忽略了个体较小的枝角类动物，而集中于个体较大的种类。所以，当食物丰盛度增加时，鱼从“取食泛化者”转变为“取食专化者”（反之，当食物丰盛度下降时亦然）。

5. 狩猎蜘蛛和结网蜘蛛

蜘蛛是非常成功的生物——假如人们能不怕它们（少数除外，蜘蛛不会对人构成威胁，作为主要的昆虫捕食者实际上是对我们有利的），并且有兴趣进行研究的话。蜘蛛表现出两种不同的生活对策：狩猎蜘蛛是用“足”来捕获猎物的（图 6-4A），而结网蜘蛛则在网中等待猎物（图 6-4B）。因为蛛网是高蛋白物质，蛛丝的形成需要高能量的消耗，但许多蜘蛛在修复或重新结网时，通过取食蛛丝来再利用，以减少消耗。皮尔卡和维特（Peakall 和 Whit，1976）估计，对于再利用蛛丝进行结网的蜘蛛，其总消耗能量要少于某些非结网蜘蛛种类消耗在捕猎上的能量。(这给人类上了一课：建造昂贵的省力装置的种群可以通过物质的再循环来降低成本。)

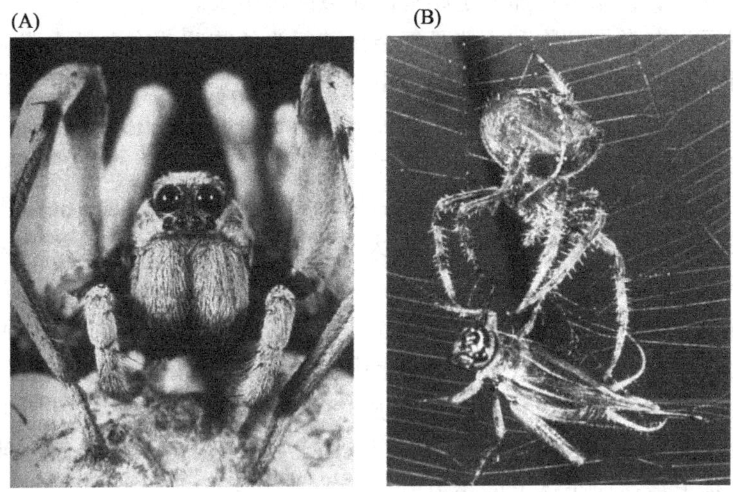

图 6-4　两种不同生活对策的蜘蛛：(A) 狼蛛 (wolf spider) 用"足"捕食猎物。(B) 圆蛛 (orb weaver spider) 在网中捕获猎物 (照片由 P. J. Bryant 拍摄/University of California, Irvine; Biological Photo Service 提供)。

6. 空间利用

像人类一样，生物有时会为了共同利益聚集在一起，有时因为个体利益而彼此分开。两种对策的生存价值取决于具体情况和物种；许多物种根据季节变换交替采用这两种模式（例如冬季聚集在一起，夏季分开）。许多动植物（尤其是固着或永久性附着的生物）形成稠密的群落（在阿利效应讨论中我们已经提及相关效益），而其他植物，如一些沙漠灌丛，通过产生能阻碍邻近植物生长的排斥性化学物质而彼此分开。通过这样的方式，它们能保护自己，在一定空间中获取不足以供给一个以上个体生存所需的少量土壤水分。一些活跃的动物甚至到很远的地方去建立自己的财产所有权，这是一种被称为领域性 (territoriality) 的行为模式。许多深受我们喜爱的鸣禽也是这样的。如一只雄性知更鸟在营巢季节开始时占据一块 1 英亩左右的最适生境（如具有树木的草地），且抵御外来的入侵者，因此其他雄性知更鸟就不能进入这个具有明确所有者的领域。我们在春天听到的许多鸟类的洪亮鸣叫声都是出于宣布领域所有权的目的。人们似乎总是很失望地得知第一个知更鸟，或其他的春天鸟类，如此声嘶力竭是为了建立一块领域，而不是与雌鸟交配，更何况雌鸟并不立即到达营巢地，而是在雄鸟到达 1 周左右以后才姗姗来迟。一只成功获得并拥有领域的雄鸟更容易吸引到雌鸟并与之繁殖，而一只未能建立良好领域的雄鸟，除非它替代一个死掉的领域拥有者，否则是没法繁殖的。在许多种类中，一旦生育配对形成以后，雌鸟也加入了雄鸟的领域防御中来。

领域行为在脊椎动物和一些具复杂繁殖行为的节肢动物中最为明显，后者的繁殖行为还包括亲代养育。在鸟类中，防御领域是为了保证交配、营巢、卵及幼体的照顾等复杂行为不受其他同种鸟类的干扰。一些生态学家认为，在有限的食物供应下，领域性在维持种群大小（种群密度）方面有长远利益。我们再回到蜘蛛这个例子。里歇特（Riechert，1981）发现，在一个具领域性行为的沙漠蜘蛛的实验研究中，领域的大小是固定的（只有这么多蜘蛛能占用实验面积），并且领域大小根据最低猎物丰盛度的倍数来调节。所以无论适宜时期内有多少食物可以利用，或者实验过程中加入的食物多么丰富，种群密度都不可超过可利用领域数量所决定的上限。领域拥有者占据着最好的位置，所以它们在繁殖幼体上要比“流浪者”成功得多（流浪者就是在不适生境中生活的以及未能建立领域的个体）。这个例子似乎实现了领域性在限制种群大小和选择遗传上最适应个体上的潜力。

7. 遗传多样性

维持**遗传多样性**(genetic diversity，如杂合等位基因和常态多形现象）对一个物种的生存是很重要的。假如种群数量变小并呈现遗传瓶颈（见第七章），物种会面临**濒危**(endangered，即处于灭绝危险之中)。动植物生境被破坏，或者是由于人类的生产活动导致生境破碎成隔离的斑块，导致濒危或濒临灭绝的物种数量在增加。在美国，联邦《濒危种法》引起了政府和私人团体的极大关注：① 通过购买或地役权方式留出适宜的生境；② 维护或创建廊道或带状栖息地来连接原本相互隔离的斑块，这样生物就能以此作为它们的自然高速公路，增加遗传交换（Harris，1984）；③ 作为最后的一项努力途径，从物种未濒危的地区获得个体，补充到濒危种群里去，或将动物园里饲养和繁殖的个体引入到野外的濒危种群。

当人类优先占用越来越多的资源，并且将越来越多的自然环境转变为归化环境时，一些物种的消失是不可避免的。然而，一旦我们懂得保护符合我们的最大利益时，所有层次上的多样性（基因、物种及景观）就能被保护下来（我们已经具备了生态技术）（Myers，1983；Ehrlich 和 Mooney，1983；Norton，1986；Wilson，1988）。

8. 复合种群动态

复合种群(metapopulation，从字面上来讲，就是“界于种群间”的意思)

是生态等级中介于生物体和物种种群之间的一个层次（见第二章表2-1）。该层次已成为保护生态学的近期焦点，因为许多物种的个体群出现在不连续的适宜生境斑块或“孤岛”中，这些生境斑块或“孤岛”被不适宜生境分隔而成，但能通过扩散来彼此联系（Hanski，1989）。根据复合种群理论，每个分离斑块中的个体群在某一时间将会灭绝，但附近斑块中的个体可以重新定居这些斑块。假如在大面积地域或景观中，这种定居和灭绝处于平衡状态，那么总的种群大小可能会保持大致一样。所以，物种的生存更依赖于扩散（斑块间迁入和迁出的能力），而不是斑块内的出生和死亡。下一章里将与岛屿生物地理学概念一起讨论复合种群概念，不仅提供了濒危物种保护的模型，而且还提供野生动物管理和有害动物防治的模型（Levins，1969）。

9. 人口增长

我们的人口已经历了可以想象得到的各种类型的增长形式，包括负增长，如14世纪的淋巴结鼠疫（黑死病）减少了欧洲25%的人口（Freedman和Berelson，1974）。许多世纪以来，总体上说人口增长是缓慢的。此后，出现两个人口迅速增长的时期，都是与能量获取有关的。第一个增长期主要是由于始于大约8 000年以前的农业发展（农业发展增加了给定陆地面积的环境容纳量）。第二个且更加迅速的增长始于200年以前的工业革命，燃料供能系统的发展，对新大陆的移民，以及由于医学进步和卫生保健的提高而实现的死亡率降低。自人类时代的开始，约80%的人口增长出现于过去的两个世纪中。当今50多亿的世界人口有缓慢增长的趋势。一些人口统计学家（人口专家）大胆预测，世界人口数量将在21世纪某个时间稳定在90亿~140亿（如S形曲线增长模型）。

根据邦加茨（Bongaarts，1994）理论，有三个预期因子可以决定世界人口稳定的数量（图6-5）。从现在开始，即使地球上的每一个妇女仅有两个孩子能够存活到成年（所谓的替代率），世界人口将继续增长到至少70亿，因为不发达国家正值育龄人口高峰；这就是图6-5所表示出来的“人口动量”因子。第二个因子，“不想要的生育”（如未成年人怀孕）如果不受限制的话，至少可以将人口水平提高到90亿。第三个驱使动力，“大家庭愿望”（即，需要孩子作为劳动力和养儿防老意识）能将人口稳定水准提高到100亿甚至更多。

我们人类社会无法阻止人口增长动量，但是假如大多数人和政治领导者确信降低另外两个因子可以减少世界人口增长的话，那么我们是有可能通过努力而获得一个更好且更安全的世界。100亿或甚至70亿人口会如何超过安全环境容纳量？这个问题将在跋中予以讨论。

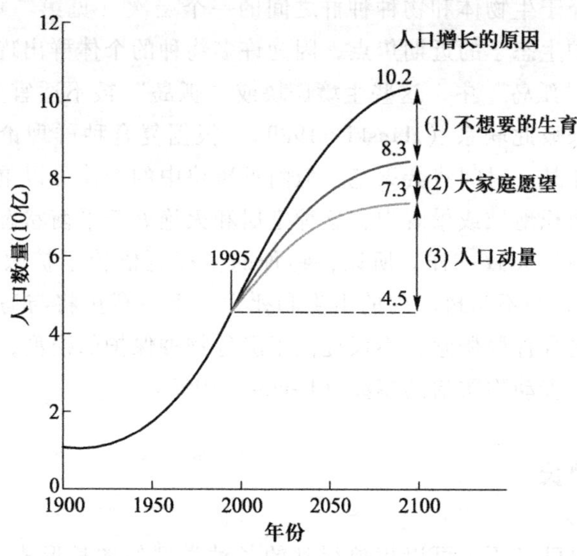

图 6-5　未来人口大小的不同置换预测，表示了三种影响人口增长因子的作用（仿 Bongaarts，1994）。

关于人口增长趋势，有一种很形象的说法就是**加倍时间**（doubling time），即人口密度加倍所需的年数。每年的增长率一般来说是根据每百人或每千人增加的人数来表示的，是一个百分数。所以，每年 2%的增长率意味着每年每 100 人会增加 2 人，或每 1 000 人增加 20 人。因为数年后，加入到人群中的人会产生更多的人，所以 2%的增长率实际上会高于每年每 100 人增加 2 个人的状况；人口实际上是以复杂的计息方式来增加的，正如你在储蓄账号里的钱一样。下面的公式是加倍时间 t 的一个估算方式，假设 2%的增长率 r（以一个小数来表示）：

$$t = \log 2/r$$

$$t = 0.693\ 1/0.02 = 35\ (\text{年})$$

2%看起来并不高，但就这样的增长率，在一个人的一生中，他所在的城市人口就会翻两番。目前，世界人口大约以 1.8%的速率增长。许多欠发达国家的增长率是 3%（加倍时间是 23 年）或更高，但发达国家大部分地区的人口增长率却在 1%之下，而且还在下降（加倍时间是 70 年或更长），一些欧洲国家的人口增长率表现为零增长。布朗和雅各布森（Brown 和 Jacobson，1986）的研究说明了整个世界被显著分成低增长率国家（平均为 0.8%）和高增长率国家（平均为 2.5%）。然而，在乡村生活的人们涌进大都市以寻求更好的经济生活时，城市人口增长率在世界的许多地方要高于 3%（富裕国家和贫穷国家都一样）。一项预测说，21 世纪初，80%的世界人口将生活在城市里。真正的问题是，不论是贫穷国家还是富裕国家，哪里有来自过度拥挤地区的移民，哪里就成为人们主要关心的一个问题。

许多社会学家和经济学家对所谓的人口统计转变（demographic transition）理论深信不疑，或至少寄予强烈的愿望。人口统计转变理论即当人们变得富裕并且很少依赖他们的孩子作为劳动力的时候，人口增长就会缓慢。在变得更加富裕之后，人们会减少孩子的数量，将更多的精力和资金投入改善他们的生活质量上来，转向 *K* 类型生活方式。根据这个观点，人口问题就是一个经济问题，但仍然存在着许多的争论（Teitelbaum，1975；McNamara，1982）。关键问题是：人口增长是刺激经济增长，还是抑制经济增长？美国国家科学院间隔 15 年（1971 年和 1986 年）出版了两份报告，认为快速的人口增长没有经济或其他效益可言，因为人口增长所产生社会问题和环境问题的速度比解决这些问题要快得多。所以，在绝大多数国家里，低于目前人口增长率水平的增长率应该会更有利于经济发展和个人生活质量的改善。布朗和雅各布森（Brown 和 Jacobson，1986），阿伯内西（Abernathy，1993）及其他一些学者都在关注人口统计转变在许多高人口增长率国家产生的或将出现的后果。许多人口统计学家认为，这些国家必须像目前的中国一样，采取行动来控制人口增长。

双岛故事

1944 年，29 头驯鹿（24 头雌鹿和 5 头雄鹿）被引入位于阿拉斯加与俄罗斯中间的白令海峡的圣马修岛（St. Matthew）上，该岛没有人居住，面积为 128 平方英里。在缺乏捕食者和任何其他限制种群增长因子的条件下，鹿群在 20 年时间里迅速增长到约 6 000 头，实践证明，大大超过了单薄的苔原植被的环境容纳量。地衣是最有营养的可利用食物，随着地衣被吃光甚至几近灭绝，最糟糕的情况发生在 1963—1964 年的大雪期间，除少数几头母鹿得以幸存外，其他的鹿全部死亡了，鹿群再也没有在繁盛与衰落循环中得以恢复（Klein，1968）。

难以置信的是，同样的繁盛与衰落循环发生于南太平洋复活岛上的人口增长中，只不过时间是几个世纪，而不是几年。与圣马修岛相比，复活岛是一个热带天堂，具有温和的气候和繁茂的森林，在 1600 年以前，一些波利尼西亚人搭了几条船移居于此地。他们统治着这块土地，在此生儿育女，日渐繁荣，直到他们的人口数量和资源消耗太大时，分裂成几个好战的部落，开始彼此残杀（Catton，1995）。今天，留下的是一片贫瘠的草地和奇特的石头雕塑，默默地证明着一种先消耗岛屿生命支持系统再消耗自己的文化。

人们会认为，人类要比驯鹿精明得多，会意识到岛屿资源的有限性，因为岛屿具有明确的边界和明显的空间限制。但人类的思维方式似乎认为，移民和境外贸易能够提供过度放纵的“解药”。许多岛屿国家现在确实是越来越依赖旅游业和进口作为过快增长的解毒剂（Acharya，1995）。

埃及：马尔萨斯人口论的缩影

英国牧师马尔萨斯（Thomas Malthus）在其1798年的论文中提出，人口增长比食物供应快得多的预言，他因此宣告人类将生活在饥饿的边缘，他本人因此预言而闻名。至今为止，这种情况还没有在世界范围内发生，但埃及目前的状况表明，人类数量的增长速度将在非常短的时间内超过食物供应的速度。

1900年到1990年间，在埃及，由于阿斯旺大坝及干旱地的灌溉措施，可耕土地从550万英亩增加到750万英亩，但在同一时期里，人口从1 000万增长到5 000万。所以人均可耕土地由0.5英亩减少到0.1英亩。尽管收获量增加了，但埃及还是需要依靠进口来提供人们最基本的食物供应（Biswas，1993）。

从埃及的情况看，正是科技（大坝、高产耕作等）使之没有采取任何措施来限制人口增长——直到最近，第一次人口增长的国际会议才正好在开罗召开！

10. 两物种间的相互作用

一个物种对种群增长及其他物种生活的影响可能是负的（-）、正的（+）或中性的（0）。所以，理论上讲，两个物种的种群按基本的方式相互作用，基本方式相当于0、+、-的九种可能的组合方式，即00、--、++、+0、0+、0-、-0、+-和-+。图6-6中给出了这些相互作用中最重要的坐标模式。常用于称呼这些相互作用的术语如下：

竞争（competition）（--）：两个种群对彼此都有抑制或某种负影响。

捕食（predation）（+-）：对捕食者有利，对猎物不利。

寄生（parasitism）（-+）：对宿主不利，对寄生物有利。

偏利共生（commensalism）（+0）：对一个物种有利，对另一个物种没有影响。

协作（cooperation）或**互利共生**（mutualism）（++）：相互作用对两个种群都有利，对两个合作者的生存来说是非必需的（协作）或是必需的（互利）。

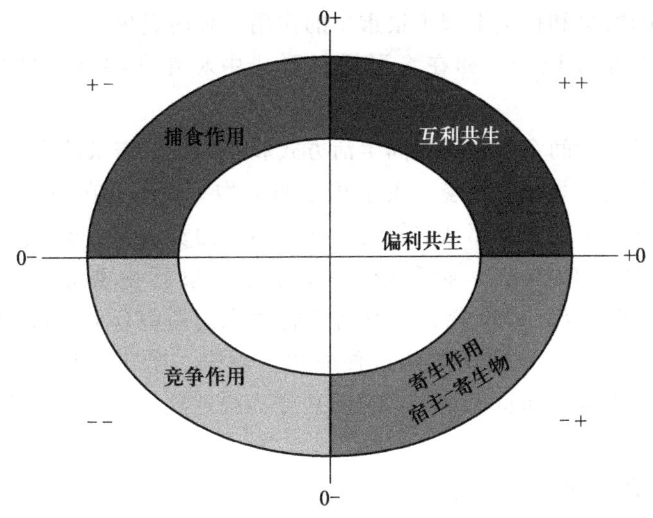

图 6-6　两物种相互作用的坐标模式，表示五种最普通的关系。

收获蚁种群控制

戈登（Gordon，1995）在对收获蚁（如此称呼是因为它们收集种子并贮藏在地下穴道里）的一项研究中称，蚁群以 *S* 形模式增长，大约 6 年之后，种群密度趋于稳定。当蚁群数量增长，越来越多的蚂蚁未带种子而空手返回蚁群，"触角接触"的速率（其相互联系方式）增加，蚁卵和幼蚁却越来越少。不幸的是，对于人类，在拥挤的城市里，人们的相互作用增加了，但看起来只是增加了暴力，并未降低出生率。

11. 竞争

竞争一词表示为同种事物而进行的一种斗争，如同两个厂家为同一市场而进行斗争。生态水平上，当资源匮乏至不能同时满足两个个体的需求时，它们为了该资源的竞争就变得非常重要了。因此，同一片森林里的植物竞争阳光和养分，当所需资源相对贫乏时，动物竞争食物和隐蔽场所。当两个生物为争取资源而相互干扰时，即使资源没有短缺，竞争也会以相互抑制的方式表现出来。例如，生物可能分泌相互干扰的物质，或相互取食对方。

竞争的结果是双方（即竞争者）在一定程度上都受到抑制（所以用——来表示）。在种群水平上，这种方式意味着种群密度或增长率由于竞争行为而将降低或受到抑制。在一定的生境或群落中，物种内的竞争（**种内竞争**，intraspecific）和两物种或两种以上物种之间的竞争（**种间竞争**，interspecific），在决定生物的数量和种类上起了很重要的作用。种内竞争是某些有自我调节趋势种群的一个重要因子，如在 *S* 形增长形式中和在那些有领域性行为的种群中。

可以预见，种间竞争在有相同生活方式和相同资源需求的物种间是最显著的。自然群落里，具相似生境、关系相近的生物一般不会在同一个地方出现。如果出现在同一个地方，那么它们通常利用不同的资源或活动时间不同。关系密切（或其他相似方式）物种的生态隔离现象已由**高斯法则**（Gause's principle）做出解释，1932 年，俄罗斯生物学家高斯（G. F. Gause）在其原生动物的实验室培养中首次观察到这种隔离。后来，哈丁（Hardin，1960）建议，用**竞争性排斥**（competitive exclusion）作为描述这个法则的术语。

12. 竞争性排斥和共存

和人类事务一样，自然世界中的竞争既有消极的一面，也有积极的一面。较适应的替代了不适合的。当物种尽力通过寻求新栖息地和新资源来避免竞争的负影响时，物种的多样性和适应性提高了。若两个物种间的竞争很激烈，其中一个物种可能会被完全消灭，或者被迫去占据其他空间或者利用不同的食物或其他资源。或者也有可能两个物种在某种平衡状态下，通过共享资源，在种群密度降低的条件下生活在一起。图 6-7 根据两个实验研究的增长形式模型表示了这两种可能性——竞争性排斥和共存。一项研究（图 6-7A 和图 6-7B）包括两个近缘动物物种（甲虫），另一项研究（图 6-7C）包括两种植物（车轴草）。

20 世纪 40 和 50 年代，芝加哥大学的帕克（Thomas Park）和他的学生与助手们进行了一系列面粉甲虫竞争的实验培养。这些小甲虫（属于拟谷盗属的种）是食品贮藏中主要的害虫，但它们可以作为有用的实验动物。这些甲虫在一个装有面粉糠或麦麸糠的容器里完成它们的生活周期；介质既是食物又是生境。若在其中有规律间隔地加入新鲜介质，甲虫种群能够无限期地维持下去。帕克的实验设置可以被认为是一个稳定的异养生物微生态系统，或叫**微宇宙**（microcosm），其中食物能量的加入平衡了热量和呼吸消耗。因此，该微宇宙类似于第三章中所讨论的一个小尺度的城市或牡蛎礁（见第三章图 3-5）。

芝加哥大学的研究者发现，当拟谷盗属的两个不同物种被放在这个均质的微宇宙时，其中一个物种迟早会不可避免地被另一个物种消灭，而后者继续存活下去。换句话说，一个物种总是能赢得竞争。当拟谷盗属的两个物种被放在同一个罐子里时，两者不能够同时生存，即使其中任一个物种单独培养时都能生存得很好——这是一个明显的竞争排斥的例子。放在培养罐中的每一个物种初始个体相对数量并不影响最后结果，但微宇宙气候对决定哪一个物种能胜出

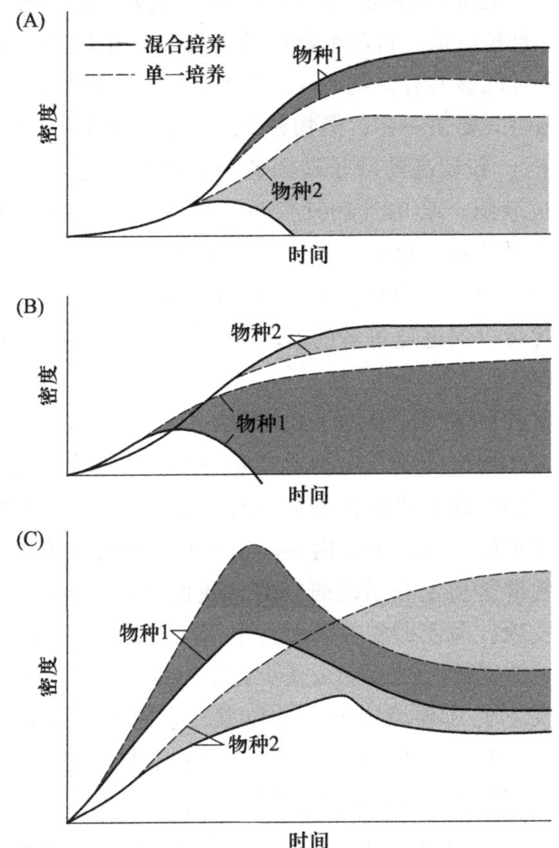

图 6-7　竞争性排斥和共存。(A) 在气候又热又潮的情况下（34 ℃，相对湿度 70%）混合培养，物种 1（赤拟谷盗，*Tribolium castaneum*）排斥了物种 2（杂拟谷盗，*T. confusum*），即便如此，每一物种在另一物种不存在时仍能单独生长得很好。(B) 在气候条件又冷又干的情况下（24 ℃，30% 的相对湿度）混合培养，物种 2（杂拟谷盗）排斥了物种 1（赤拟谷盗），两者在这样的条件下都能单独生活得很好（数据来源于 Park，1954）。(C) 两种车轴草，物种 1（白车轴草，*Trifolium repens*）和物种 2（草莓车轴草，*T. fragiferum*）在混合栽培中能共存，但是每个物种都比在纯种栽培时的叶密度要低（数据来源于 Harper 和 Clatworthy，1963）。

有显著的影响。如图 6-7A 和图 6-7B 所示，当气候条件又热又潮湿时，其中一个物种获胜，而当气候条件又冷又干燥时，则另一个物种能存活下来。居中的气候条件下，则取决于极端条件间的梯度，有时是这个获胜，有时则是那个获胜；介于极端条件间的中间位置上时，每个物种都有 50% 的存活可能性。

哈珀（John L. Harper）及其助手们在北威尔士大学用车轴草进行的实验表明，对于有近缘关系的物种，尽管它们拥挤在一起竞争有限的资源，但能够共存。一系列实验的结果如图 6-7C 所示。两种车轴草（车轴草属，*Trifolium*）

密植在盘里，但它们还是能够完成它们的生活周期并且产生种子，只是每一物种的密度要比单一种植时低。这两个物种的生长形态具有虽小但很重要的差异，从而使这两个竞争者能够共存。物种 1，白车轴草（*T. repens*），生长得快一些，且叶密度到达顶峰时间要快一些，但物种 2，草莓车轴草（*T. fragiferum*），具有较长的叶柄（叶茎）和较高的叶子；因此前者虽然快速生长，但是后者能够高于前者，避免被遮阴。哈珀（1961）得出结论，如果两个物种在生长时间选择、营养需求或对啃食、毒素、光、水等的敏感度存在着差异，那么它们是能够共存在一起的。同理，先有利于第一个物种再有利于第二个物种的阶段性环境改变或者干扰可以促进竞争者的共存。例如，湿冷和干热季节交替可能使两种面粉甲虫共存。

实验室或温室种群的研究有助于我们理解物种相互作用时所执行的生态机制和遗传机制。这在给出的例子中得到了明显印证，但如第二章中所强调的，最终还是必须应用多层次方法进行实验，因为每一组织层次上的研究可以揭示一定的规律，但不可能显示出全部内容。当我们从对受控条件下个别种群的研究转向真实世界的群落和生态系统研究时，我们才真正发现竞争排斥的证据。然而，我们经常发现，即使那些在微宇宙中不能够生活在一起的物种，只要通过生理上、行为上或遗传上的改变来减少竞争压力，在不同时间地点利用相同的资源，或者转变它们在环境梯度上的位置，它们还是会适应共存的。事实上，竞争理论评论家布尔（den Boer，1986）得出结论，在自然界的开放系统中，共存是“普遍规则”，而完全的竞争排斥则是个“例外”。

康奈尔（Joseph Connell，1961）所进行的基岩质海岸研究是一项经典的野外竞争研究。在潮间带，固着生活的动植物如藤壶、贻贝、牡蛎和海草经常成带出现。在康奈尔的研究区域里，一种个体较小的小藤壶属（*Chthamalus*）物种以带状方式分布在潮间带上部，个体较大的藤壶属（*Balanus*）种类在 *Chthamalus* 种群下方占据了相当宽的空间。这样的一种成带分布规律明显表明存在着竞争排斥，但因为可能还有其他解释，所以很有必要用去除实验来验证这个假说。当康奈尔去除了大型种（*Balanus*）并不让新个体定居，小型种（*Chthamalus*）侵入了 *Balanus* 生长带的上沿部分且在这平常不出现的地带生长得很好。然而，后来的观察和实验表明，当全部清除 *Chthamalus* 个体后，*Balanus* 个体没有侵入到这个空区域；即使没有竞争者，*Balanus* 的幼体还是无法在较暴露的潮间带上部存活。这种物理限制和竞争间的相互作用被证实是在许多环境梯度中的普遍格局。

13. 捕食者和猎物

对大多数人来说，捕食者一词在头脑中的印象是凶猛而残暴的动物，没有它们我们也可以生活得很好。然而，事实上，捕食者在自然经济中起着非常重要的作用，涉及有害昆虫的控制和有害动物防治时，捕食者对于人类经济是有利的。我们对捕食者的反感是自相矛盾的，因为几个世纪以来，人类一直是地球上最具有破坏性的捕食者。客观地说，从种群的角度比从个体的观点更有助于我们考虑捕食作用。当然，捕食者对被它们所杀死的个体来说是不利的，但对猎物的整个种群来说是有利的，捕食者去除的是病弱个体，防止种群过剩。例如，我们在本章前半部分讨论环境容纳量概念时提到的，在缺乏捕食者的情况下，许多鹿的种群数量增长到了超过食物供应的极限。在这种情况下，捕食者提高了猎物种群的“生活质量”。

另一个方面，捕食者可以有力地限制猎物种群使之降低至灭绝或接近灭绝。对任意一对相互作用的物种，存在哪一种状况取决于“猎物对捕食者的脆弱程度”。从捕食者的角度来看，这取决于它必须花费多少能量来捕获猎物；从猎物角度来看，它取决于个体如何能够成功地逃避被捕获和如何能够成功隐藏或如何保护它们的后代。猎物脆弱性经常由于人类对景观的干扰而增加，尤其是猎物不能适应新引入的捕食者。例如，许多年以前，猫鼬（mongoose）——一种类似黄鼠狼的捕食者，被引入到加勒比海的许多岛屿上用来帮助控制甘蔗田里的老鼠。结果，它们非但没有消除老鼠，反而对地面营巢鸟类、爬行动物和海龟造成很大的破坏（Seaman，1952）。

捕食行为，如鹰类捕获猎物鸟类一样，可能是引人注目而又易于观察的，但许多其他可能更限制猎物种群的因子不那样容易被外行人理解。已逝的赫伯特（Herbert，1936）和他的助手们，对佐治亚州的狩猎保护区进行研究，表明鹰类并不是鹌鹑种群的一个限制因子，只要植被掩蔽位于取食区域附近，健壮的鹌鹑能够很容易逃避鹰的攻击（也可以参考 Errington，1946b）。人们可以通过斑块燃烧及其他能够为其提供食物和避难掩蔽土地的措施来维持高密度的鹌鹑种群。换句话说，当目的在于直接改善鹌鹑的生境时，没有必要通过去除鹰来保护鹌鹑，甚至是不值得的，因为鹰也捕食吃鹌鹑蛋的啮齿动物。但“生态系统管理”比起单纯射杀鹰要困难得多，而且也没有那么令人关注，捕猎者经常施压于猎场管理者，即使管理者较之更加了解整体情况。

捕食者不仅对它们的猎物具有正面和负面影响，而且也影响整个群落的组成。例如，在基岩质潮间带，可用来定居的基质是有限的，通常被一种贝壳类动物或藤壶单独占据。当捕食者（如海星）去除了优势种的许多个体后，为其他物种提供了生境，这样就可以增加群落的物种多样性（Paine，1966）。但是我们不能根据这个已被充分研究过的例子得出结论说“捕食作用总是能增加物种多样性”，因为在生境较广泛的地方以及捕食者无法轻而易举地获得猎物或者暴风雨或其他周期性干扰降低了捕食者优势的地方，捕食作用可能就没有这样的效果。

14. 食草作用

当“猎物”是植物而“捕食者”是食草动物时，它们的相互作用关系就称为**食草作用**(herbivory)。植物不可能通过逃跑或躲藏来逃避被消耗，但它们能够通过产生抗食草动物的结构（如刺）、防御性化学物质（如丹宁）和对动物有毒的物质来保卫自己。在热带地区，终年的温和气候对昆虫来说是很适宜的，树木采取了双重的防护：硬质叶子（硬的蜡质角质层）及化学抑制剂，如酚类（Coley 等，1983）。植物-食草动物关系的研究正成为生态学和生物化学中的“成长产业”，因为植物产生了难以置信的大量复杂化学物质来防护自己，抵御昆虫和其他食草动物，反过来说，后者又进化出众多方式来解毒或隔离防御性化学物质。更多有关协同进化的“军备竞赛”内容详见第七章。

天然杀虫剂

通过选择或遗传工程手段来产生人类食用植物所需的内吸收性杀虫剂可能是一项良好的农业策略，但这也有缺点。植物在合成其化学防御物质过程中会消耗能量，减少了其净生产力（产量），而且它所产生的抗食草动物化学物质也可能对人类有毒，或者可能影响食物的味道或可口性。但我们人类目前所大量使用的人造杀虫剂可能毒性更强。因为天然杀虫剂与人造杀虫剂在化学组成上是相同的，所以我们可以预料，昆虫在进化过程中对两者都将产生抗性。因此，农业上虫害控制将是一个永无止境的战斗。不过，一旦我们意识到产量并不是农业成功的唯一标准，那么通过遗传工程培育能够保护自己抵御食草动物的植物，就会成为一项值得努力的目标。

15. 寄生物和宿主

捕食作用的许多理论都适合于寄生现象。事实上，寄生物与捕食者或多或少形成一个连续的梯度，小到生活于寄生物组织内的微型细菌和病毒，大到在生态系统中自由活动的食肉动物。术语**寄生物**(parasite) 通常指一个真正寄生于宿主体表或体内的小型生物，而宿主则为寄生物提供能量来源和生境。相比之下，我们认为捕食者是自由生活的且要比其猎物个体大，猎物作为能源但不是其生境。不过存在着各种中间类型的状况。

虽然就生态相互作用而言，寄生现象和捕食作用是相似的，但是每种情况极端方面存在着重要的差别。寄生物一般比大多数捕食者具有更高的繁殖率，表现出更大的宿主专一性。此外，寄生物经常在结构、新陈代谢及生活史上更为特化，这是它们的特殊生活环境和从一个宿主个体扩散到另一个宿主个体的生活方式所必需的。一些生物的整个纲和目都适应于寄生，如扁虫动物中的绦虫纲和原生动物中的孢子纲。最特化的物种具有非常复杂的生活史，包括宿主组织的演替甚至宿主种类的变更，例如疟原虫属（*Plasmodium*）种类是引起人类和其他动物疟疾的寄生物。在不同的生活史阶段，它们在蚊子和脊椎动物之间变换宿主，每一种疟原虫寄生于不同的脊椎动物宿主。

考虑寄生物的**宿主专一性**(host specificity）是非常重要的。因为许多寄生物种类能寄生于一个或几个宿主种类，宿主-寄生物的相互作用尤其密切，且潜在地限制了两者的种群。人类常能利用寄生物来控制害虫。从世界其他地方引入的害虫经常需要通过引入其原始生境的寄生物才能得到控制（前提是该寄生物在原始生境里就能调节宿主昆虫的数量）；在其他一些例子中，寄生物的人工繁殖是有帮助的。如果要控制一个物种，可以使用专一性寄生物做应用生物学控制。这样的寄生物可以持续产生作用，能很快适应宿主种群数量的上升或下降。相反，引入的一般性寄生物或捕食者通常不能控制有害动物，假如它们广泛攻击不同于它们原有目标的物种——如上面所引用的猫鼬的例子，它们自己也可能会成为一种有害动物。同样，我们正在向自然界学习，开发物种专一性化学杀虫剂来替代广谱有毒抑制剂，因为后者在消灭害虫的时候，有益生物也会一并遭殃。

寄生物-宿主相互作用和捕食者-猎物相互作用的一项重要原则或一般性原则可以叙述如下：只要相互作用的种群在足够稳定或有足够空间异质性的生态系统中具有共同的进化历史，使之可以彼此相互适应，寄生作用和捕食作用的限制效应能够被减小，而控制效应会增强。换句话说，自然选择趋于减少对相互作用种群双方都不利的影响，因为寄生物或捕食者对宿主或猎物种群的严重抑止只会导致一个种群的灭绝，或者两个种群同时灭绝。因而，激烈的寄生物-宿主或捕食者-猎物相互作用常发生在刚形成不久的生境中，或近期刚发生过由人类或气候变化引起大规模干扰的地方。

如第二章和第三章中所提到的，已经造成农业和林业巨大损失的大量病害、寄生物和有害昆虫名录中都包括了最近被引入新生境或脆弱的新宿主的许多物种。欧洲玉米螟（European corn earworm）、舞毒蛾（gypsy moth）、日本甲虫（Japanese beetle）、地中海果蝇（Mediterranean fruit fly）都是从其他国家引入到美国本土的严重有害生物的例子。引入物种的永久性威胁导致海关条例严格限制出入境携带的物品。人类疾病方面也有许多相似之处：最令人担心的正是最近才发生的疾病。比较起来，寄生物和捕食者已经长期地与它们相应的宿主和猎物相关联，所以，它们之间的相互作用是适度的，从长远的观点来看是中性的或有益的。

图 6-8 是一项宿主-寄生物系统相互适应进化的实验研究结果。将家蝇（*Musca domestica*）和寄生蜂（*Nasonia vitripennis*）放在由 30 个塑料盒组成的多室笼里，设计允许一些家蝇能逃避寄生蜂的寄生和减慢寄生物扩散。当首次将野生种放在一起时，两个物种的种群表现为极大的振荡。许多代（两年）以后，家蝇就产生了抗性，寄生蜂在搜寻猎物上表现较不活跃，最终形成一个大致稳定的平衡。实验结果解释了遗传反馈是如何在种群系统中作为调节机制与稳定机制而起作用的（Pimentel，1968）。

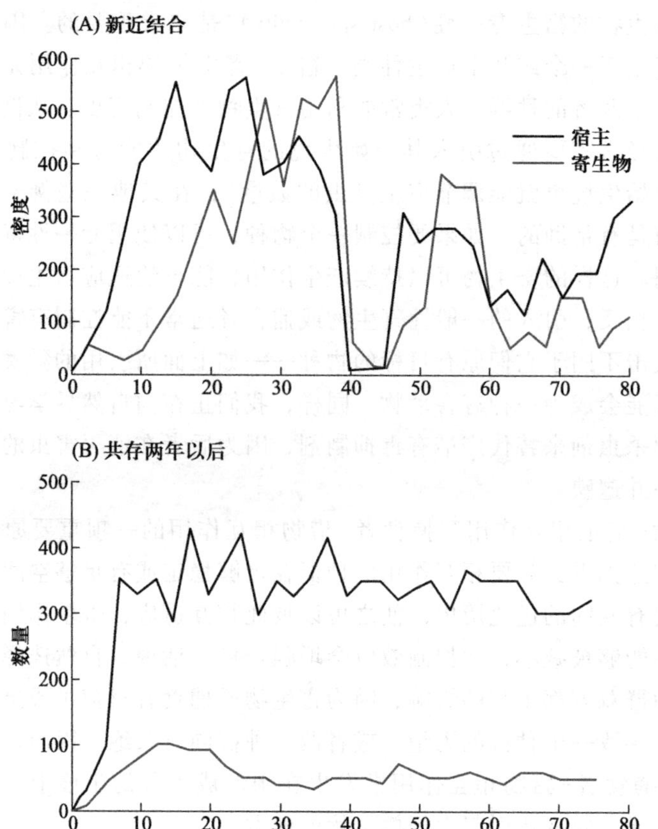

图 6-8　家蝇（*Musca domestica*）-寄生蜂（*Nasonia vitripennis*）的宿主-寄生物关系的共存进化。密度数字是一个 30 个单位的笼子里每个单位里的昆虫数。（A）新近结合的种群曲线剧烈振荡，首先是宿主密度，然后是寄生物的密度先增长后崩溃；（B）已共存两年的两个物种种群形成较为稳定的平衡关系，并没有发生崩溃。宿主已经进化产生了适应性的抗性，反映在寄生物的出生率已经大大降低的事实（每个雌性个体产生 46 个后代，刚共存时是 133 个），寄生物种群稳定在低密度水平上（仿 Pimentel 和 Stone，1968）。

自然界里，适应可能需要更长的时间，在适应出现前总是有灭绝的可能性。栗树枯萎病就是一个例子，其适应或灭绝要经过一个世纪左右的平衡过程。1904 年，一种侵入栗树树皮和茎的寄生菌被偶然随着栗子从中国进口引入到北美洲，而中国栗树对该菌是有抗性的。占阿巴拉契亚山南部 40%森林生物量的美洲栗树，被证实是极易受引入寄生物损害的。1952 年，所有高大的栗树都死亡了，它们的灰色树干成了阿巴拉契亚山脉景观的标志性特征。栗树继续从树根中萌出新枝，这些新枝在死亡前可以开花结果，但没人能预测最终的结果是灭绝还是适应（Anagnostakis，1982）。现在，这些物种已经被其他阔叶树（主要为橡树）所替代。森林从整体上适应了这种损害，因为目前森林的总生物量近似于没有枯萎病之前的生物量。这个例子还说明，如何通过冗余（redundancy）——即在一个基本功能生态位存在多个物种——来增强生态系统层次上的抵抗力和恢复能力（见第三章的生物多样性讨论部分）。

黏液瘤（myxoma）病毒和穴兔（European rabbit）是一个相互适应的典范。1859 年，穴兔被引入到澳大利亚的维多利亚。它们迅速扩散并过度啃食牧场，与绵羊竞争资源。1950 年，澳大利亚引入黏液瘤病毒，以控制穴兔。这种寄生病毒，通过蚊子传染给穴兔，导致黏液瘤病，这种病在欧洲能够控制穴兔种群。莱文和皮门特尔（Levin 和 Pimentel，1981）描述到，寄生病菌首次引入时表现为极度致命，在几天之内就杀死了宿主。然而第一次黏液瘤病的流行仅杀死了 99.8%的穴兔种群。后来，致命菌株逐渐被毒性较弱、需要花较长时间才能将宿主杀死的菌株所替代，留出较多的时间给传播病菌的蚊子从受感染的宿主身上取食。因为非致命菌株不像致命菌株一样迅速地破坏它的食物来源（穴兔），于是产生了更多的非致命类型寄生物，进而传播给新的宿主。所以，看起来自然选择有利于非致命菌株，而不是致命菌株；否则，寄生物和宿主将永远灭绝（Alexander，1981；Anderson 和 May，1982）。

如同所有的普遍性，总有例外情况。在寄生物-宿主关系的评论中，埃瓦尔德（Ewald，1983）警告说，两者之间的相互作用有各种结果，包括随时间而增加的疾病危险性，他相信人类的疟疾就是其中一例。毫无疑问，人类最近发现的疾病如艾滋病（AIDS），和一些突变的、反复的感染性疾病，容易被人们误认为已经根除了，而事实上其致命性在免疫系统进行调节之前反而加强了。普莱特（Platt，1996）列举了一系列使得这种调节难以进行的不利因素，即人口过剩造成过度拥挤、缺乏干净的水源和卫生设备、无规划的开发、抗生素的滥用，尤其是人类流动性的增加（如空中交通）。

最近一些控制有害动物的遗传工程实验已经表明，假如遗传工程制造的寄生物不是如此致命而使得有害动物不能迅速产生抗性的话，那么控制将更加长效。一个戏剧性的例子是抗锈菌小麦的开发，人们通过导入“慢锈”基因使病害处于低水平，所以锈菌没有促发突变的动因（*Science*，258：551，1992）。同样的原理似乎可用于抗生素的药物治疗：过度使用只会促进病菌突变，产生对抗生素具有抗性的新病菌。同样的道理，杀虫剂的过度使用会导致产生具抗性的有害生物。

16. 偏利共生、协作与互利共生

我们现在来看被称之为“正相互作用”的情况。查理士·达尔文强调的是“适者生存”，注重竞争、捕食和其他“负”相互作用。然而，互利的协作在自然界中广泛存在，在自然选择中也是非常重要的。

达尔文之后的几十年，在1902年，俄国学者克罗波特金（Peter Kropotkin）出版了一本名为《互助：进化的因子》（*Mutural Aid*：*A Factor of Evolution*）的著作。克罗波特金指责达尔文过分强调了血腥争斗的自然选择作用（丁尼生有“红牙血爪”的描述）。他相当详细地勾画了生存是如何通过个体间的协作关系甚至互助互利所促进的，甚至依赖于此。

克罗波特金具有和平共处的哲学思想，对他的著作产生了很大的影响。与甘地和后来的马丁·路德·金一样，克罗波特金是一个提倡用非暴力方法解决人类冲突的坚定信念者。克罗波特金写书时还是一个生活于英国的政治避难者。书中大部分内容致力于记录原始社会、农村、工会互助协会以及动物中协作的重要性。（如需了解更多的有关克罗波特金的详细情况，请参见Gould，1988和Todes，1989。）

两个或两个以上物种间的正相互作用具有三种形式，代表了一个进化系列。**偏利共生**(commensalism)（+0）是正相互作用的一种简单类型，对其中一个物种有利，而对另一个物种没有影响。假如两个物种都有利而并非生存所必需的，这种关系通常称为**协作**(cooperation)（++）。如果这种关系是密切的且是两个物种生存所必需的，我们称这种相互作用是**互利共生**(mutualism)（++，有时也写成++/++，以强调关系的专一性）（Dindal，1975）。

小型移动生物与大型固着生物间的偏利共生关系尤其普遍。海边是观察这种偏利共生关系的良好场所。实际上，蠕虫洞、贝壳和海绵中都有各种需要隐蔽所的或需要宿主未利用的食物的“不速之客”（如甲壳纲动物、海蠕虫、小型鱼类），但对宿主来说没有利害关系。如果你喜欢牡蛎，当你打开大量的牡蛎时，你就会发现在牡蛎的外套膜腔中生活的小而精巧的螃蟹。这些螃蟹通常是偏利共生性的，虽然有时它们会喧宾夺主，食用宿主的组织（Christensen和McDcrmott，1958）。但这一方面，这只是从偏利共生关系到寄生的一小步进化，或另一方面是帮助行为。偏利共生动物不像寄生物那样具有宿主专一性，但有些偏利共生者却被发现只与一个宿主种类共生。

协作的最终形式是互利共生，是非常广泛和重要的。许多成对或成群的种类生活在一起，成为互利而且是必需的合作者（没有一个物种能单独生存）。许多互利共生也间接地有利于整个生态系统。例如，在第五章中所叙述的，植物与固氮微生物间的互利共生，不仅对双方有利，而且在支持生命的氮循环中起着重要的作用。

互利共生最常见的形式包括两个分类上不同的物种（甚至不是“远亲”），每个物种具有另一个物种所必需的主要“食品和服务”。消化纤维素和其他植物残余物的微生物常与没有这种必需消化酶的动物互利共生。第四章中提到过的两个例子是与碎食食物链有关的，即反刍动物与瘤胃细菌、白蚁与肠内鞭毛虫的互利共生。在两个例子中，微生物把纤维素分解成动物能利用的脂肪和碳水化合物，而宿主为微生物提供居住的地方和保护其不受竞争者或捕食者的影响。

还有一种更为复杂的互相依赖关系，其中的微生物生活于宿主的体外。热带剪叶蚁用它们收集并存放于地下巢中的树叶来培养真菌园。蚂蚁和栽培蘑菇的农民一样，以同样方式施肥（用它们的分泌物），照管和收获真菌。大量的“蚁能”被用于供应和维持这种单一培养，正如人类集约化耕种庄稼一样耗能。

蚂蚁和合欢树（那些生长在热带稀树草原的如画似的豆科树种）是另外一种显著的互利共生。在非洲，这些树给蚂蚁提供居所和食物，而蚁巢穴在树枝的特别缝隙里。反过来，蚂蚁则保护合欢树免受食草昆虫的损害。当蚂蚁在实验中被除去时（用一种杀虫剂毒杀），合欢树很快受到攻击，且被食叶性昆虫杀死。在美洲热带的一些地方，合欢树没有蚂蚁居住其中，但相应地通过分泌可排斥食草动物的化学物质来保护自己。没人能够确定哪一种对策（供养一大群蚂蚁还是产生防御性化合物）在能量利用上是最有效的。

另一类互利共生涉及自养生物（能自己制造食物）与异养生物（不能制造食物，但它能为自养生物提供保护或营养）。重要的实例是：第八章中所讲的珊瑚、第二章中作为“涌现性”（emergent property）提及又在第五章营养循环讨论中所提到的菌根。如同固氮细菌与豆科植物，根瘤菌与根组织相互作用，形成复合“器官”，提高植物从土壤中吸收矿物质的能力。被称为**菌丝**（hyphae）的真菌丝体从菌-根复合组织中长出来，能吸收那些不能为非菌根植物所吸收的磷及其他微量营养成分（通过螯合或其他尚未完全明确的方式）。当然，作为回报，真菌也从植物那里获得了一些光合作用产物。

图 6-9 给出了菌根的两种主要类型。在**外菌根**（ectomycorrhizae）类型中，真菌形成鞘或网络，包在生长活跃的根周围，菌丝由此处伸入土中，经常能伸得很远。这种菌根方式主要见于树木，尤其是松树及其他针叶树和热带树种。**丛枝菌根**（vesicular-arbuscular）或 VA 菌根（VA mycorrhizae）（以前称为内菌根，endomycorrhizae）穿入根组织中，在那里它们形成特征性的小泡状结构（因此而得名）。菌丝如同外菌根一样伸出结构体进入土中。除少数几个属的植物外，其余所有植物中都有 VA 菌根的定居，包括所有气候区的草本植物、作物及树种。

图 6-9 菌根（真菌-根系的互利共生体）的两种类型。(A) 没有菌根（左）和具发达外菌根的松树幼苗（右）。(B) VA 菌根，显示根细胞中的真菌菌丝体及小泡（照片由 S. A. Wilde 提供）。

菌根一般不是宿主专一性的，这意味着它们常能定居于任何与它们的孢子相接触的植物根系。一些外菌根类型产生大量的地上子实体或易于散布的蘑菇伞。VA 类型的根菌产生地下孢子，它们通过土壤动物来进行散布。（如需更多的有关菌根知识，请参见 Wilde，1968；Allen，1991。）

第五章已经强调过菌根在直接矿物质循环中的作用及其在热带和作物生产中的重要性。幸运的是，松树-菌根的互利共生在美国南部几百万公顷土地上都很成功，该地区的表土在长期条状种植作物系统下已被侵蚀殆尽。否则，这些被侵蚀地区就成了沙漠，而不是我们今天所见到的长势良好的松林了。移植之前，松木在苗圃里被大量接种根菌，它们甚至能够生长在受铜山冶炼破坏的荒芜土壤上（见第三章）。（如需了解更多有关菌根结合体的实际重要性，请参见 Ruehle 和 Marx，1979。）

17. 地衣

地衣(lichens，一整类植物) 是由互利共生的藻类和菌类所组成的，它们结合得如此紧密，以至于植物学家很容易把它们的结合体认为是一个独立的物种。这种互利共生可能不仅是从偏利共生和协作进化而来，也可能是从寄生作用进化来的。比如，在一些原始的地衣中，真菌实际上穿入藻类细胞中，如图 6-10A 所示，所以它们实质上是藻类的寄生物。在更高等的种类中，真菌的菌丝体并不进入藻类细胞，但两者却协调地生活在一起（图 6-10B 和图 6-10C)。一方面，真菌吸收从藻类细胞流出的光合作用产物，另一方面，藻类得到真菌的支持和保护。如此成功的伙伴关系使得地衣能够在最为苛刻的自然环境中生存，如花岗岩层和北极苔原。

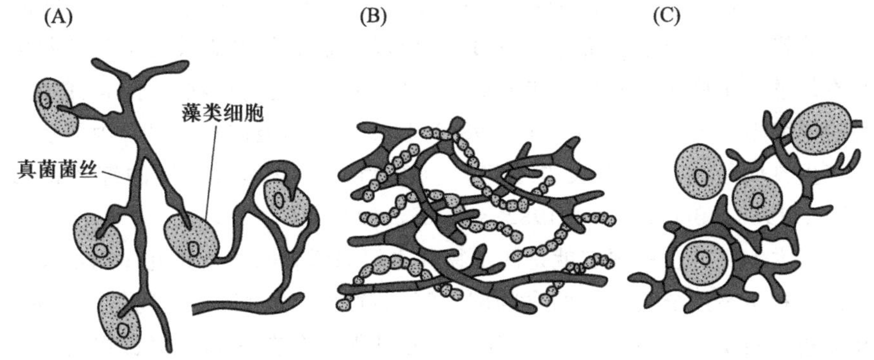

图 6-10　在地衣中从寄生作用到互利共生的进化趋势。在一些原始地衣中，真菌菌丝在一种实质上寄生关系中真正地伸入到藻类细胞中（A)。在较高等的地衣种类中，两种生物生活于对彼此更为有利的和谐环境之中，如图（B）所示，真菌菌丝与藻类丝状体混合在一起。图（C）中，真菌菌丝被藻类细胞挤得很紧，但没有穿入后者细胞中。

很显然，当资源以生物量的形式密切联系在一起时，如一片成熟的森林，或者当土壤或水中营养成分贫乏时，如许多珊瑚礁或热带雨林，互利共生这种形式有着特殊的生存价值。像珊瑚和其他具高级结构的异养生物-自养生物互利共生复合体一样，地衣能很好地适应自然贫瘠和胁迫，却非常容易受到环境污染的影响，尤其是空气污染。在努力恢复被空气污染所破坏的安大略省萨德伯里的景观时（第三章中提到)，地衣的再现是一个反映景观正在得以恢复的可喜迹象。

互利共生的地衣生活方式，在真菌系谱的不同分支中至少有五种独立的起源；所有真菌物种中至少 20%是地衣（Gargas 等，1995)。克罗波特金几乎在一个世纪以前就提示，这样的多起源表明，互利共生在进化中可能与竞争具有同等重要性。我们将要在下一章中讨论协作和互利共生进化的理论知识，以及它们与人类的关系。

18. 网络状互利共生

一个物种对另一个物种的间接影响可能与直接影响一样重要，会对**网络状互利共生**(network mutualism）有所贡献。当食物链作用于食物网时，营养级系列的每一个末端生物——例如池塘里的浮游生物和鲈鱼——并不直接相互作用，但它们彼此间接地互利。鲈鱼以食用浮游生物的鱼类为食而得利，后者以浮游生物来维持，而浮游生物则因鲈鱼减少其捕食者种群而得利。所以，在这个食物网络里存在着负相互作用（捕食者-猎物）和正相互作用（互利共生）(Wilson，1986；Patten，1991)。

因为“报偿反馈”(在第四章中讨论过)，以及负相互作用严重性随时间而减少的趋势（本章前半部分讨论过)，所以把整个食物链看成是互利共生关系并不是过于牵强的（Odum 和 Biever，1984)。在近期一项“水藻-食藻者”关系的研究中，史德那（Sterner，1986）发现，当藻类被牧食时，因为食藻动物能产生氮而使得藻类生长得更好。（互利共生及其重要性的综述请参见 Boucher，1985；Boucher 等，1982；Keddy，1990。)

从根本上讲，自然现实就是两个物种之间的所有的正负相互作用都共同作用于群落和生态系统层次上的食物网。第三章中详细讨论了食物链的能量学，它和那些“自上而下”和“自下而上”的过程结合在一起，使食物网络成为一个功能系统，而不仅仅是物种间相互作用的简单累加。下行控制包括报偿反馈，指的是“上游”组分的作用——例如食草动物对植物的控制及捕食者对食草动物的控制。上行控制指营养成分和其他物理因子在决定初级生产量方面的作用。那么给定条件下哪一种作用最大？生态学家对此争论不休，但大多数学者现在都认为，在任意和所有自然情况下，这两种作用都在不同程度地参与其中（Hunter 和 Price，1992；Polis，1994；de Ruiter 等，1995；Krebs 等，1995)。

推荐读物

* Abernathy, V. 1993. The demographic transition revisited: Lessons from foreign and U. S. immigration policy. *Ecol. Econ.* 8: 255-257.

* Acharya, A. 1995. Small islands awash in a sea of troubles. *Worldwatch* 6 (6): 24-33.

* Alexander, M. 1981. Why microbial parasites and predators do not eliminate their prey and hosts. *Annu. Rev. Microbiol.* 35: 113-133.

* Allee, W. C. 1951. *Cooperation among Animals, with Human Implications.* Henry Schuman, New York.

Allee, W. C. 1958. *The Social Life of Animals.* Beacon Press, Boston.

* Allen, M. F. 1991. *The Ecology of Mycorrhizae.* Cambridge University Press, New York.

* Anagnostakis, S. L. 1982. Biological control of chestnut blight. *Science* 215: 466–471.

* Anderson, R. M., and R. M. May. 1982. Coevolution of hosts and parasites. *Parasitology* 85: 411–426.

Ayala, F. J. 1972. Competition between species. *Am. Sci.* 60: 348–357.

* Biswas, A. K. 1993. Land resources for sustainable agricultural development in Egypt. *Ambio* 22: 556–580.

* Bongaarts, J. 1994. Population policy options in the developing world. *Science* 263: 771–776.

* Boucher, D. H., ed. 1985. *The Biology of Mutualism.* Oxford University Press, New York.

* Boucher, D. H., S. James, and K. H. Keeler. 1982. The ecology of mutualism. *Annu. Rev. Ecol. Syst.* 13: 315–347.

* Brown, L. R., and J. L. Jacobson. 1986. *Our Demographically Divided World.* Worldwatch Paper no 74. Worldwatch Institute, Washington, D. C.

Burkholder, P. R. 1952. Cooperation and conflict among primitive organisms. *Am. Sci.* 40: 601–631. (Considers the nine possible types of interaction as first suggested by E. F. Haskell in *Main Currents in Modern Thought* 7: 45–51, 1949.)

Calhoun, J. B. 1962. Population density and social pathology. *Sci. Am.* 206 (2): 139–148.

* Carpenter, J. R. 1940. Insect outbreaks in Europe. *J. Anim. Ecol.* 9: 108–147.

* Catton, W. R. 1987. The world's most polymorphic species: Carrying capacity transgressed two ways. *BioScience* 37: 413–419.

* Catton, W. R. 1995. Backing into the future. *Focus: Carrying Capacity Network* 5 (1): 41–46. Washington, D. C.

* Christensen, A. M., and J. McDermott. 1958. Life history and biology of the oyster crab, *Pinnotheres ostreum. Biol. Bull.* 144: 146–179.

* Coley, P. D., J. P. Bryant, and F. S. Chapin Ⅲ. 1985. Resource availability and plant antiherbivore defense. *Science* 230: 895–899.

Colinvaux, P. A. 1982. *Why Big Fierce Animals are Rare: An Ecologist's Perspective.* Princeton University Press, Princeton, NJ. (A delightfully written and provocative book.)

* Connell, J. H. 1961. The influence of interspecific competition and other factors on the distribution of the barnacle *Chthamalus stellatus. Ecology* 42: 710–723.

Dawkins, R. 1986. *The Blind Watchmaker.* Norton, New York. (Good review of evolutionary theories.)

Deevey, E. S. 1960. The human population. *Sci. Am.* 203 (3): 195–204.

* den Boer, P. J. 1986. The present status of the competition exclusion principle. *Trends Ecol. Evol.* 1: 25–28.

* de Ruiter, P. C., A. M. Neutel, and J. C. Moore. 1995. Energetics, patterns of interactive strengths and stability in real ecosystems. *Science* 269: 1257–1260.

* Dindal, D. L. 1975. Symbiosis: Nomenclature and proposed classification. *Biologist* 54 (4): 129-142.

Ehrlich, P. R. 1968. *The Population Bomb.* Ballantine Books, New York.

* Ehrlich, P. R., and A. E. Ehrlich. 1992. The most overpopulated nation. *Clearinghouse Bulletin, Carrying Capacity Network* 2 (8): 1-3, 7.

Ehrlich, P. R., and H. A. Mooney. 1983. Extinction, substitution, and ecosystem services. *BioScience* 33: 248-254. (Extinction of key wild species may result in loss of vital life-support services to humans.)

Enke, S. 1969. Birth control for economic development. *Science* 164: 798-802. (Reducing human fertility can raise per capita income in underdeveloped countries.)

* Errington, P. L. 1946a. Predation and vertebrate populations. *Q. Rev. Biol.* 21: 144-177, 221-245.

* Errington, P. L. 1946b. Vulnerability of bob-white population to predation. *Ecology* 15: 112-127.

* Ewald, P. W. 1983. Host-parasite relations, vectors, and the evolution of disease severity. *Annu. Rev. Ecol. Syst.* 14: 465-485.

* Freedman, D., and B. Berelson. 1974. The human population. *Sci. Am.* 231 (3): 30-39.

Galle, O. R., W. R. Gove, and J. M. McPherson. 1972. Population density and pathology: What are the relations for man? *Science* 176: 23-30. (Evidence from one city suggests high density may be linked with pathological behavior, as found in John B. Calhoun's animal experiments; see Calhoun 1962.)

* Gargas, A., P. T. DePriest, M. Grube, and A. Tehler. 1995. Multiple origins of lichen symbiosis in fungi suggested by SSUrDNA phylogeny. *Science* 268: 1492-1495.

* Gause, G. F. 1932. Ecology of populations. *Q. Rev. Biol* 7: 27-46.

* Gordon, D. M. 1995. The development and organization of an ant colony. *Am. Sci.* 83: 50-57.

* Gould, S. J. 1988. Kropotkin was no crackpot. *Nat. Hist.* 97 (7): 12-21.

* Hanski, I. 1989. Metapopulation dynamics: Does it help to have more of the same? *Trends Ecol. Evol.* 4: 113-114.

* Hardin, G. 1960. The competitive exclusion principle. *Science* 131: 1292-1297.

Hardin, G. 1986. Cultural carrying capacity. *BioScience* 36: 599-606.

* Harper, J. L., and J. N. Clatworthy. 1963. The comparative biology of closely related species of clover in mixed and pure culture. *J. Exp. Bot.* 14: 172-190.

* Harris, L. D. 1984. *The Fragmented Forest: Island Biogeography Theory and Preservation of Biotic Diversity.* University of Chicago Press, Chicago.

* Hunter, M. D., and P. W. Price. 1992. Playing chutes and ladders: Heterogeneity and the relative roles of bottom-up and top-down forces in natural selection. *Ecology* 73: 724-732.

Hutchinson, G. E. 1978. *An Introduction to Population Ecology.* Yale University Press, New Haven, CT.

Johnson, D. D., and R. Johnson. 1989. *Cooperation and Competition: Theory and Research.* Interaction Book Co., Edina, MN. (Social scientists find that cooperative learning strategies—

when students work together in small groups and help and teach each other—are far more effective in developing student talent than traditional competitive approaches.)

* Keddy, P. 1990. Is mutualism really irrelevant to ecology? *Bull. Ecol Soc. Am.* 71 (2): 101-102.

* Klein, D. R. 1968. The introduction, increase, and crash of reindeer on St. Matthew Island. *J. Wildl. Mgmt.* 32: 350-367.

* Krebs, C. J., S. Boutin, R. Boonstra, R. E. Sinclair, J. N. Smith, M. R. T. Dale, K. Martin, and R. Turkington. 1995. Impact of food and predation on snowshoe hare cycles. *Science* 269: 1112-1115. (Enclosure experiments suggest that bottom-up, i. e., food, and top-down, i. e., predation, processes interact to generate cycles.)

* Kropotkin, P. 1902. *Mutual Aid: A Factor of Evolution.* William Heinemann, London. (Reprinted in 1935, Extending Horizons Books, Boston.)

* Levin, S., and D. Pimentel. 1981. Selection of intermediate rates of increase in parasite-host systems. *Am. Nat.* 117: 308-315.

* Levins, R. 1969. Some demographic and genetic consequences of environmental heterogeneity for biological control. *Bull Entomol. Soc. Am.* 15: 237-240.

* Malthus, T. R. 1798. *An Essay on the Principle of Population.* Johnson, London. (Reprinted in Everyman's Library, 1914.)

Mauldin, W. P. 1980. Population trends and prospects. *Science* 209: 148-157.

* McCullough, D. R. 1979. *The George Reserve Deer Herd: Population Ecology of a* K-*Selected Species.* University of Michigan Press, Ann Arbor.

* McNamara, R. 1982. Demographic transition theory. In *International Encyclopedia of Population*, vol. 1. Prentice-Hall, Englewood Cliffs, NJ.

* Meyers, J. H. 1993. Population outbreaks in forest Lepidoptera. *Am. Sci.* 81: 240-251.

Myers, N. 1979. *The Sinking Ark: A New Look at the Problem of Disappearing Species.* Pergamon Press, Elmsford, NY.

* Myers, N. 1983. *A Wealth of Wild Species: Storehouse for Human Welfare.* Westview Press, Boulder, CO.

* National Academy of Sciences. 1971. *Rapid Population Growth: Consequences and Policy Implications.* Johns Hopkins University Press, Baltimore. (Concludes that rapid human population growth has more economic disadvantages than advantages because costly problems develop faster than solutions.)

* National Research Council. 1986. *Population Growth and Economic Development: Policy Questions.* National Academy Press, Washington, D. C. (Rapid population growth, while not the cause of all the problems in the Third World, is more likely to impede progress than to promote it.)

* Newell, S. J., and E. J. Tramer. 1978. Reproductive strategies in herbaceous plant communities during succession. *Ecology* 59: 228-234.

* Norton, B. G. 1986. *The Preservation of Species: The Value of Biological Diversity.* Princeton University Press, Princeton, NJ.

* Odum, E. P. 1983. Population ecology. Chapters 6 and 7 in *Basic Ecology.* Saunders College Publishing, Philadelphia.

* Odum, E. P., and L. J. Biever. 1984. Resource quality, mutualism, and energy partitioning in food chains. *Am. Nat.* 124: 360-376.

Odum, H. T. 1976. Energy quality and the carrying capacity of the earth. *Trop. Ecol.* 16: 1-8. (Human carrying capacity depends on the quality as well as the quantity of available energy.)

Owens, D. F., and R. G. Wiegert. 1976. Do consumers maximize plant fitness? *Oikos* 27: 489-492.

* Paine, R. T. 1966. Food web diversity and species diversity. *Am. Nat.* 100: 65-75.

* Park, T. 1954. Experimental studies on interspecific competition. *Physiol. Zool.* 27: 177-238.

Park, T. 1962. Beetles, competition, and populations. *Science* 138: 1369-1375.

* Patten, B. C. 1991. Network ecology: Indirect determination of the life-environment relationship in ecosystems. In *Theoretical Studies in Ecosystems: The Network Perspective*, eds. M. Higashi and T. P. Burns, pp. 288-351. Cambridge University Press, Cambridge.

* Peakall, O. B., and P. N. Whit. 1976. The energy budget of an orb web-building spider. *Biochem. Physiol.* 54: 187-190.

Perry, N. 1983. *Symbiosis: Close Encounters of the Natural Kind.* Sterling, New York.

* Pimentel, D. 1968. Population regulation and genetic feedback. *Science* 159: 1432-1437. (Evolutionary tendency for severe negative interactions to be reduced or to become positive.)

* Pimentel, D., and F. A. Stone. 1968. Evolution and population ecology of parasite-host systems. *Canad. Entomol.* 100: 655-662.

* Platt, A. E. 1996. Infecting ourselves: How environmental and social disruptions trigger disease. Worldwatch Paper 129, Worldwatch Institute, Washington, D. C.

* Polis, G. A. 1994. Food webs, trophic cascades, and community structure. *Aust. J. Ecol.* 19: 121-136.

Pulliam, H. R., and M. M. Haddad. 1994. Human population growth and the carrying capacity concept. *Bull. Ecol. Soc. Am.* 75 (3): 141-157.

Quinn, J. A. 1978. Plant ecotypes: Ecological or evolutionary units. *Bull. Torrey Bot. Club* 105: 58-64.

* Riechert, S. E. 1981. The consequences of being territorial: Spiders, a case study. *Am. Nat.* 117: 871-892.

* Ruehle, J. L., and D. H. Marx. 1979. Fiber, food, fuel, and fungal symbionts. *Science* 206: 419-422. (Importance of mycorrhizae in food, fiber, and fuel production.)

Scientific American. 1974. Special issue on the human population. 231 (3).

Seaman, G. A. 1952. The mongoose and Caribbean wildlife. *Trans. N. Am. Wildl. Conf.* 17: 188-197.

Selye, H. 1973. The evolution of the stress concept. *Am. Sci.* 61: 692-699. (Stress as a nonspecific response of the body to demands made on it is an important medical concept in relation to population pressure and toxic substances in the environment.)

Soulé, M. E., ed. 1986. *Conservation Biology: The Science of Scarcity and Diversity.* Sinauer Associates, Sunderland, MA.

* Sterner, R. W. 1986. Herbivores' direct and indirect effects on algal populations. *Science* 231: 605-607.

* Stoddard, H. L. 1936. Relation of burning to timber and wildlife. *Proc. 1st N. Am. Wildl Conf.* 1: 1-4.

* Teitelbaum, M. S. 1975. Relevance of demographic transition theory for developing countries. *Science* 188: 420-425.

* Todes, D. P. 1989. Kropotkin's theory of mutual aid. Chapter 7 in *Darwin without Malthus: The Struggle for Existence in Russian Evolutionary Thought*. Oxford University Press, New York.

Toft, C. A., A. Aeschlimann, and L. Bolis. 1991. *Parasite-Host Associations: Coexistence or Conflict?* Oxford University Press, New York.

* Werner, E. E., and D. J. Hall. 1974. Optimal foraging and the size selection of prey by the bluegill sunfish (*Lepomis macrochirus*). *Ecology* 55: 1042-1052.

* Wilde, S. A. 1968. Mycorrhizae and tree nutrition. *BioScience* 18: 482-484.

* Wilson, D. S. 1986. Adaptive indirect effects. Chapter 26 in *Community Ecology*, eds. J. Diamond and T. J. Case, pp. 437-444. Harper & Row, New York.

* Wilson, E. O., ed. 1988. *Biodiversity*. National Academy Press, Washington, D. C.

Wilson, E. O. 1991. Ants. *Bull. Am. Acad. Arts Sci.* 45 (3): 13-23. (Ants are the dominant "little-sized organisms," with greater biomass than any other insect group. Ant colonies practice "programmed demography" in that reproduction is reduced when the colony becomes large.)

* 代表本章中引用的参考文献。

第七章

发育与进化

与个体生物的生长发育类似，生物群落经历着从年轻到成熟的发育过程。但是，如我们将看到的，两者的格局和控制因子是完全不同的。群落在短期（1 000 年或者更短）内的发育被广泛称为**生态演替**(ecological succession)，但将其称为**生态系统发育**(ecosystem development）可能更为恰当，因为它是一个既包括生物变化又包括物理环境变化的动态过程。地质时期（数百万年计）内的变化被归入**有机进化**(organic evolution）的范畴。

你也许已经了解生态演替，因为它不断地发生于你周围的景观中。但是，你可能并不了解在这些变化中存在着一定的格局（在没有较大干扰时，这些变化是能够预见的)。当一区域变成能为群落发育所利用时（例如农田被荒弃并任其自然发展)，机会性植物、动物定居于一系列暂时性的或先锋群落，我们称其为**演替系列阶段**(seral stage)。逐渐地，更长久的群落发展起来直到成熟或**顶极阶段**(climax stage)，即新陈代谢处于平衡（即初级生产力 P 大致接近维持产生的呼吸消耗 R)。群落的生物组成取决于该地区的气候、基质条件、地形和水文条件。

1. 例子：弃耕地的演替

图 7-1 说明了发生在乔治亚州皮德蒙特地区（Piedmont region）弃耕地上的生态演替格局，它展示了在没有主要的自然或人为干扰的情况下植被随着时间的变化，可作为当地生物群落演替的一部分。一年生杂草植物如马唐（crabgrass）和豚草（ragweed)，最先定居在弃耕地上，紧接着几年后是多年生草本植物［例如紫菀（aster)、一枝黄花（goldnrod)、须芒草（broomsedge grass）等］，然后是灌木和松树苗。郁闭的松林发育并持续 100 年左右，然后逐渐被耐阴的阔叶林取代（橡树和山核桃是皮德蒙特地区顶极森林的优势种)。如图 7-1 所示，鸟类的演替伴随着植物的变化，随着森林的成熟，旷野和林缘种被森林内部种所取代。与图 7-1 类似的格局可出现在某种森林植被为其顶极阶段的任何地区，但是不同阶段所出现的动植物种类将随着地形、气候和地理区域而有所不同（回顾第三章关于“生态等值种”的讨论)。

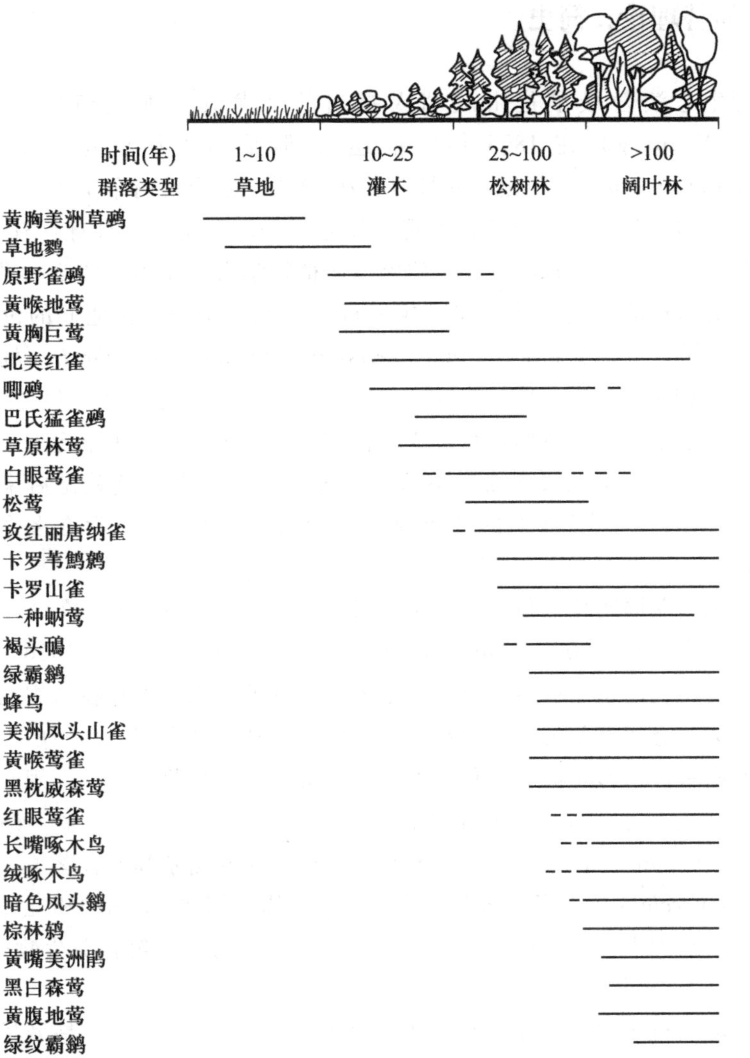

时间(年)	1~10	10~25	25~100	>100
群落类型	草地	灌木	松树林	阔叶林

黄胸美洲草鹀
草地鹨
原野雀鹀
黄喉地莺
黄胸巨莺
北美红雀
唧鹀
巴氏猛雀鹀
草原林莺
白眼莺雀
松莺
玫红丽唐纳雀
卡罗苇鹪鹩
卡罗山雀
一种蚋莺
褐头鳾
绿霸鹟
蜂鸟
美洲凤头山雀
黄喉莺雀
黑枕威森莺
红眼莺雀
长嘴啄木鸟
绒啄木鸟
暗色凤头鹟
棕林鸫
黄嘴美洲鹃
黑白森莺
黄腹地莺
绿纹霸鹟

普通种的数量*	2	8	15	19
密度(每百英亩鸟的对数)	27	123	113	233

*普通种是人为指定的即存在于四种群落类型中的一种或几种，其密度为每百英亩5对或更多数量。

图 7-1 美国东南部弃耕地的生态演替普遍模式。图中显示了植被生活型的四个阶段（草地、灌木、松树林和阔叶林）；图中的横线代表随自养生物变化的鸣禽种群的改变情况。在任何顶极阶段为森林的地方都能发现类似的模式，但各个发育阶段出现的植物或动物的种类则依当地的气候或地形而异（仿 Johnston 和 Odum，1956）。

2. 演替理论：简史

尽管生态演替最早是由欧洲人提出的［尤其是尤金纽斯·瓦尔明（Eugenius Warming）在1895年的描述］，但是弗雷德里克·克勒门茨（Frederic E. Clements）（他出生并且成长在20世纪之交的内布拉斯加草原）却是这一领域的先驱。克勒门茨将景观看作是一个动态实体，自身具有生活史。他和他的妻子伊迪丝（Edith）（一位资深的植物学家）是不知疲倦的野外工作者，他们对植被的历史、结构和组成进行了广泛的调查。在他们的论著《植物演替：植被发育的分析》（*Plant Succession*; *An Analysis of the Development of Vegetation*）（1916）一文中，克勒门茨把生物群落描述为“超有机体”，其发育过程类似于单个有机体的发育过程，他进一步认为，在一个给定地区，所有植被都发育为同一个顶极阶段，不管这种发育多么缓慢（这就是后来众所周知的与“多顶极”理论相对的“单顶极”理论，前者即允许存在多个可能的最终阶段）。

与克勒门茨同时代的赫伯特·格里逊（Herbert A. Gleason）在“植物群丛的个体论概念”（*The Individual Concept of the Plant Association*）（1926）一文中提出了完全不同的植物群落观点。格里逊质疑在群落水平上存在组织对策，相反，他认为生态演替是力争定居和占据空间的个体和物种相互作用的结果。克勒门茨和格里逊都假定演替变化全部或大部分是出于植物的反应。现在我们知道动物和微生物也扮演了重要角色，正如动物生态学先驱维克多·谢尔福德（Victor E. Shelford）最早所指。1939年，克勒门茨和谢尔福德合著了《生物生态学》（*Bio-ecology*）一书，试图在群落水平上描述植物-动物的相互作用，但很不成功。直到人们开始研究生态系统能量学，才得以理解自养生物-异养生物之间的相互作用。

著名的西班牙生态学家马格列夫（Ramon Margalef, 1968）是最早论证包括生产（P）与呼吸（R）间能量分配基本转变在内的生态系统发育的学者之一，他证实了在演替早期阶段，$P>R$（或有时 $P<R$），在顶极阶段，$P=R$。这种转变无疑是一项生态系统水平上的对策。

正如在科学理论和争论中常遇到的情况那样，任一极端的论点不能作为对现象的唯一解释而被接受。无论是整体的还是个体的过程似乎都与群落发育息息相关。群落和生态系统不是“超有机体”，但正如第四章所说，它们是具有自我组织能力的非平衡系统。现代理论认为生态系统的发育是生物群落作为一个整体（整体成分）对自然环境改造的结果；组成群落的种群（个体成分）之间的竞争和共生的相互作用；以及能流从生产转变到呼吸，此时需要越来越多的可利用能量来维持日益增长的有机结构（群落代谢成分）。

今天被普遍接受的概念是，生态演替是一个双相过程。早期或先锋(pioneer)阶段倾向于任意的（即随机性的），如机会性物种定居，但是晚期阶段则倾向于更明确的自我组织（即可确定的）。

3. 演替的类型

原生演替(primary succession)就是发生在初始环境条件对生命不利的贫瘠地区（如新近暴露的沙丘或熔岩流）的演替。正如预期的那样，这种发育可能是非常缓慢的。奥尔逊（Olson，1958）重复检验了由考尔斯(H. C. Cowles)1899年首次描述的沙丘上的植物演替，该沙丘是密歇根湖向北退却时留下的；奥尔逊推测，假如没有风、水淹、胁迫者或者其他干扰，在自然条件下从裸露沙丘开始，发展到顶极的阔叶林大约需要1 000年。当然，在这个漫长的过程中，对发育过程产生某种干扰的可能性是很高的。幸运的是，这些沙丘中有一部分被纳入印第安纳沙丘国家公园（Indiana Dunes National Park）中，从而为继续研究原生演替提供了野外实验室。

与之相反，**次生演替**(secondary succession)这一术语是指发生在原先被发育良好的群落占据或者其营养和其他条件有利的地段上的演替，诸如弃耕地、开垦过的草地、采伐林地或新的池塘。次生演替可以很快，草地或水生环境只需几十年时间就可达到成熟阶段，森林则不到500年（见图7-1）。当然，土壤发育是陆地群落发育中的主要部分，这部分内容已在第五章讨论过。

区分**自养演替**（autotrophic succession）和**异养演替**（heterotrophic succession）是很重要的。前者是自然界里最普遍的类型。它开始于最初以无机环境占主导的地方，其特征是绿色植物（自养者）在早期和随后的时间里占优势。相反，异养演替的特征是早期以异养生物占优势；它发生在一些特殊的有机环境中，例如在因污水而受严重污染的溪流，或在更小的尺度上（如腐木）。开始时能量最大，如果没有额外的有机物质，随着演替的进行，能量趋于减小，直到出现自养体制。相反，在自养演替中能流无须减小，而是经常能得以维持或者增加。

4. 生态系统发育模型

图7-2是演替的一般系统模型，它基于的概念，即内部或**自源输入**(autogenic input)（或多或少地连续运作）和周期性的外部或**异源输入**(allogenic input)，两者都影响生态系统向顶极阶段的发育过程。理论上，自源力量趋于把系统推向平衡，即在P和R以及稳定的物种组成之间的平衡。与之相对，强烈的异源输入趋于打破到达平衡的过程，并且使演替回到较年轻阶

段，正如发生在遭风灾或砍伐的森林，或被倾倒污水的池塘中的情形。有时，某个异源输入也会加快发育趋向平衡，而不是阻碍之。

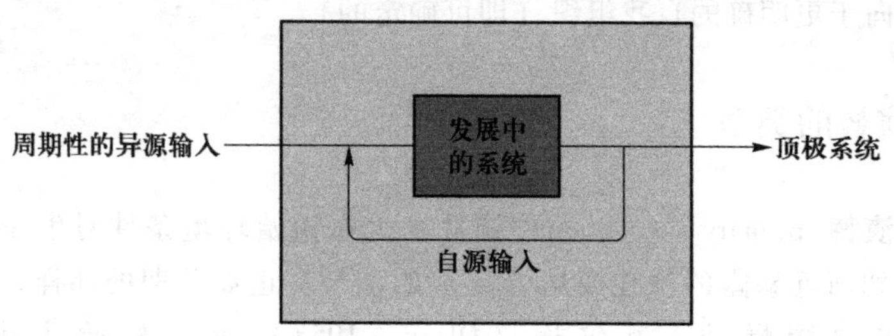

图 7-2　一个生态演替的系统模型。

图 7-3 是一个能流模型，它显示了上述 *P*、*R* 之间能量分配的基本变化。在一个生态系统的发育早期，当没有太多生物量需要维持时，大部分可利用能量进入新的生长部分（生产量）。但是随着有机结构的不断建立，需要越来越多的能量来维持这种结构并且耗散无序，故如第四章所述，用于生产的能量越来越少。能量利用的这种变化与人类社会的发育类似，正如我们将会看见的那样，它影响我们如何对待环境的态度。

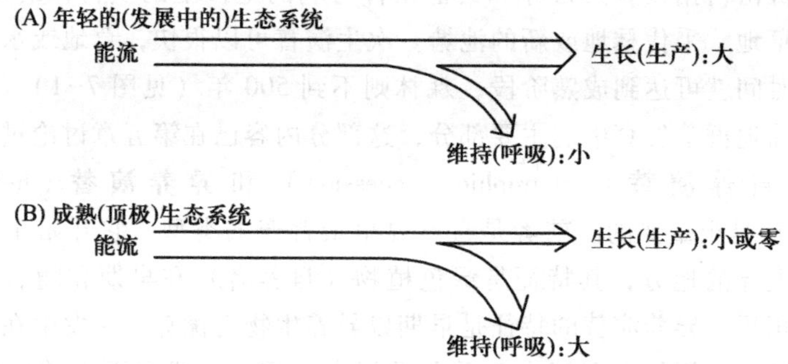

图 7-3　一个生态演替的能流模型，发展中的系统（A）和成熟系统（B）间的能量分配显然不同。

5. 微宇宙模型

把玻璃烧瓶放在有充足光源的地方，如放在实验室的培养室中，就能够对微宇宙水平上的生态系统发育进行动态观察。烧瓶中装有一半培养基，培养基含有生命必需的平衡无机盐，然后从池塘中采集水样和沉淀物进行接种。交叉接种是比较好的措施，以保证各种不同的水生生物或其繁殖体（包括植物和动物）进入每一个容器。

图 7-4A 表明了一个微宇宙模型中，随着时间的推移，三个特征指标（即

光合作用生产量 P、呼吸量 R 和生物量 B）是如何变化的。如图 7-4B 中所示，微宇宙中演替的基本格局与发生在森林中的更长期的开放系统发育类似。在微宇宙的最初几周里，来自池塘水中的自养生物（藻类细胞）利用短期内几乎取之不竭的营养物质并快速增长。小型异养生物（如细菌、原生动物、线虫、甲壳动物等）也经历着同样的变化，所以生命物质的总体积或生物量迅速增加。在幼年生长阶段中，总初级生产力（P_g）超过总呼吸量（R），故 $P/R>1$，相当多的净初级生产力（P_n）得以积累，即生物量。

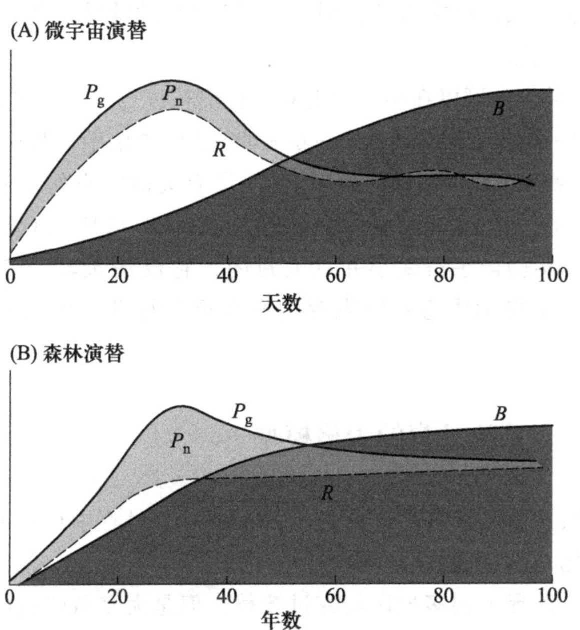

图 7-4 （A）生态演替的微宇宙模型与（B）森林演替的能量学的比较。P_g 为总初级生产力；P_n 为净初级生产力；R 为呼吸；B 为生物量。

在一个封闭系统中，当资源（例如空间和养分）利用达到饱和时，生产速率受到分解速率和养分再生速率的限制。生产量与呼吸量大致平衡，即 $P=R$ 或 $P/R=1$ 时，系统进入脉冲式顶极状态。这一阶段很少或没有净生产量，生物量不再进一步增长。系统在外观上经历着从鲜绿色到黄绿色的转变，到成熟阶段，碎屑物和食碎屑者更占主导地位。培养基中的顶极阶段可以无限地持续下去，但是如果在最初的接种物里多样性很低的话，培养物就可能因为缺少能够执行关键过程的生物而衰老和死亡。在任何时候，从旧的培养物向新的培养基接种，或者向旧培养物中添加新培养基，都能够使新的演替处于动态发展中。

如上所述，演替既能在极端的自养条件中进行，如刚才谈及的培养物，也能在 $R>P$ 的极端异养条件下（或者在 P 可能为零的地方）进行。干草浸液培养是一个有趣的异养演替的微宇宙模型，该模型培养的是原生动物或其他微型动物。如果将一定量的干草煮沸，将其溶液在黑暗中静置几天，异养细菌便大量繁殖起来了。如果加入的池水包含小型动物的种源，就能观察物种演替达1个月左右。通常最初出现的是被称为单胞原虫的微小鞭毛虫，接下来是纤毛虫，如草履虫（*Paramecium*）和肾形虫（*Colpoda*）；然后开始缓慢变化，出现特殊的纤毛虫（如腹纤毛虫 *Hypotricha* 和钟虫 *Vorticella*）、变形虫和轮虫，达到物种丰富度的演替顶峰。如果没有藻类存在，或把培养物放在黑暗中以及没有新鲜干草浸液加入，微宇宙就会崩溃，因为所有生物都将死于食物匮乏，原有的有机物质被耗尽。

于是，在实验室中可以在小尺度上对两种演替进行比较，或者就像生态学课程中的课堂练习一样。该培养展示了在新池塘或人工湖泊中早期发生的自养演替以及在污水排入池塘或溪流后出现的异养演替。（有关微宇宙作为演替模型的进一步讨论，见 Cooke，1967；Gorden 等，1969；Beyers 和 H. T. Odum，1993。）

一般来说，实验微宇宙太小并且太封闭，它没法包含足够的多样性（物理的和生物的）来揭示生态系统发育的所有重要特征。所以我们需要发展一个更为全面的模型。

6. 自源生态系统发育的表格模型

由大的自然开放系统的研究所揭示的自源演替过程中可预见的群落结构和功能的重要变化总结见表 7-1。生态发育的趋势被归在几个条目之下。尽管生态学家们已经在世界上很多地区研究过演替，但是大多数强调的还是描述性方面，诸如物种组成或营养水平的变化；只是到最近，功能方面也被考虑在内。因此，表 7-1 中所列举的一些条目，尤其是表格底部的那些，必须被考虑为暂时性的或假设性的，它们尚未被足够的野外资料或实验室实验所完全证实。模型中有五个方面似乎是最重要的，还需要更多的说明。

第一，在生态系统发育中，随着演替阶段的进行，植物和动物（以及微生物）物种发生变化，这一过程被称为**接替动植物区系**（relay floristics and faunistics）。当把物种的出现率（使用“密度”指标更好）相对时间作图时，就获得了特征性的阶梯图形，见图 7-1。无论我们考虑特定的分类群如鸟类，还是营养类群如生产者或食草动物，这种格局通常都是明显的。很典型，演替系列中的一些物种比其他物种具有更宽的生境耐受力，并且在整个演替中能存在更长的时期，如皮德蒙特地区的松树和北美红雀。一般来说，地理上可供定居的物种类群（无论是分类的还是生态的）中的物种越多，在时间序列中每一物种的出现所受到的限制就越大，这是由于上一章所讨论的竞争-共存相互作用的缘故。

表 7-1　自生、自源性生态演替的表格模型

生态系统特征	生态发育的趋势 早期阶段——→顶极 年轻阶段——→成熟 生长阶段——→稳定状态
群落结构	
物种组成	最初变化迅速，然后逐渐加快（接替动植物区系）
个体大小	趋于增大
物种多样性	最初增加，然后稳定；或由于个体大小增加，在衰老阶段下降
总生物量（B）	增加
无生命有机物质	增加
能量流动（群落代谢）	
总生产量（P）	在原生演替早期阶段增加，在次生演替期间很少或不增加
群落净生产力（产量）	下降
群落呼吸量（R）	增加
P/R 比率	$P>R$ 到 $P=R$
P/B 比率	下降
B/P 和 B/R 比率（所支持的生物量/单位能量）	增加
食物链	由线性链变为更复杂的食物网
生物地球化学循环	
矿质营养循环	更加封闭
必需元素的周转时间和储存	增加
内部循环	增加
养分保存	增加
自然选择和规律	
增长形式	由 r-选择（迅速增长）到 K-选择（反馈控制）
生活周期	特化、长度和复杂性增加
共生现象（共同生活在一起）	互利性增加
熵	下降
信息	增加
能源和营养利用的总效率	增加

第二，随着演替的进行，多样性趋于增加，尤其是在原生演替以及次生演替的早期阶段。通常，最高的多样性出现在演替的中间阶段（Sousa，1984）。然而，这一趋势可能随着不同的分类群和营养类群而有所不同。例如，在森林演替中，自养生物的多样性可能在早期就达到最高，然后随着树木长大，其多样性降低，而异养生物的多样性可能继续增加直到进入顶极阶段。相反趋势的相互影响使得在多样性方面难以概括。生物个体的增大和竞争的增加趋于降低多样性，而有机结构和生境的复杂化趋于增加多样性。周期性干扰（即火、风暴和捕食者）常常增加物种多样性，这是因为周期性干扰为不能在未受干扰群落中生存物种的定居开辟了新区域。第三章简短讨论过“中等干扰假说”。如果干扰继续下去，演替会回到早期阶段或维持在非平衡状态（本章后半部分将讨论相关的概念“波动-稳定亚顶极”）。

第三，随着演替的进行，生物量和有机物质现存量增加。在水生环境和陆地环境，随着演替的进行，生命物质的总量（生物量）和分解的有机物质（碎屑物和腐殖质）增加，直至到达平衡（输入 = 输出）。溶解有机物（dissolved organic matter，DOM）从分解物质和活细胞释放出来，数量和种类不断增加而积累。如第四章所简述的，这些“外代谢物”不仅加强了微生物食物链，而且一些产物也作为抑制剂（抗生素）和生长促进剂（例如维生素）影响生长和物种组成。创造一个日益增加的有机环境是群落促进物种演替的主要方式之一。

第四，净生产量的减少和呼吸量的相应增加是演替的两个最明显和最重要的趋势。图 7-3 明确地表明了这些变化，本章的前半部分也对此做了解释。

第五，生活方式和生活史都随着演替过程发生着变化。在演替过程中不仅有物种的来去，而且适应生活方式趋于从 r-选择转变到 K-选择（回顾第六章 r-选择和 K-选择的讨论）。存在于先锋阶段或演替早期阶段的物种通常是 r-对策者，它们具有高的繁殖力和简单的生活史。相反，生活在资源有限的拥挤环境中的生物，即 K-对策者，在顶极阶段具有更高的存活率。随着生态系统的成熟，更大的个体或储存能力、更特化的生态位、更长和更复杂的生活史以及物种之间更多的协作（互利共生）都是比繁殖能力更重要的属性。如果一个物种所在的群落从先锋系统到成熟系统都有不同的生存方式（极少数是这样的），那么其生活方式一定会产生剧烈的变化。当人类从尚不拥挤的先锋社会到拥挤的成熟社会时，也面临着重新调整我们的生活方式的问题。

现在我们已讨论到生态演替理论中具假设性、争议性及难以验证的部分。尽管表 7-1 所示的大多数趋势被生态学家很好地证明和接受，但是仍然如克勒门茨和格里逊时代一样，“如何”以及“为什么”仍然是有争议的问题。演替不是伴随着中央置位控制的“目标驱动型”发育，而是从非平衡系统在自我组织方面的内在能力的结果，而自我组织是一个弥散的亚系统反馈网络的结果

（见第三章图 3-11）。布鲁克斯和维立（Books 和 Wiley，1986）认为热力学第二定律是自我组织伴随着生命系统增加复杂性的结果，复杂性是熵耗散的结果。总的对策包括熵的降低（无序化）、信息量的增加（有序化）、生态系统抗干扰能力的提高（抗性稳定）以及能量和养分的利用效率的提高。很多生态学家不接受这一假说。这主要取决于当前对进化改变机制的争议结果，我们将在本章的后半部分再度涉及。

基于网络理论，乌兰诺维茨（Robert Ulanowicz，1980）提出，生态系统发育的自然趋势是朝向支配地位（ascendancy）的（即系统"上升"到更成熟的配置）。他认为，至少在理论上，发育过程能通过在"网络支配地位指数"中概括主要趋势（增加的物种多度、更大的循环和反馈、更强的生态位特化、增加的代谢；见表 7-1）来加以量化，该指数也是系统活动和营养级（食物网）组织的产物。

7. 时间因素和异源力

图 7-4 和表 7-1 所显示的变化似乎与地理位置或生态系统类型无关，而物理环境和异源力强烈地影响顶极阶段的相对稳定性以及持久性和演替所需的时间——不管时间尺度（见图 7-1 和图 7-4 的 x 轴）是以周、月还是年表示。在开放的水体系统，如培养基中，群落只能在极小程度上改变其物理环境。因此，如果发生演替的话，它也是短暂的，可能只能持续几周时间。如果说会出现顶极群落，其寿命也是有限的。马格列夫（Margalef，1968）总结了发生在海岸水体的季节演替梯度的变化：

（1）在增加的浮游植物中，细胞的平均尺寸变大，具有活动能力的种类的相对多度增加。

（2）生产力效率降低。

（3）浮游植物的化学组成发生变化，例如植物色素从浅绿到黄绿的变化最典型。

（4）浮游动物组成从被动的滤食者的变化到更加积极和具选择性的捕食者，这是对饵料状况变化的响应，即无数小的食物颗粒转变为少量浓集于组织程度更高（成层）的环境中的较大单位的食物。

（5）在演替的最后阶段，总能量转换可能较低，但其效率似乎得到了改善。

注意这些变化与表 7-1 中显示的趋势非常类似。

森林生态系统则是另一个极端，其群落能广泛地改变物理环境。大量生物量积累起来，并且群落结构在长时期内继续以可预见的方式变化——直到自源过程被风暴等严重干扰所打断。为了预测森林演替或者对其进行建模，干扰体制必须被包括在所考虑的空间-时间范畴内（Shugart，1984）。在马萨诸塞州哈佛森林（Harvard Forest）开展的小区域植被史研究中，奥利维和史蒂芬（Oliver 和 Stephens，1977）成功记录了 1803—1952 年以不规则间隔发生的 14 次不同等级的自然和人为干扰，并且有证据表明在 1803 年前有两次飓风和一次火灾。小的干扰不会导致出现新的树种，但它们往往允许已经存在于林下层的物种如黑桦、红枫、铁杉出现于林冠层。大规模的干扰会产生空地，如飓风或大火，使演替早期物种如白桦、欧洲酸樱桃得以侵入。奥利维和史蒂芬从他们的研究总结出，现在森林的物种组成更多地是异源力而不是自源发育的结果，或者换另一种方式说，今日的森林是成熟的、早期演替系列和经干扰影响的植被的混合体。当发育受干扰（如风暴、火灾或密集放牧）影响而“倒退”时，就物种取代而言，恢复可能遵循着不同的途径，而不是原来的或原生演替，这种格局被称为偏向演替（Goodwin，1929；Gibson 和 Brown，1992）。

8. 动态的海滩

海滩是观察自源过程和异源过程相互作用的最佳场所。只要波浪作用温和、泥沙平衡（即沉积的泥沙和被潮水与波浪带走的泥沙一样多），风就会堆积沙丘，植被按一定的顺序在沙丘上发育：沙滩草本植物，耐旱的非禾本科草本植物，灌木，然后是刺柏（juniper）、松树、橡树等树种。群落逐渐稳定沙丘，使这些沙丘能够抵御高潮和普通风暴的影响。如果泥沙平衡是正值，海滩就向大海移动并且有更多的沙丘演替发生。然而，如果泥沙平衡为负值，可能是因为离岸流的变化、海平面升高或人类的挖掘和填土活动导致的，这时海滩向陆地变移，尽管有植被覆盖，沙滩还是开始发生侵蚀。此时，沙丘成为补充和维持海滩的泥沙来源。

海滩在何处？

你下一次去海边旅行时，会注意到有海堤（或者阻止水流的彼此紧挨的房屋或旅馆）的地方，在高潮时常常没有海滩可步行。在海滨胜地经济投资很大的地方，人工海滩的繁荣（包括将砂子泵吸或移回到海滩）可能是有理由的。一个更为谨慎的海滩发展途径是要认识到位置较低的海滨的内在不稳定性，设计相应的人造建筑结构。例如，把房屋建在柱状结构上，以便高潮和风暴水流能在建筑结构下面及以外自由流动，就像在天然海滩一样，逐渐耗散能量而不会产生危害。目前在美国许多州和地方正在采纳需要这些谨慎措施的建筑法规。

只是在最近，科学家们才开始理解地球物理力量和生物力量的这种相互作用。过去，人们通过造价昂贵的海堤、消浪石、穹拱和人工屏障来解决海滩侵蚀问题。在很多情况下，这些措施不仅被证明是无效的，而且实际加快了海滩的侵蚀。由于海堤或其他屏障，波浪和潮水的所有能量都被导回到海滩，冲刷海滩，使其变得更加陡峭。用于自然修复的泥沙来源被这些屏障所切断。这些趋势见图 7-5。于是，修建海堤可能挽救了你的海滨别墅（至少是暂时的），但是却导致了海滩的损失，而海滩恰恰是你在此修建（或购买）别墅的原因。关于海滩动态的更多知识参见 Kaufman 和 Pilkey（1983）的《海滩在移动》(*The Beaches Are Moving*)。

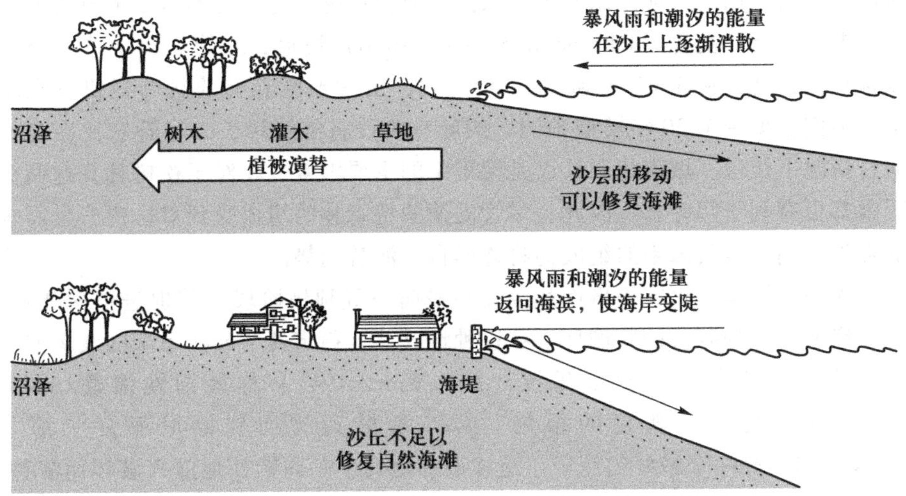

图 7-5　海堤或类似屏障对海滩地貌的影响——自源过程和异源过程的相互作用。

9. 衰老演替和循环演替

即使没有外部干扰，顶极阶段也不可能保持永远不变。对老龄森林的观察表明，可能会出现自我破坏的生物学变化（类似于我们所说的个体衰老）。例如，当老树死亡时，幼树可能并没有完全取代它们，或营养物质的再生可能变得缓慢以及群落代谢减慢。目前定量化的研究很少，我们不能说明自然群落在达到成熟后是否就开始经历衰老（正如生物有机体那样）；或者是否不同于生物有机体，未受干扰的生物群落具有无限进行自我维持的内在能力。

林务员一般主张采伐老龄林（他们将其归类为“过度衰老”），他们认为既然不再有任何净生长，既然大树正在死亡、腐烂，树木就应该被采伐或稀疏，以促进新一代幼林的生长。尽管林务员可能真的是为未来考虑，该建议最可能的动机是，人们可从高质量木材获得大量的金钱，而这些大树都是历经几百年时间才长成的。可以肯定，土地拥有者和专职林务员已经认识到老龄林的美学、休闲和维生价值，但由于这些价值都是非市场性的，当经济利益成为主要考量时，将树林保留下来的想法就会让位于砍伐。另一方面，当这些林地不是其拥有者的唯一收入来源时，他们可能选择保留。在大城市的周围常常有这种情形，城市居民拥有的乡村土地日渐增多（Healy 和 Short，1981）。正如我们将在下一章再次提到的，在经济和美学间存在着一个中间地带。

佐治亚州皮德蒙特森林和亚特兰大市提供了一个例子。如图 7-1 所示，这些森林的演替是从松树到阔叶林。由于松树比阔叶林有更高的市场价值，商业森林管理旨在阻断这种演替趋势，使松树阶段能够被维持或再生。然而，城市居民常常对他们的林地娱乐和第二家园的质量更感兴趣，而不是纸浆原料的生产。据约翰逊和夏普（Johnson 和 Sharpe，1976）报道，尽管做出了造林努力以维持松树林，从 1961 年到 1972 年之间，山麓地区森林的阔叶树仍然在增加；他们根据一个 30 年模型预测，阔叶林阶段将继续增长，尽管它比在自然演替情况下缓慢。城市化和禁火是模型中的重要因素，相对于松树林，这两个因素都更有利于阔叶林。因此，尽管皮德蒙特森林的组成受到对松树产量需求的强烈影响，但其未来的组成仍将遵循自然演替趋势。

疾病、风暴、火灾等事件都会在顶极阶段或顶极阶段之前促进群落死亡，并开启演替系列阶段的新循环，在这种情况下，稳定性与成熟系统的衰老问题都是空谈。英国生态学家瓦特（A. S. Watt，1947）称**周期性演替**（cyclic succession）是一个普遍的格局。第二章提到的加利福尼亚夏旱灌丛（chaparral）是一个最好的例子。这种矮林地几乎是周期性地遭火破坏而演替。当群落成熟时，在漫长干热的夏季，枯枝落叶的堆积比分解快得多。由灌木产生的抗生素类化学物质阻止地面植被的生长。群落的可燃性变得越来越大，迟早大火会席卷整个林地，去除堆积的枯枝落叶，并使抗生素失效，地面以上的灌木和树木都被杀死。然后演替发育又重复进行：草本植被的发育从种子开始，木本植被萌生直到再次成熟。这样，衰老的群落转眼间又变得年轻了。史布鲁格尔和铂尔曼（Sprugel 和 Bormann，1981）所说的高海拔森林的“波浪型演替”是另一个例子。当树木长高时，它们易于被吹倒并且被幼树取代，这样幼年和成熟植被的演替就如景观上层层推进的波浪，一般顺着盛行的风向。

10. 波动-稳定亚演替顶极

迄今为止我们已经强调了异源性物理波动的不稳定影响。但是，如果剧烈的干扰以规则的波动形式发生，它们也可能是稳定的影响；适应的物种能够利用这种规则波动作为额外能量辅助。事实上，来自外部（在模型术语里，作为强制函数）的节律性、短期的干扰能使生态系统维持在演替系列的某个中间阶段，导致系统出现年轻和成熟之间的折中。我们所说的波动水平面生态系统就是例子。在河口、潮间带、水稻田、佛罗里达大沼泽地和纽约湾（第一章已做过叙述)，由于水位的昼夜或季节性涨落，使其保持在高生产力的演替早期阶段。在这些系统里，生物的生活周期非常适应波动。这些波动-稳定亚演替顶极（我们所说的亚演替顶极是指处在无干扰条件下演替顶极之前的发育阶段）是景观的非常重要的组分，因为它们像年轻系统一样，净生产率很高。这种生产量的一部分传递到邻近系统，并帮助其繁荣，这些邻近系统的生产力可能较低，但可能具有恢复美学和生命支持价值，可支持演替早期阶段所没有的有价值物种（见第四章“源-汇能量学”的讨论）。

11. 生态系统发育对土地利用规划的意义

大自然的土地利用规划包括了使每单位能流的结构和复杂性增加的发育趋势（高 B/P 效率，见表 7-1），它常与人类追求最大产量的经济目的形成巨大反差并常常与之发生冲突，人类努力从景观中获取可销售产品的最高产量（高 P/B 效率）。认识到自然和归化环境之间在“游戏方案”（game plans）方面的差异有助于我们了解土地利用的矛盾，当我们从最佳长期利益出发，努力建立合理的环境管理政策时，这种矛盾日渐增长。我们可以把自然演替看成是“保护”对策，因为在景观中积累的有机结构，储存的养分和多样性是不利时期的保障，正如银行存款和家庭资产有助于渡过经济困难时期。相反，“生产”对策，如人类开发利用的那样，涉及发展和维持生态系统的早期演替类型，这些生态系统生产食物、纤维和其他产品，并在生长的顶峰期被收获，几乎不留什么下来保护景观免受气候、污染和其他物理环境不确定性的影响。但是人类的生活并不只是需要食物和纤维就行了。我们也需要大气中二氧化碳和氧气的平衡、海洋和大量植被对气候的缓冲以及用于文化和工业的清洁水源（无生产力的）。

概言之，我们对这两种生产性和保护性的生态系统都是需要的。对人类居住而言，最令人愉快，当然也是最安全的景观是包含不同生态年龄的群落混合体，即各种农田、森林、湖泊、溪流、有植被覆盖的路旁、沼泽、海岸和废弃场地。(你会意外地从野生花卉指南里注意到很多有趣、美丽的花卉生长在废弃场地，而一些人，例如公路工程师总是试图用草坪或其他整洁但是枯燥的地面覆盖来取代。）正如本书多次指出的那样，我们需要既有自然景观也有人工景观的大面积地区来维持高能量消耗、高度发展但却是生态寄生的城市地区。

由于不可能在同一时间、同一系统中最大限度地利用这对相互矛盾的用途，于是有人提出了“既留着蛋糕，又吃掉一部分”的两种解答方案。我们可以在产量和环境质量间求得折中；或者我们也可以有意识地分隔景观（希望具有极大的智慧和远见)，把单位主体划分成既有高生产力也有明显的保护功能的类型，并以不同的管理对策维持，例如，从集约式种植到野生生物管理。第五章首次提到的保护耕作农业是成功的折中对策的典范，因为这种模式兼有好的收成和土壤质量，并且减轻了对邻近水源（对生命具有支持作用）的化学污染。当我们留出公园和其他不用于发展的缓冲系统以及绿色空间时，当我们制定合适的分区条例、保护权利和开放空间法规时，我们就做到了合乎要求的（景观）划分。

在玉米田里度假？

很多关键的生命支持资源（不提美学和娱乐要求）主要是由那些净生产量低的景观部分提供的。换言之，景观不仅仅是供应仓库，它也是我们生活在其中的家。我们可能都赞赏广阔的爱荷华州玉米田，并且意识到它的重要性，但我们之中却很少有人想生活在玉米田中，并且我们肯定不会为了娱乐去那里！作为生物个体，我们或多或少会本能地采用有保护功能的非食用植被（树木、灌木、草本）来围绕我们的房屋，与此同时，我们尽可能地从玉米田获取额外的收成。说到度假，国家公园和其他自然地区比玉米田更受欢迎。

在美国也和其他地方一样，大量的自然环境被保留作为公园、国有森林和州属森林、野生动物庇护地、荒野地区等，从东部和中西部许多州少于10%的土地比例到西部一些州大于50%的土地比例不等。考虑到户外娱乐的需求和日益增长的城市文明对生命支持环境的需求，20%这一最小比例（像美国西部这样的干旱气候区需要更多）似乎是合理的规划目标。理想的话，每个孩子都应该能够步行或骑自行车去大自然中探寻自然奥秘。

12. 网络复杂性理论

我们将从生长到维持的能量利用转换作为生态演替中最重要的趋势（见图 7-3 的能流模型），它与处于增长阶段的城市和国家有相似之处。民众和政府始终没能预期到随着人口密度的增加和城市工业的急剧发展，越来越多的能量、货币、管理努力和税收必须用于公用事业（即供水、污水处理、交通和治安维护），这些公用事业维持着已经发展的区域，并从任何复杂、高能耗系统“泵出”其内在的“无序性”来。相应地，可用于新的生长的能量越来越少，最终已经存在的发展将通过消耗才能获得新的生长。“信息论之父”——香农（C. S. Shannon）指出：日渐增长的无序是所有复杂系统的特征。这已经开始被人们理解为“网络定律”，阐述如下：

$$C=\frac{N\ (N-1)}{2}$$

或近似地表达为 $N^2/2$。

换言之，维持公用事业网络（N）的代价（C）是 N 的幂函数（大约是 N 的平方）。那就是说，当城市或发展在规模上加倍时，其维持代价可能增加 4 倍（见 Pippenger，1978）。

13. 演替失败时

这部分的标题也是乌德维尔（George M. Woodwell，1992）一篇论文的题目，他简明扼要并极其迫切地描写了人类在环境方面的愚蠢以及现在需要采取行动以对付诸如大气毒化和全球变暖等全球性危机。通常，当景观被风暴、火灾或其他周期性灾害事件破坏时，生态演替是恢复生态系统的治愈过程。但是，当景观被长时期滥用（侵蚀、盐碱化、砍光所有植被、有毒废物污染，等等），土地或水体变得如此贫瘠，以至当滥用停止时，演替也不可能再发生了。这样的地区代表了一种新的环境类型，如果不通过直接明了的努力去恢复它，它将无限期地保持贫瘠。乌德维尔认为，印度的 1/3 国土已经处于这种退化状态。

当生态系统发育失败时，我们必须恢复生态系统使其再发育。大概这就是为何近来有如此多的书籍、期刊和论文涉及所谓的恢复生态学的缘故（在此只举三例，Cairns 等，1971 和 1992；Jordan 等，1987）。

14. 生物圈的进化

正如短期发育的情况一样，生物圈的长期进化是由地质和气候力量与生命成分活动中的自源过程相互作用形成的，我们已在第三章简略地概述了地球上的生命历史，并将其与盖亚假说的讨论联系在一起。图 7-6 显示了在大气层氧化方面的生物圈发育是与生物区系的进化联系在一起的。

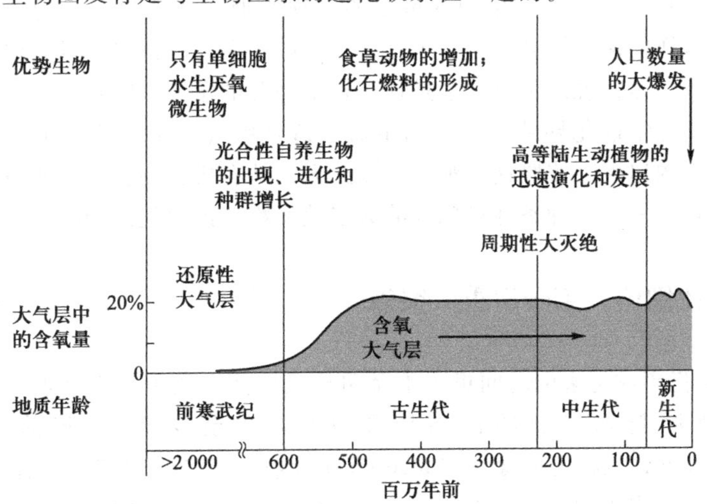

图 7-6 生物圈的进化及其对大气圈的影响。

人类社会的演替

正如在生物个体发育和群落层次发育之间存在着相似之处那样，在生态系统发育和人类社会发育之间也存在着有趣的类似之处（尽管这些相似不是基于同样的因果 关系）。在早期社会，像演替早期阶段一样，人类的生存和发展需要对环境做机会性开发并积累资源，因此清理土地是劳动生产的第一步。在社会发展的早期阶段，对人的利用（奴隶）是普遍的。在这个阶段，保护和维持维生资源（就此而言，还有人类权利）并未放到优先位置，主要是因为人们仍然认为供应比需求大得多。在世界上的不同地区，文明的废墟和人类产生的荒漠是一种证据，表明了以人口增长和经济增长（有时还有战争）为主的社会常常没有认识到，既需要生产性环境又需要保护性环境，等认识到这一点时已为时太晚。当山体被侵蚀，所有土壤被冲刷掉后，只有从外部注入大量资金才能使土地恢复（在某种程度上正如现在以色列发生的情况那样）。同样，当城市雨后春笋般无限制地生长时，保护空气和水质可能已为时太晚。

尽管我们可能从未确切地了解生命是如何在地球上开始的，但人们普遍接受的理论是，最早的生命是以非生物过程合成的有机物为食的微小的厌氧异养生物。那时大气圈的组成主要取决于火山喷发释放的气体成分；地质学家称大气圈形成是通过地壳放气实现的（Cloud，1988）。这个原始的大气圈包含着大量的氮气、氢气、二氧化碳和水蒸气；也含有一氧化碳、氯气、硫化氢，其含量对人类和现今的大多数生物都是有害的。地球早期的**还原性大气圈**[reducing atmosphere，一个用来与我们当今的**氧化性大气圈**(oxygenic atmosphere)相对照的名词]可能与现在金星和木星上的发现类似。在缺少氧气的情况下，没有像现在这样的保护性臭氧层。于是，最初的生命只有被水体或其他屏障保护才能存在。但是，说来奇怪，正是现在被阻挡开的短波太阳辐射被认为创造了化学进化，化学进化导致成为早期生命建造材料（也是早期生命的食物）的复杂有机物的出现。按照这一观点，以此方式从有机物创造生命的条件在地球上已不复存在——这种条件对现今的大多数生物来讲都是致命的。

15. 蓝细菌：第一次重大突破

在10亿年或更多的时间里，生命明显只维持在微小的立足点上，是一个生境和能源受到限制的极端物理世界。在至少20亿年前，**蓝细菌**[cyanobacteria，也称为蓝绿藻（blue-green algae），尽管它们不是藻类]是一类最早营光合作用的微小生物，它的出现导致了巨大变化的开始。蓝细菌能利用太阳光能从简单的无机物制造食物，并且释放出副产物——氧气。随着氧气扩散进入大气圈，能量利用效率更高的需氧生物进化了，并且形成了臭氧保护层，它使生命向所有地区的扩散成为可能。接下来是日益复杂的多细胞生物的爆炸性发展。在漫长的时期内，生产超过呼吸（$P/R>1$），以至在古生代氧气的增加和二氧化碳的降低达到了现在的水平（图 7-6）。在 P 大大超过 R 的时期内，我们的化石燃料形成了，植物的残遗物在比今日覆盖大得多的浅海和湿地中变成化石。

当然，生命的摇篮仍然是在很深的厌氧生物沉积物里，并且和我们这些有氧呼吸者赖以生存的巨大的需氧生物世界很好地结合在一起。厌氧生物过程在维持生物地球化学循环和大气圈稳定性方面所发挥的某些关键性作用已在第三章和第五章做过描述。

我们的大气圈：一出戏剧

我认为把人类对于环境中其他生物的绝对依赖编成剧本肯定比细述我们的大气圈是如何产生的要好得多。当然要强调的是，大气圈的产生是由于微生物而不是人类（人类现在刚开始明白它是如何维持的以及我们大量的能量转化正如何威胁其稳定性）。关于空气的故事是一出充满诱惑力的戏剧，它拥有足够的神秘性和潜在的悲剧，足可以引起所有读者的兴趣。伯克纳和马歇尔（Berkner 和 Marshall）写了一篇文学报道（1966）和一篇更加专门性的论文（1965），就像克劳德（Cloud，1988）、马古利斯（Margulis，1982）还有马古利斯和萨根（Margulis 和 Sagan，1986）写的书一样，提供了很好的参考。

在整个地质历史中，尽管由于火山的剧烈变动和彗星与地球的撞击导致了周期性的大绝灭，但生物多样性仍然是增加的。在经历了每一次这样的事件以后，每一幸存物种的个体数量都迅速增加（以地质时期为参考），但是物种多样性的恢复需要更长的时间（Signor，1990）。当人类破坏了局部生境，无论是让其自然恢复还是采取积极的恢复措施，我们都会看到短期内的同样格局。

16. 进化的机制

进化（evolution，来源于拉丁文 *evolutio*，意为展开、显示）一词广泛用于时间的变化，即伴随时间而发生的变化——通常其内涵是指朝更好的方向变化（例如，从低级到高级，或从简单到更复杂的状态）。于是，我们可以说，一个人的人格进化或者汽车的进化、飞机的进化。**有机进化**（organic evolution）指生物有机体随时间的变化，一般来说它包括从简单到复杂或更好的适应状态的长期发展。正如达尔文在其划时代论著《物种起源》(*The Origin of Species*)(1859)中概括的那样，来自环境和竞争生物压力的**自然选择**(natural selection)是有机体和物种变化的主要原因。于是，能最好地生存并且产生最多后代的个体被自然"选择"以产生下一代。达尔文称之为"适者生存"；今天，"适应"一词用来指物种持续到下一代的能力——成为一个被广泛接受的概念，"最适者"不必是最大的和最强壮的，也不必是最好的战斗者或竞争者，这已被大家所理解；很多物种通过更微妙的方式（如伪装、合作）而长期生存。

尽管达尔文对非暴力的自然选择有较好的了解，但关于互助（互利共生）作为进化因子的重要性却是克罗波特金（Peter Kropotkin）在1902年论述的(见第六章)。克罗波特金也认为存在两种自然选择，或两方面的生存竞争，即有机体对有机体（其产生竞争）和有机体对环境（其导致互利共生）。一种生物为了生存，不能用与其他生物竞争的方式去同环境竞争，而是必须以协作的方式适应或者改变其环境和群落。

随着遗传学知识的进展，我们已经很明确，由常发性的**突变**(mutation，个体基因的变化）和**遗传漂变**(genetic drift，基因频率的随机变化）所产生的变化基因频率提供了自然选择赖以发生作用的变异。著名遗传学家赖特（Sewall Wright，1938）首次指出了遗传漂变在进化中的重要作用。遗传漂变是**遗传瓶颈**(genetic bottleneck）或**种群瓶颈**(population bottleneck）的一个因素，当种群变得很小时，它可能导致灭绝。

17. 宏观进化与微观进化

有机进化作为事实而不是理论被科学家们所接受（尽管其机制有不明确和争议之处)。自达尔文以来，生物学家们普遍认为，进化变化是一个缓慢、渐进的过程，包括许多小突变和基因结构的变化，伴随着对生物个体有生存价值的那些遗传变化的连续自然选择。然而，化石记录上的断层和过渡形式（"缺失链"）的找寻失败导致很多古生物学家相信古尔德和埃尔德雷奇(Gould 和 Eldredge，1977）所说的**点断平衡**(punctuated equilibrium)。按照这一理论，物种在一种进化平衡中保持长期不变；然后，当小种群分裂并迅速进化成完全不同的物种，但过渡形式未能沉积在化石记录中，平衡就是这么时不时地被"中断"了。

到目前为止，对于是什么可能引起"宏观进化"（macroevolution）的跳跃还没有人给出满意的解释。至于充满诱惑力的有关达尔文、进化思想、形式和功能、地球历史、自然历史、科学、种族主义和其他有趣的论文，参见古尔德(Stephen Jay Gould)《自达尔文以来》(*Ever Since Darwin*，1977）一书和他发

如何生存和如何灭绝

冒着过分简化的风险，我们可以说物种生存有两种相对立的方式：① 将大量能量投资在繁殖和迅速生长上，因此胜过竞争者、捕食者和/或疾病；② 将大量能量投资于物理和/或化学的防卫上。换言之，这就是彼此对立的 r-对策和 K-对策，一种适合于先锋群落情况，另一种则适合拥挤的成熟群落。

树木提供了这些对策的最好例子。勒尔（Loehle，1988）指出，大部分树木可以分成明显的两类：① 一类树种能迅速定居并快速生长，但寿命短，所产木材质量低，如演替早期物种；② 一类投资于防御机制，生长缓慢，但寿命长，产生致密的高质量木材，如橡树和山核桃树。

再次冒一下过分简化的风险，我们可以说物种的绝灭存在两种方式：① 允许死亡率超过繁殖率（确定性的）；或者② 成为大规模灾难的牺牲者（随机的），就像在过去的地质时代物种所发生的情况。人类现在不是由于缺乏繁殖而有灭绝的危险，而是我们对于灾难是脆弱的——或许灾难来自过度的人口膨胀？

表在《发现》（*Discovery*）上的论文“局限的达尔文主义：事实和理论之间的差异”（Darwinism Defined：The Difference between Fact and Theory）（1987）。

18. 物种形成

物种形成（speciation）即新物种的形成和物种多样性的发展，发生在当共同库中基因流被隔离机制打断时。由来自共同祖先的种群通过地理分离而发生隔离时，就可能产生异域（不同的分布区）物种形成（allopatric speciation）。在同一地区通过生态或遗传方式发生隔离时就可能产生同域（同一分布区）物种形成（sympatric speciation）。

一般认为，异域物种形成是物种产生的主要机制。达尔文雀（Darwin's finches）是一个经典的例子，这是达尔文在随“贝格尔”号的著名航行期间通过对厄瓜多尔海岸外的加拉帕戈斯群岛进行调查后首次描述的。从一个共同的祖先开始，几个物种在不同的岛屿上产生**适应辐射**（adaptive radiation），即它们通过变化以利用岛上各种不同的生境和生态位。如图 7-7 所示，现存的达尔文雀物种包括细长嘴的食虫者、地面和树上的取食者、大个体和小个体鸣雀以及甚至像啄木鸟一样利用棘刺作工具从树皮里掏取昆虫的鸟类。你可以在向导的带领下参观加拉帕戈斯（像成千的旅客那样），并且自己去观察，或者你可以阅读雷克（David Lack）在 1947 年写的《达尔文雀》（*Darwin's Finches*）或最近的格兰特（Grant，1986）的著作来了解这些鸟类。

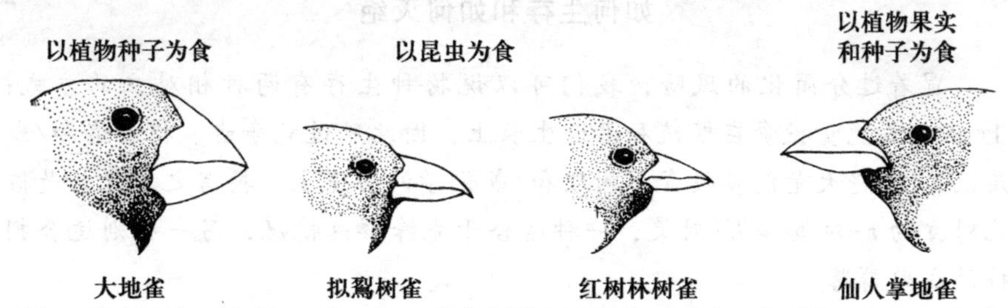

图 7-7　达尔文雀，图中的每一种雀都有适于其食物的独特形状的喙。

不平衡进化

苔藓虫类（附着在岩石或其他水下表面、植物状的、大多数营海生的小型动物）的化石记录说明了“不平衡”或“间断”物种可能是如何形成的。正如杰克逊和奇塔姆（Jackson 和 Cheetham，1994）所指出的那样，在经历了长期的进化停滞（即很少或没有变化的时期）后，这些动物的新种非常突然地出现了。发生这种情况的原因是什么？一个可能的解释就是一直在发生的小的随机突变无法增加其适应度；只有大的宏突变（发生频率很低）才有生存价值，并因此导致新物种的形成（Santiago 等，1996）。

陆地生物和淡水生物的隔离和随后的物种形成在大尺度上受到了众所周知的**大陆漂移**（continental drift）的影响，今日的大陆是从一块巨大的共同陆地分离而来的。在古生代的某个时候，北方大陆（北美、欧亚大陆）开始分离；然后，在中生代，南美和非洲分裂，澳大利亚从亚洲分离出来。大陆漂移理论现在已被大多数地质学家接受，并且得到了化石记录的支持（Kurten，1969；J. T. Wilson，1972；Van Audel，1995）。

越来越多的证据表明，严格的地理隔离不一定是物种形成所必需的条件，而同域物种形成可能比以前人们所认为的更普遍。由于定居、繁殖体的有限传播、无性繁殖、捕食等的结果，同一地区种群之间可能在遗传上被隔离开。最后，足够的遗传差异在局部地区中积累以阻止互交。

19. 人工选择和遗传工程

由人类进行选择以使植物和动物适应他们的需要称为**人工选择**（artificial selection，相对于自然选择）。驯化（从更广的意义上使用这一术语既包括植物的栽培也包括动物的驯养）远不止包括改变物种的遗传性质，因为在被驯化者和驯化者之间需要相互适应。例如，正如我们依赖谷物，同样谷物也依赖我们。依赖谷物的社会发展出了与依赖牧牛的社会很不同的文化。正如第一章所述，驯化产生了特殊的共生形式，并创造了特殊的景观类型。

关于遗传物质（DNA）生化性质的突破性发现以及在细胞水平上添加、去除和修饰基因——**基因剪接**(gene splicing）技术的发展都使得人工选择得以飞速发展。众所周知的**遗传工程**（genetic engineering）或**生物技术**（biotechnology）正在发展成为一项主要的技术革命。如果我们根据先前的技术革命中所发生的事情来判断（例如，第四章讨论过的原子能发展和化学杀虫剂发展），我们就能期望从这次技术革命获得好处，但是在其影响被弄清楚以前也会付出代价和出现问题，尤其是技术发展得太快的话。通常，当我们对代价和问题估计不足时，期待和利益被过高估计，而在新技术发展的早期阶段，我们往往未能预料到其中的利益。到目前为止，医药生产（例如，通过遗传工程技术由微生物生产胰岛素）已经是生物技术的一个有用结果。

被改变了的生物被释放或逃入环境有可能变成害虫，这一可能性是人们对未来关心的主要方面。正如前面章节所解释的，我们现在与之做斗争的很多严重疾病和害虫都是自然出现的生物被引入新环境后发生的。相应的，在允许释放经遗传改变的生物以前，在模拟自然界开放系统的条件下进行全面的实验是个谨慎的举动。还必须考虑许多法律和伦理问题。

关于释放经遗传改变的生物的提议，最初争议之一包括一种新型的冰成核细菌，丁香假单孢菌（*Pseudomonas syringae*），它在加利福尼亚州加重了蔬菜和农作物的霜害。通过去除控制这些微生物产生脂蛋白外层的基因，能够消除它们的冰成核能力。把大量经改变的细菌（称为 *Pseudomonas minus*）释放到草莓叶面上的提议是出于希望它们会长时间地取代自然形式（*Pseudomonas plus*），以求在霜季减少霜害。这似乎是一个潜在环境危害较小的合理实验——直到发现丁香假单孢菌并不只是“害虫”，而且可能具有增加降雨的补偿特征。当它们的脂蛋白外层脱落并被吹送到云层里时，会形成降雨所需要的冰形成的理想核——降雨的减少可能比霜害的危害更大。这个例子说明了对任何释放的建议必须既考虑其原生影响，也要考虑其次生影响（Odum，1985）

令人充满希望的是，无论生物技术的承诺还是生物技术的问题都将比原子能的情况更好预测和对付。在这两种情况里，对环境的考虑将极大地决定成功与失败。仍需进一步证实的是，我们能够或将会在创造新生命并以此为导向的进化中走多远？

20. 岛屿生物地理学

岛屿提供了研究进化的天然实验室，自从达尔文考察加拉帕戈斯群岛以来，岛屿一直吸引着生物学家和生态学家们。自麦克阿瑟和威尔森（MacArthur 和 Wilson）发表**岛屿生物地理学**（island biogeography）理论（1967）以来，岛屿上的隔离、迁入和灭绝的相互作用一直吸引着人们的注意力。简单地说，该理论认为岛屿上的物种数目和物种组成是动态的（一直处在变化之中），并且取决于新物种迁入及其和已存在物种灭绝之间的平衡。由于物种数的增加和减少是以近似对数的方式，并由于迁入率和灭绝率取决于岛屿大小以及其与大陆物种源的距离，故能绘出一般的平衡模型图，如图 7-8 所示。岛屿越小和/或它离岸越远，物种数就越少，并且物种组成越不稳定。

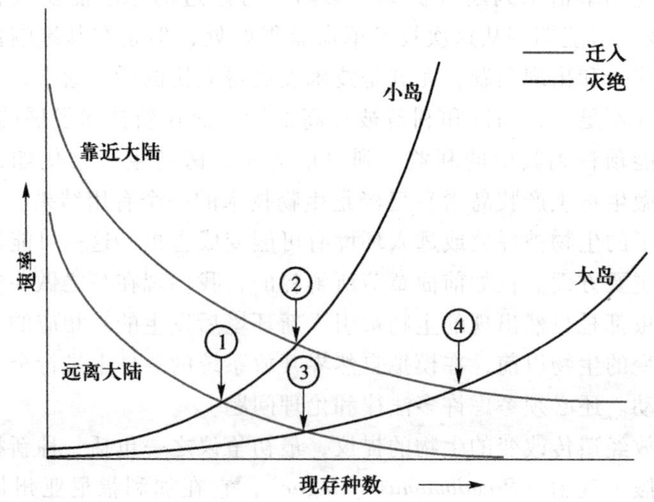

图 7-8 岛屿生物地理学理论。岛屿上物种的种数是由迁入和灭绝之间的平衡决定的。图中所示的四个平衡点表示离大陆远近以及大小岛屿的不同组合（仿 MacArthur 和 Wilson，1963）。

修纳和史匹勒（Schoener 和 Spillar，1995）做了一个有趣的实验，他们把蜘蛛引入百慕大群岛的几个岛屿上。他们选择了五个岛屿，并分成三种类型：有捕食者（蜥蜴）的大岛、没有捕食者的大岛和没有捕食者的小岛。被引入的蜘蛛种类也存在于这一地区的其他地方，但选作实验的岛屿上没有这些蜘蛛。引入的蜘蛛在没有捕食者（蜥蜴）的大岛上存活得很好。所以岛屿大小和捕食者在决定是否成功定居上是非常重要的。

岛屿生物地理学理论，与复合种群理论（已在第六章做过概述）一起为景观规划和自然保护区建立提供了有用的指导。自然地区日益受到**破碎化**（fragmentation）的压力，在归化景观和城市景观上，自然生境成了“生态岛”（见第三章图 3-7）。即使面积相同，大的保护区比一群小的保护区更有利，因为保护区越大，所能维持的生物多样性越多。如果必须建立小的公园，应该让这些小公园彼此邻近或者通过廊道连接，以促进有机体的连续交换。在美国，目前正积极促进州和区域水平上在已经存在的和建议设立的自然保护区之间建立“野生生物廊道”网络，这是由私人保护组织（如自然保护组织）和政府机构（如州自然资源发展局，美国鱼类及野生动物管理局）共同发起的（Harris，1984）。

当种群被隔离在类似岛屿的生境小斑块上时，或者被分离成小的隔离种群时，遗传多样性大大降低了，并且其生存依赖于附近较大种群的存在和有关物种的扩散能力。有时，为了防止灭绝，可能必须从更大更多样的种群进行再引进，正如第六章所讨论的那样。威利约胡克（Vrijenhoek et al.，1985）描述了涉及一种濒危鱼类的种群案例。在另一案例（Mckelvey，1993）中，对西北太平洋地区由于砍伐造成的破碎化影响进行了详尽的研究，以期有助于北美斑点鸮的生存。

21. 协同进化

协同进化（coevolution）涉及两类或更多类生物之间的相互自然选择，这些生物类群之间有密切的生态关系，但却没有遗传信息的交换（没有互交）。欧利希和雷文（Ehrlich 和 Raven，1965）首次提出了这一术语，他们以蝴蝶幼虫和植物的研究为基础，提出了如下假说。植物通过偶然的突变或基因重组产生了对植物本身无害但对植食昆虫（如蝴蝶幼虫）有毒的化学物质，也许这种物质是作为代谢废物而产生的。现在，这种植物能保护自己免受植食昆虫之害，于是繁盛生长，并将有利突变传给下一代。然而昆虫也完全能够进化出耐受毒物的品种——对杀虫剂有免疫力的昆虫数量日趋增加戏剧性地表明了这一点。如果昆虫种群出现的突变和重组能让昆虫个体食用先前具有保护功能的植物，选择则有利于该遗传品系。换言之，植物和植食昆虫一起进化，在这种意义上，一种生物的进化依赖于另一种生物的进化。如第六章所述，皮门特尔（Pimentel，1968）用**遗传反馈**（genetic feedback）来表示这种进化，他用蝇和黄蜂的实验进行了说明。

人们认为协同进化在植物和动物、动物和微生物等等之间的互利共生起源中发挥了作用，这一点已在第六章讲过。但是它没有解释在食物和资源需求上联系不密切的物种之间的协作。

22. 协作和复杂性的进化：群体选择

为了说明令人难以置信的生物圈多样性与复杂性以及物种之间为了相互利益的广泛协作，许多科学家假设，自然选择作用于个体和物种水平之上，也作用于协同进化之上。与之相应，**群体选择**(group selection) 被定义为存在于无须通过互利共生联系的生物群体之间的自然选择。群体选择从理论上讲导致了这样一些特征的维持，即对整体的种群和群落有利（公众利益)，但可能对种群内的个体有选择性的不利。威尔森（D. S. Wilson，1980）对群体选择做了如下说明：

种群通常会进化从而促进或阻碍其适应性所依赖的其他种群。鉴于此，在进化的时间过程中，一种生物的适应性很大程度上是它对群落影响的反映和群落对那种生物存在的反应。如果这种反应足够强烈的话，只有对其群落有正效应的生物才能存留下来。

在进化理论里难以解释精致的协作和复杂的相互关系是怎样开始，并且在遗传上固定下来，因为当生物个体最初相互作用时，对每一个生物个体来讲，谋取私利几乎总是有利的，而不是协作。例如当真菌遇到树根时，对真菌来讲尽力取食树根是有利的，对树根来讲排斥真菌则是有利的。那么，菌根系统（在该系统里两种生物由于相互利益而协作）是怎样进化出来的？阿克塞尔罗德和汉密尔顿（Axelrod 和 Hamilton，1981）以及阿克塞尔罗德（Axelrod，1984）提出了一个方式，通过这种方式，相互作用能发展作为传统的以竞争为基础的适者生存理论的延伸。他们提出了基于“囚徒困境游戏”的模型，在该模型里两个“玩手”根据瞬时利益决定是否协作。在第一回合里，不管另一个体怎么样，不合作的自私决定对每一个体产生最高奖赏。然而，如果双方不合作，其结果比双方进行合作更糟。如果个体继续相互作用（即“游戏”继续下去)，其概率是协作可能在实验的基础上被选择，或者协作可能只是在随机的基础上发生。如果协作对双方有利，那么就会通过作用于个体水平的自然选择从而建立伙伴关系。

何时对抗与何时协作

我们可以认为近来超级大国之间关系的戏剧性变化类似于事情变得强硬时共生关系的自然发展。几十年来美国和苏联以防卫的名义增加他们的武器生产量。当用于对抗的费用达到每个国家财富的15%~20%时，以及当防卫的主动性变成笼络选举人，赢得选举或维持统治的强大政治手段时，消费者、社会和环境需求就被忽略了。由于公众对这些内部需求的压力日趋强烈，两个国家急切地抓住了从冷战到合作的机会。正如我们所发现的，这种转变既困难又耗时，但是它比核战争好得多。换言之，对抗和合作都应了天时与地利。一定的对抗对于维持秩序、保护领土和文化是需要的，但更重要的是维持人类生活质量所需要的和平与合作（Odum，1992)。

威尔森和阿克塞尔罗德都对生物群落里个体与群落的适应性矛盾和人类社会里个人与公众利益的矛盾进行了类比。阿克塞尔罗德进一步认为，对国家来说，现在已经到了从竞争转向协作的问题了。奥尔曼（Allman，1984）以阿克塞尔罗德的工作和观点为基础写了一篇题为“好伙计最先完成”（Nice Guys Finish First）的富有争议的文章。尽管很少有学进化的学生怀疑群体选择的存在，它在进化史上的重要性仍然是有争议的。然而，有机进化已经发生并且继续在发生是毫无疑问的，我们确实仍然不了解所有关于其发生机理的错综复杂的问题。似乎长期进化就像短期生态演替那样，既有个体论成分又有整体论成分。换言之，自然选择可能发生在不止一个层次上。协同进化、群体选择和传统达尔文主义一起组成了等级进化学理论（Gould，1982）。

推荐读物

*Allman, W. F. 1984. Nice guys finish first. *Science* 845 (8): 24-32. (A review of Axelrod's book *The Evolution of Cooperation*. Theme: Cooperation pays in nature and society.)

*Axelrod, R. 1984. *The Evolution of Cooperation*. Basic Books, New York.

*Axelrod, R., and W. D. Hamilton. 1981. The evolution of cooperation. *Science* 211: 1390-1396.

*Berkner, L. V., and L. C. Marshall. 1965. History of major atmospheric components. *Proc. Natl. Acad. Sci. USA* 53: 1215-1226. (Literary account in the Tenth Anniversary Issue of *Saturday Review*, May 7, 1966, pp. 30-33.)

*Beyers, R. J., and H. T. Odum. 1993. *Ecological Microcosms*. Springer-Verlag, New York.

*Bowman, R. I. 1961. Morphological differentiation and adaptation in the Galapagos finches. *Occ. Pap. Calif. Acad. Sci.* 58: 1-302.

*Brooks, D. R., and E. O. Wiley. 1986. *Evolution as Entropy*. University of Chicago Press, Chicago. (Outcome of the constraints of the second law of thermodynamics is self-organization with the result that living systems exhibit increasing complexity and self-organization because of, not in spite of or at the expense of, entropy.)

*Cairns, J., ed. 1992. *Restoration of Aquatic Ecosystems*. National Academy Press, Washington, D. C.

*Cairns, J., K. L. Dickson, and E. E. Herricks, eds. 1977. *Recovery and Restoration of Damaged Ecosystems*. University Press of Virginia, Charlottesville.

Carson, H. L. 1987. The process whereby species originate. *BioScience* 37: 715-720. (Excellent discussion of current views on speciation.)

*Clements, F. E. 1916. Plant succession: An analysis of the development of vegetation. Publication no. 242. Carnegie Institution of Washington. (Reprinted in book form in 1928 by Wilson, New York.)

*Clements, F. E., and V. E. Shelford. 1939. *Bio-ecology*. John Wiley, New York.

*Cloud, P. E. 1988. *Oasis in Space: Earth History from the Beginning*. Norton, New York.

Connell, J. H., and R. O. Slayter. 1977. Mechanisms of succession in natural communities and their role in community stability and organization. *Am. Nat.* 111: 1119–1144. (Reviews several theories of succession.)

* Cooke, G. D. 1967. The pattern of autotrophic succession in laboratory micro-ecosystems. *BioScience* 17: 717–721.

* Cowles, H. C. 1899. The ecological relations of the vegetation of the sand dunes of Lake Michigan. *Bot. Gaz.* 27: 95–391. (The pioneer American study of ecological succession.)

* Darwin, C. 1859. *The Origin of Species.* John Murray, London. (Facsimile edition ed. by E. Mayr. 1964. Harvard University Press, Cambridge, MA.)

Dawkins, R., and J. R. Krebs. 1979. Arms race between and within species. *Proc. R. Soc. London B* 205: 489–511.

Dolan, R., P. J. Godfrey, and W. E. Odum. 1973. Man's impact on the barrier islands of North Carolina. *Am. Sci.* 61: 152 – 162. (Illustrated account of auto-and allogenic impact on beaches.)

* Ehrlich, P. R., and P. H. Raven. 1965. Butterflies and plants: A study of coevolution. *Evolution* 18: 586–608.

* Gibson, C. W. D., and U. K. Brown. 1992. Grazing and vegetation change: Deflected or modified succession? *J. Appl. Ecol* 29: 120–131.

* Gleason, H. A. 1926. The individualistic concept of plant association. *Bull. Torrey Bot. Club* 33: 7–20.

* Goodwin, H. 1929. The sub-climax and deflected succession. *J. Ecol.* 17: 144–147.

* Gorden, R. W., R. J. Beyers, E. P. Odum, and R. G. Eagon. 1969. Studies of a simple laboratory microecosystem. *Ecology* 50: 86–100.

Gosselink, J. G., E. P. Odum, and R. M. Pope. 1974. *The Value of the Tidal Marsh.* LSU-SG-74-03. Center for Wetland Resources, Louisiana State University, Baton Rouge.

* Gould, S. J. 1977. *Ever Since Darwin.* Norton, New York.

* Gould, S. J. 1982. Darwinism and the expansion of evolutionary theory. *Science* 216: 380–387.

* Gould, S. J. 1987. Darwinism defined: The difference between fact and theory. *Discover* 8 (1): 64–70.

* Gould, S. J., and N. Eldredge. 1977. Punctuated equilibria: The tempo and mode of evolution reconsidered. *Paleobiology* 3: 115–151.

* Grant, P. R. 1986. *Ecology and Evolution of Darwin's Finches.* Princeton University Press, Princeton, NJ.

* Harris, L. D. 1984. *The Fragmented Forest: Island Biogeography Theory and Preservation of Biotic Diversity.* University of Chicago Press, Chicago.

* Healy, R. G., and J. L. Short. 1981. *The Market for Rural Land.* The Conservation Foundation, Washington, D. C.

* Jackson, J. B., and A. H. Cheetham. 1994. Phylogeny reconstruction and the tempo of speciation in Cherlostone Bryozoa. *Paleobiology* 20: 407–410.

* Johnson, W. C., and D. M. Sharpe. 1976. An analysis of forest dynamics in the north Georgia

Piedmont. *For. Sci.* 22: 307-322.

*Johnston, D. W., and E. P. Odum. 1956. Breeding bird populations in relation to plant succession of the Piedmont of Georgia. *Ecology* 37: 50-62.

*Jordan, W. R., M. E. Gilpin, and J. D. Aber, eds. 1987. *Restoration Ecology*. Cambridge University Press, New York.

*Kaufman, W., and O. H. Pilkey, Jr. 1983. *The Beaches Are Moving*. Duke University Press, Durham, NC.

*Kropotkin, P. 1902. *Mutual Aid: A Factor of Evolution*. William Heinemann, London. (Reprinted in 1935, Extending Horizons Books, Boston.)

*Kurtén, B. 1969. Continental drift and evolution. *Sci. Am.* 220 (3): 54-65.

*Lack, D. L. 1947. *Darwin's Finches*. Cambridge University Press, Cambridge.

*Loehle, C. 1988. Tree life history strategies: The role of defense. *Canad. J. For. Res.* 18: 209-222.

*MacArthur, R. H., and E. O. Wilson. 1967. *The Theory of Island Biogeography*. Princeton University Press, Princeton, NJ. (See also MacArthur and Wilson 1963, *Evolution* 17: 373-387.)

*Margalef, R. 1963. Succession of populations. *Adv. Front. Plant Sci.* (New Delhi, India) 2: 137-188.

*Margalef, R. 1968. *Perspectives in Ecological Theory*. University of Chicago Press, Chicago.

*Margulis, L. 1982. *Early Life*. Science Books International, Boston.

*Margulis, L., and D. Sagan. 1986. *Microcosmos: Four Billion Years of Microbial Evolution*. Simon and Schuster, New York.

*McKelvey, K., B. R. Noon, and R. H. Lamberson. 1993. Conservation planning for species occupying fragmented landscapes: The case of the northern spotted owl. In *Biotic Interactions and Global Change*, eds. P. Kareiva, J. Kingsolver, and R. Huey, pp. 424-450. Sinauer Associates, Sunderland, MA.

Odum, E. P. 1969. The strategy of ecosystem development. *Science* 164: 262-270.

*Odum, E. P. 1985. Biotechnology and the biosphere. *Science* 229: 1338.

*Odum, E. P. 1992. When to confront and when to cooperate. *Georgia Landscape* 1992, p. 4. School of Environmental Design, University of Georgia, Athens.

*Oliver, C. D., and E. P. Stephens. 1977. Reconstruction of a mixed-species forest in central New England. *Ecology* 58: 562-572.

*Olson, J. S. 1958. Rates of succession and soil changes on southern Lake Michigan sand dunes. *Bot. Gaz.* 119: 125-176.

*Pimentel, D. 1968. Population regulation and genetic feedback. *Science* 159: 1432-1437.

*Pippinger, N. 1978. Complexity theory. *Sci. Am.* 238 (6): 114-124.

*Santiago, F. E., V. S. Casper, and R. E. Lenski. 1996. Punctuated evolution caused by selection of rare beneficial mutations. *Science* 272: 1802-1804.

*Schoener, T. W., and D. A. Spillar. 1995. Effect of predators and area in invasion: An experiment with island spiders. *Science* 267: 1811-1813.

* Shugart, H. H. 1984. *A Theory of Forest Dynamics: The Ecological Implications of Forest Succession Models.* Springer-Verlag, New York.

* Signor, P. W. 1990. The geologic history of diversity. *Annu. Rev. Ecol. Syst.* 21: 509-539.

* Sousa, W. P. 1984. The role of disturbance in natural communities. *Annu. Rev. Ecol. Syst.* 15: 353-391.

* Sprugel, D. G., and F. H. Bormann. 1981. Natural disturbance and the steady state in high-altitude balsam fir forests. *Science* 211: 390-393.

Stearns, S. C. 1983. Rapid evolution in ecological time. *BioScience* 33: 460.

Stanley, S. M. 1987. Periodic mass extinctions of the earth's species. *Bull Am. Acad. Arts Sci.* 40 (8): 29-48. (Mass extinctions appear to be pulsed at intervals of 20 million years or so, suggesting extraterrestrial causes such as comets striking the earth. Ice ages had little effect, as ice sheets covered only a small part of the globe.)

Ulanowicz, R. E. 1980. An hypothesis on the development of natural communities. *J. Theor. Biol.* 85: 223-245.

Ulanowicz, R. E. 1986. *Growth and Development: Ecosystem Phenomenology.* Springer-Verlag, New York.

* Van Audel, T. H. 1985. *New Views of an Old Planet: Continental Drift and the History of the Earth.* Cambridge University Press, New York.

* Vrijenhoek, R. C., M. E. Douglas, and G. K. Meffe. 1985. Conservation genetics of endangered fish populations in Arizona. *Science* 229: 400-402.

* Warming, E. 1909. *Oecology of Plants.* Clarendon Press, Oxford, England. (Originally published in Danish in 1895.)

* Watt, A. S. 1947. Pattern and process in the plant community. *J. Ecol.* 35: 1-22.

Wilson, D. S. 1976. Evolution on the level of communities. *Science* 192: 1358-1360.

* Wilson, D. S. 1980. *The Natural Selection of Populations and Communities.* Benjamin Cummings, Menlo Park, CA.

* Wilson, J. T., ed. 1972. *Continents Adrift.* W. H. Freeman, San Francisco.

* Woodwell, G. W. 1992. When succession fails. In *Ecosystem Rehabilitation: Preamble to Sustainable Development*, vol. 1, ed. M. K. Wali, pp. 27-35. SPB Academic Publishers, The Hague.

Wright, S. 1938. Size of population and breeding structure in relation to evolution. *Science* 89: 430-431. (The "Sewall Wright effect" and the importance of genetic drift.)

* 代表本章中引用的参考文献。

第八章

世界上主要的生态系统类型

本书的大部分内容中，我们分析生态学的途径是基于将景观单元作为生态的系统来分析的。着重论述了任何情况下和所有情况下的生态学原理和普遍规律，不论是水生生态环境还是陆生生态环境，不论是人工生态环境还是自然生态环境。自然环境作为行星地球维生舱及其能量驱动力的重要性在前面几章里已经强调过了。我们在第六章中又介绍了一种有用的途径，即着重研究作为进化变化载体的种群。另外还有一种有用的途径是地理学的，包括对构成生物圈的地形、气候和生物群落的研究。在这一章里，我们将列举并简要介绍主要生物群系或易于辨识的生态系统类型（表 8-1），重点讲述导致地球上生命多样性的地理差异和生物差异。我们希望通过这样的途径来为跋的内容建立一个全球性的参考框架，本书的跋涉及人类在大尺度上解决问题的新挑战。

表 8-1 生物圈的主要生态系统类型和生物群落

海洋生态系统
大洋（远洋的）
大陆架水域（近岸水域）
上涌区域（高产渔业肥沃区）
深海（热液火山口）
河口（海湾、海峡、河流入海口、盐沼）

淡水生态系统
静水（不流动水体）：湖泊和池塘
流水（流动水体）：江河和溪流
湿地：沼泽和林沼

陆地生物群落
苔原：极地和高山苔原
北方针叶林
温带落叶林
温带草原
热带草原草甸和稀树草原
夏旱灌丛：冬雨夏旱区域
沙漠：草本和灌木
半常绿热带雨林：明显的干湿季
常绿热带雨林

归化生态系统
农业生态系统
种植林和农业林生态系统
农村技术-生态系统（运输通道、小镇、工业区）
城市-工业技术-生态系统（大都市区）

我们将从海洋开始我们的世界之旅。海洋是最大且最稳定的生态系统。据推测，海洋是最初的生态系统，因为现在广泛地认为生命起源于海水环境。

1. 海洋

各主要大洋（太平洋、大西洋、印度洋、北冰洋）和南极及它们之间的连接处和延伸带约占地球表面积的 70%。物理因子主宰了海洋中的生命（图 8-1A）。海浪、潮汐、水流、盐度、温度、压力和光强度等物理因子很大程度上决定着海洋生物群落的组成，而海洋生物群落又反过来影响着海底沉积物的组成和海水与大气中的气体。

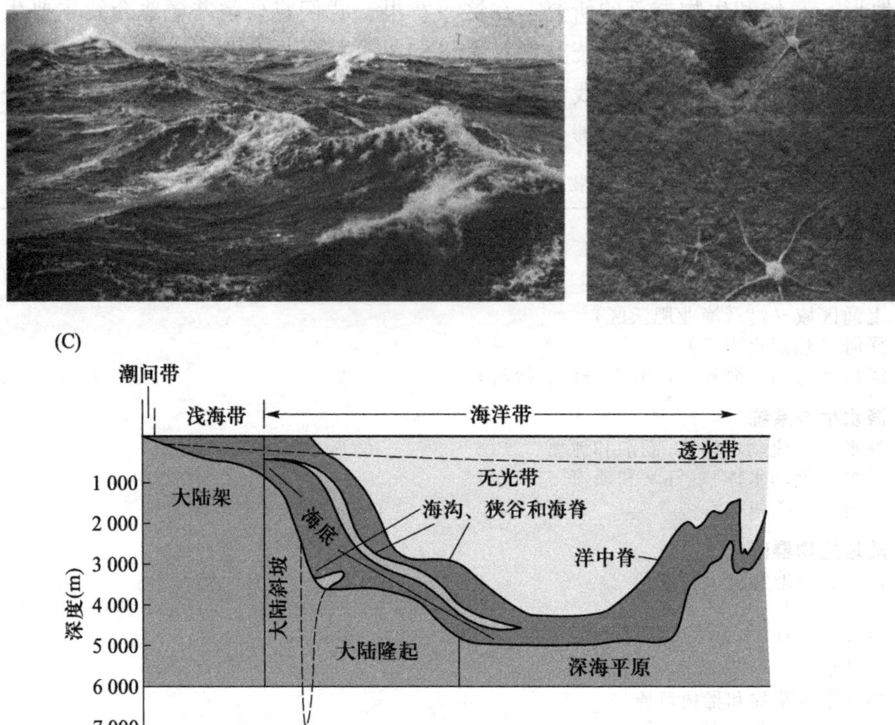

图 8-1 （A）海洋。图中所见永不停止的海浪运动凸显了大洋中物理因子的支配作用。（B）海底的许多地方（与海面相比）是相对平静和稳定的环境。图 B 为大西洋科德角（Cape Cod）与百慕大（Bermuda）之间 1 500 m 深度下的一片区域，面积为 17 英寸×20 英寸。图上可以见到几只脆弱的海星，还可以见到蠕虫管及两个大洞穴（照片由 Woods Hole Oceanographic Institution 和 D. M. Owen 提供）。（C）大西洋的成带现象及底部等深线图（仿 Heezen 等，1959）。

海洋的物理、化学、地理、生物的研究组合成为一门超级科学，称为海洋学（oceanography）。作为国际合作的基础之一，海洋学变得越来越重要。虽然进行海洋探险不如太空探险那样昂贵，但仍需要有相当多的资金来支付船只、海岸实验室的建立、设备购买及专家等费用。大多数重要研究都是由政府资助的少数大型研究机构来完成的。这些研究机构大部分来自富裕国家。

海洋中的食物链开始于已知最小型的自养生物，而终止于最大型的动物（如大型鱼类、乌贼和鲸）。那些小得连浮游生物网都无法捕捉到的细小的绿鞭毛虫、海藻和细菌等作为海洋食物网中的基础生物，比以前认为是占据此生态位的那些较大的"净浮游生物"更为重要（Pomeroy，1974，1984）。因为初级生产量中有很大一部分处于溶解状态（DOM；见第四章），所以 DOM 食物链在大洋中十分重要（见第四章图 4-10）。各种各样的滤食性动物，从原生动物到远洋的软体动物，都能用黏液编织网来捕捉微生物和碎屑颗粒，从而成为小型自养生物与大型消费者之间的连接纽带。

为了能全面地评价人类在海洋利用中的美好愿望与所遇到的问题，我们需要来看看海底的地形图，如图 8-1C 所示，这张图同时给出了海洋分区的标准命名法。作为一个国民，你会听到很多**大陆架**（continental shelf）的情况，大陆架就是大陆边缘的倾斜平台。大陆架存在大量的海底石油、矿产宝藏以及我们目前捕捞的大多数海产品。大陆架的宽度在各个地点是不同的，从其边缘，**大陆斜坡**（continental slope）迅速下降到真正的深海。大陆斜坡的地形崎岖不平，有巨大的海沟和海脊，并在火山运动和海底崩塌的作用力下不断发生改变。

根据现在盛行的"大陆漂移学说"，某些大陆板块，尤其是非洲板块与南美洲板块、欧洲板块与北美洲板块，它们曾经分别是连在一起的大陆，但后来随着时间的流逝而逐渐分开了。根据这个理论，**洋中脊**（mid-ocean ridges，图 8-1C）是以前连接大陆之间的线，而现在已相距几百英里了。沿着这些海脊和别的地方，延伸的地壳板块会形成火山口、热液口和硫黄堆。这些**热液火山口**（hydrothermal vents）维持着一种独特的利用地热供能的生物群落，它们与海洋中的其他生物群落相差甚远（图 8-2）。这里的食物网起始于化合细菌而非光合作用生物。这些细菌通过氧化硫化氢（H_2S）和其他化学物质获得能量，并固碳和生产有机物质。滤食性动物和悬浮取食动物在热液柱中取食这些细菌；海螺和其他牧食性动物在火山结构中取食细菌丛；大管状蠕虫和贝类动物与那些生活在动物组织里的化合细菌进化出了互利共生关系。在这里，还有一些捕食性动物，如鱼和螃蟹。自从 1977 年首次发现热液火山口群落以来，人们已经发现了大约 300 种物种，这些物种以前都不为人们所知。这种生态系统的进化几乎与海洋其他生命完全隔离（Tunnicliffe，1992）。有趣的是，在海底死鲸的尸体上也能发现与火山口群落多少有些相似的动物区系（Smith 等，1989）。像森林巨木一样，当巨尸被彻底分解后，这个栖息地也就消失了。

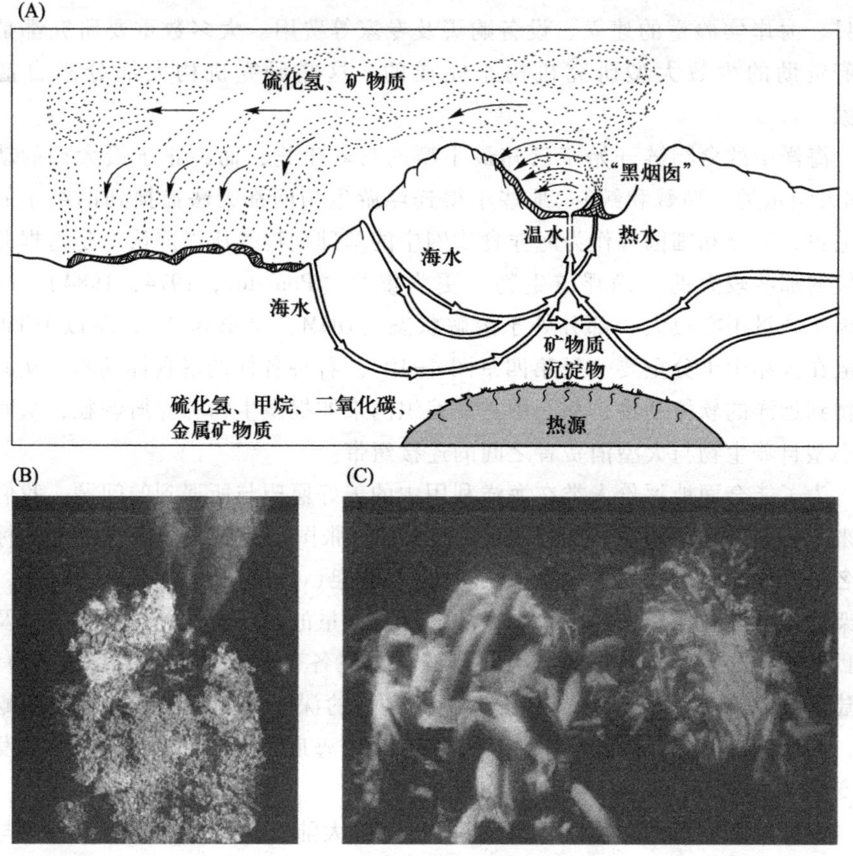

图 8-2 （A）海底热液火山口示意图。位于洋中嵴之间的火山口产生了大量的富含硫化氢及矿物质的“黑烟”喷散物。热液生物群落扩散到富含黑烟沉淀物蔓延所及的海底区域。（B）在 1 500 m 深的地方，一个“烟囱”向水中喷放富含硫黄喷散物，水温高达 335 ℃。这个烟囱被帽贝和海底蠕虫（管虫和多毛纲环节动物）覆盖。（C）在海底热液火山口群落的另一部分——水温现在只有 15 ℃——巨型管虫（*Riftia pachyptila*）是此生态系统的优势种。管虫幼体具肠道，以浮游植物为食；成体管虫肠子退化了，依赖于生活在它们组织中的共生硫化细菌为食物。螃蟹和贻贝也在富含营养的沉淀物区域里安家了（照片由 V. Tunnicliffe 提供）。

因为在海洋水体中到处都生长着浮游植物，又因为某些生命形式能蔓延生长到海洋的最深处，所以海洋是最大且“最厚的”生态系统。因为许多主要分类群（门）只有在海洋中才会出现，所以海洋的生物多样性也是相当高的。海洋生物表现出一系列难以置信的适应性：如小型浮游动物维持自身在上层水中的浮游装置；又如深海鱼类，由于生活在寒冷黑暗的环境中，偶尔能饱餐一顿，又要挨饿很长时间，所以长有大嘴和庞大的胃。如第四章图4-6所示，大陆架具有相当高的生产力，这里收获的海产品是人类重要的蛋白质和矿物质来源。生物生产力最高的地方和大型渔场都位于那些由潮流带来营养物质的透光带，这个过程被称为上涌（upwelling）。强劲的上涌出现在几块大陆的西海岸上的一定区域。沿着秘鲁海岸线的上涌区是世界上生物生产力最高的区域之一，相比之下，巨大的深海带几乎相当于半沙漠。虽然有相当大的总能流（因为有巨大的面积），但按单位面积计算却很少。自养层（透光带）比起异养层（无光带）来说太小了，以至于前者的营养物质很容易枯竭。利用海水垂直温差挖掘其潜能不仅可以用来发电（如第四章所述），而且或许能利用一部分能量来养殖海产品。在透光带的流动平台或“礁石”进行实验，在上面培养海藻、螃蟹和贝类动物，得到了可喜的结果（Adey，1987）。但是，就算我们不能从深海处得到很多食物，深海对我们来说也是十分重要的。海洋起到了巨大调节器的作用，它帮助调节陆地的气候，维持大气中适宜的二氧化碳与氧气浓度。

在极地和高山雪线以上的区域是极端的环境，但它们并非完全没有生命。斯万姆（Swam，1992）所称的风成生物群落（Aeolian biome，该词来自 *aeolus*，即“由风造成的”）是利用来自苔原和森林的冰藻和碎屑物以获得能量的一种生态系统。在这里可以发现微生物甚至一些昆虫。当然，人类对冰盖所发生的一切是十分感兴趣的，因为如果冰盖溶化了，海平面就会上升，那将危害到全球一半人口的生活。

开发海洋

在制定一些法律和制度来管理海床矿产资源和能源的开发时出现了尖锐的问题，为了解决这些问题，人们已召开了多次国际会议。大多数客观的评价（如Cloud，1969）都反对那种过度乐观的看法，即深海是一个巨大的储备库，等着人类去开发。尽管在大陆架进行矿产和油气开发代价昂贵，但从深海中开采资源比之更贵。海洋作为生命支持系统比作为资源补给站更为重要，我们对海洋做的任何形式的开发都不能影响海洋作为生命支持系统的功能。

2. 河口与海岸

在海洋与大陆之间存在着一系列丰富多样的生态系统带。这不仅仅是过渡地带，而且有自己的生态学特征（即它们是真正的群落交错区；见第三章）。

尽管近海的物理因子，如盐度和温度，都比海洋的变化频繁，但在这个区域里的饵料十分充足，以至于有大量生物聚集在这里。海岸边存在着成千上万种与之适应的物种。这些物种在大洋、陆地以及淡水中都不曾被发现。图 8-3 的照片表示的是四种不同的海洋近岸生态系统——基岩质海滩、沙滩、潮间带泥滩和盐沼占优势的潮汐河口。

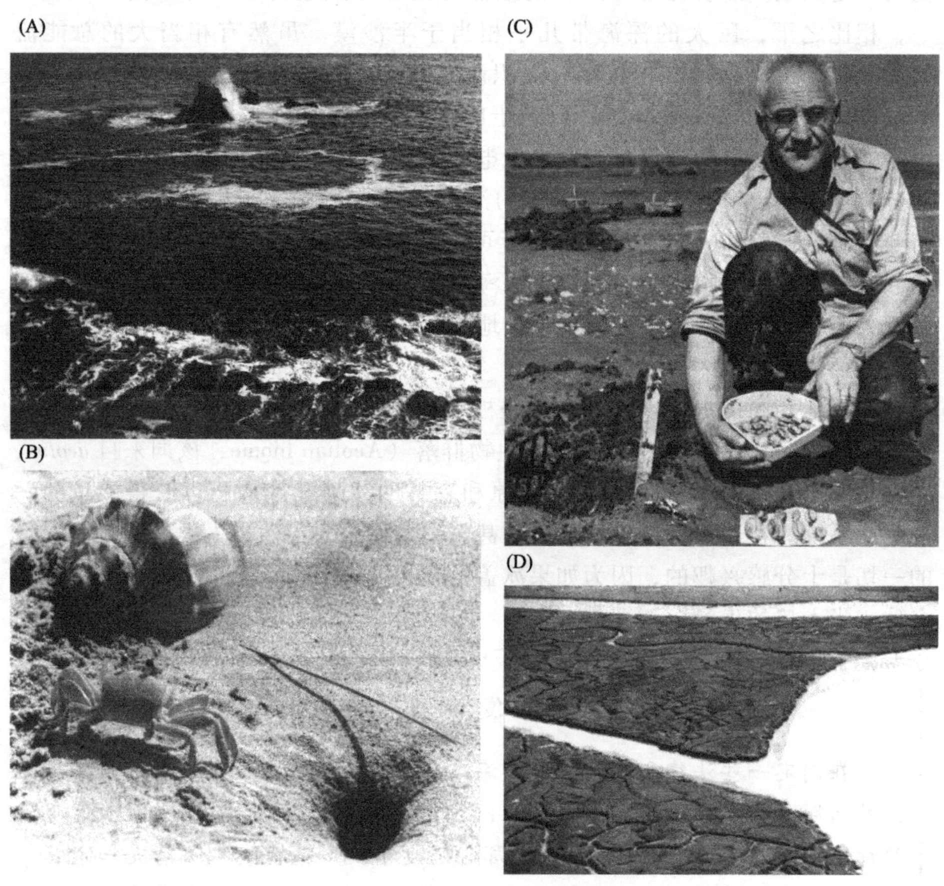

图 8-3 四种海岸生态系统类型。(A) 加利福尼亚州海岸的基岩质海岸，其特征为水下海草床，长满五颜六色无脊椎动物的潮池，还有海狮（“海豹”）和海鸟。(B) 沙滩上的角眼沙蟹（ghost crab），旁边是它的巢穴。(C) 马萨诸塞州低潮时的潮间带泥滩。虽然泥滩表面上看起来像沙漠，但如未被人类污染或未被过分开发利用时，能够提供给人类大量贝类及其他动物（照片由美国鱼类及野生动物管理局提供）。(D) 佐治亚州海岸高生产力的潮汐河口，图示其海湾，潮沟网络和大面积的盐沼。这些浅潮沟和沼泽不仅生长着大量固生生物，而且还是长大后离开海岸生活的鱼类及虾类的育幼场所，在此人们可以用拖网捕捞鱼虾（照片由佐治亚大学海洋研究所提供）。

河口（estuary）一词（来源于拉丁语 *aestus*，潮汐的意思）是指一个半封闭水体，如河流入海口或沿岸海湾，其盐度介于淡水与海水之间，此处，潮汐运动是重要的物理调节因子和能量补充因子。河口与近岸海洋水体是世界上营养最丰富的水体之一。自养生物的三种主要生活型常混居在河口中，发挥着各种各样的作用，使河口维持在较高的总生产率。这三种生活型是：浮游植物、底栖微植物区系（生活在泥滩、沙滩、岩石滩和动物尸体或贝壳内的藻类）及大型植物区系（固着生长的大型植物，包括海藻、沉水的大叶藻、挺水的沼泽草本植物和热带的红树林）。河口为大部分的海岸贝类和鱼类提供了“育幼地”（即幼体迅速生长的场所），这些动物不仅生活于河口，也生活于近海中，并被人类捕捞。生物在进化中形成了许多适应潮汐的特点，因此它们可以在河口的生活中享受到许多好处。一些动物，如招潮蟹，本身具有生物钟，有助于安排它们在潮汐对其最为有利的时间里出来进行取食活动。如果在实验中把这些动物移到另一个稳定的环境中去，它们仍然会表现出与潮汐同步的活动规律。

河口通常是高效率的营养富集区，其中有物理的作用（盐度差异会延缓水体的垂直混合，但水体的水平混合则不会因此而延缓），也有生物的作用。这个特征提高了河口从废水中吸收营养物质的能力，前提是有机物经过二级处理而减少。传统上，河口被大量地利用，却极少得到重视，沿海城市向河口免费排放污水，第一章所谈到的纽约湾环境状况正能说明这个问题。自 1970 年以来，对河口重要性的认识和研究得到了迅速发展，大多数国家都已制定了法律来保护河口的这种价值。

3. 红树林与珊瑚礁

红树林和珊瑚礁是热带和亚热带陆海生态交错区内两种非常有趣而又非常有特色的群落。这两种群落都是潜在的“陆地建造者”，有助于形成海岛和延伸海岸。

红树林（mangrove）是少数能忍受海水盐度的挺水木本植物之一。演替序列上的一系列物种常常形成一个从开放水体到潮间带上部的群落带（图 8-4A）。比比皆是的红树林支持根深深地插入厌氧沉积物中，把氧气送到沉积物深处，并为蛤、牡蛎、藤壶以及其他海洋动物提供附着表面。在中美洲和东南亚（如越南），红树林的生物量与同等面积的陆地森林一致。这种树木非常坚硬，具很高的商业价值。在大多数热带地区，红树林替代盐沼形成潮间带湿地，这两者具有许多相似的作用，如作为鱼虾的育幼地（W. E. Odum 和 Mclvor，1990）。

珊瑚礁（coral reefs，图 8-4B）广泛分布于温暖的浅水地带。它们沿着大

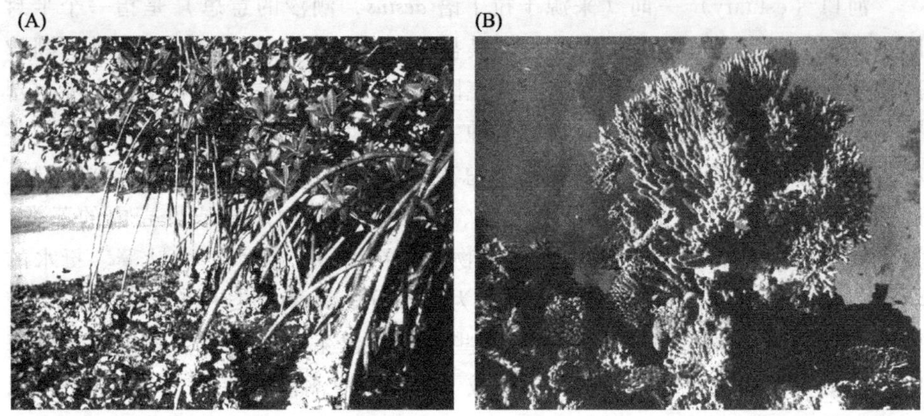

图 8-4 (A)红树(*Rhizophora mangle*)通常是分布在红树林中最外面的树种。它的支柱根为牡蛎和其他众多的海洋生物提供基质。种子还在树上时就已萌生,然后掉下,并漂浮在水上直至停留在浅水,可能形成新的岛。(B)一处珊瑚礁的水下照片,显示了出现于水流较平稳地点的分枝珊瑚结构。更多的“头”在珊瑚礁暴露部分占优势(根据 E. P. Odum 的 *Fundaments of Ecology*, 3rd Edition, 1971)。

陆(如澳大利亚不远处的大堡礁)、裙礁和环礁(从休眠的水下火山口顶部发展而来的马蹄形隆起)形成阻碍。珊瑚礁是所有生物群落中生产力最高、生物多样性最大、最具审美价值的群落之一。在一个人一生中,至少应该戴上潜水面具和浮潜设备到这些绚丽多彩而又繁荣昌盛的海底天然城市去探险一次。

珊瑚礁能够在营养贫乏的水域中生长,这是因为水流和与珊瑚礁共生的生物会带来大量的营养物质。因为有一种被称为虫黄藻(zooanthellae)的藻类生活在珊瑚虫的组织中,所以珊瑚实际上是一种动-植物的“超生物体”。珊瑚的动物成分从生活在它们腹部的藻类获取“蔬菜”,而在晚上,它们伸出自己的触手,通过捕捉水体中游经其石灰质房屋的浮游动物,获取“肉类”。石灰质房屋是自然状态下海洋中大量沉积的碳化钙形成的。这种伙伴关系中的植物部分从动物部分那里得到保护、获得氮素和其他营养物质。

因为我们人类必须学会在资源日益减少的环境中发展,珊瑚生态系统给我们提供了很好的榜样,向人类示范了如何更高效地获取、利用和循环使用资源(Muscatine 和 Porter, 1977)。不过,如同复杂的高能城市一样,调节能力微小的珊瑚礁对类似于水质污染和水温升高这样的变化却没有抵抗力和恢复能力。近年来,全世界的珊瑚礁已成为全球变暖和海水污染的早期警告信号。当共生的藻类与珊瑚的动物成分分开时,珊瑚就会出现“白化”(bleaching)的胁迫警告。如果互利共生不能得到恢复,珊瑚就会因“饥饿”而慢慢死去。

4. 溪流与江河

人类的历史常常受河流的影响，河流为我们提供了水源、交通和废物处理的途径（图 8-5A）。尽管江河溪流的总面积比陆地和海洋小很多，但河流是

(A)

(B)

(C)

图 8-5　淡水生态系统。(A) 新泽西州北部两条河流的汇合处。前景中的河流来自受禾草与树木保护的集水区；从左侧进入的河流被淤泥严重污染，盖因该流域管理不善的农业活动所引起（照片由美国土壤保持局提供）。(B) 加拿大西部草原地区的一个自然池塘。(C) 加利福尼亚州萨克拉门托国家野生动物保护区的淡水沼泽地，此处为雁群在繁殖季节寻找水生和半水生植被安全区及庇护所的地方（照片由美国鱼类及野生动物管理局提供）。

人类利用最为频繁的天然生态系统之一。像河口的情况一样，河流的多种使用（相对于那些单一用途的生态系统，如耕地）要求我们综合考虑它们的各种用途（如供水、废物处理、渔业生产和水灾控制），而不能孤立地看待问题。

河流的特征从源头到入海口都在变化。不仅河流的宽度和水流量在增加，而且群落代谢、物种组成和物种多样性都在变化。河流生态学家把这种纵向变化称为“**河流连续体**”（river continuum）。河流上游的支流常常是异养性的，即呼吸作用超过光合作用，P/R（光合作用：呼吸作用）小于1。生物群落极大程度上依赖于从陆地流域（有时也来自相邻的湖泊）冲刷下来的有机物。在河流的中游，河流变得更宽，遮阴也更少，往往变成自养性的（$P/R=1$ 或 >1），因为藻类和其他水生绿色植物更多，物种多样性通常在河流的中游达到最大。在大河的下游，水流速度减缓且水中常夹带着大量泥沙，大大降低了光的通透性和水生植物的光合作用。这时，河流又变成异养性的，大多数营养层次上的物种多样性都减少了。

尽管河流是适应于降解废物的天然处理系统（联想到频繁提起的“免费污水排放管”），但世界上几乎所有的大江大河都因为人类文明的残余物而严重超负荷。在世界各地，人类广泛地在河流上筑坝、挖渠、开辟水道，以至于现在很难找到一条无论大小的真正原生河流——取代河流连续体的是人类文明创造出来的沿着河流的**连续性非连续体**（serial discontinuum）。结果证明，人类对河流的这些操纵仅能带来暂时性的和区域性的利益，但却要为此付出巨大的代价，并且产生的附带问题也要花很大费用去解决（如一些洪水控制工程）。因此，灾害性的洪水过去往往被认为是“自然灾害”（因此是不可避免的），现在越来越多的事实证明这是人为灾害（所以是可以避免的）。贝尔特（Belt，1975）阐述了密西西比河是怎样发展成为现在这样的状况的。小洪水能被人工堤坝所控制，但当洪水很大并没过堤坝时，洪水就会扩散并淹没泛滥平原，其产生的危害远远大于没有人为控制的河流的天然状态。在将来，河流的改造建议必须进行比过去更为彻底的成本-效益分析。

河流生态学家发现，把流水生态系统再细分为两个部分来考虑更为方便：一种河流的河床是侵蚀形成的，所以河底通常较硬；另一种河流的河床是物质逐渐沉积而形成的，所以河底一般由软的沉积物组成。这两种情况可能会轮流出现在同一条小河中，形成急流与河潭。由于这两种情况下的生活条件是截然不同的，所以水生生物群落也不同。河潭中的群落与池塘很相似，浮游植物生长得相当好，而且鱼类和水生昆虫种类与池塘和湖泊一样或者很相似。然而，在硬基底的急流河段，其生物群落由许多更加独特和专化的物种组成，如织网的石蚕幼虫（毛翅目 Trichoptera），这种幼虫能建造丝网，并用它在流水中过滤获取食物颗粒。

世界上的大江大河把大量的沉积物排放到海洋里，这说明了人类滥用土地的状况。亚洲大陆的文明最悠久，而人口压力也最大，这片大陆上的河流导致的土壤流失速度高达每年每平方英里陆地面积流失 1 500 吨土壤。相比之下，北美洲土壤流失量为每平方英里陆地面积 245 吨，南美洲为 160 吨，欧洲为 90 吨（数据来源于 Holeman，1968）。

5. 湖泊与池塘

从地质的角度来看，现在存有静止淡水的大多数盆地相对较年轻。池塘（图 8-5B）的寿命短至季节性小池塘的几星期或几个月，长到大池塘的几百年。尽管一些湖泊，如俄罗斯的贝加尔湖是比较古老的，但许多大湖泊也只能追溯至更新世冰期。可以预期，静水生态系统会随着时间或多或少地发生改变，其速率与面积大小和深度成反比。尽管淡水水体的地理不连续性有利于物种的形成，而缺乏时间上的隔离则不利于物种的形成。总的来说，淡水生物群落的物种多样性是低的。同一分类单位的生物（如种、属、科）可能广泛地分布于一块大陆上，甚至分布于两个相邻大陆上。在第三章中已经详细地讨论了池塘可用于介绍生态学研究，是一类典型的大小适宜的生态系统。

明显的成带现象和分层现象是湖泊和大池塘所共有的特征。典型地，我们可以清楚地区分出沿岸有根植被的沿岸带（littoral zone）、浮游生物占优势的开放水域（湖沼带，limnetic zone）和只有异养生物的深水区域（深底带，profundal zone）。这些带与图 8-1C 中显示的主要海洋带类似。在温带地区，湖泊常在夏季和冬季出现热分层现象，这是由于湖水夏天受热或冬天制冷不均所造成的。湖面较热的水体（湖上层，epilimnion，来自希腊语 *limnion*，“湖泊”的意思）暂时性地与下面较冷的水体（湖下层，hypolimnion）被一个**温跃层**（thermocline）分隔开来。这个温跃层阻止了两者之间的物质交换，结果是湖底层的氧气供应和湖上层的营养物质供应会出现短缺现象。在春秋两季，整个水体接近于同一温度，发生混合。浮游植物的“开花期”常常出现于生态系统的这种季节性再生时。在温暖的气候条件下，水体混合可能一年才发生一次（冬季），而在热带地区，水体混合是一个渐进的或不规则的过程。

静水生态系统的初级生产力主要取决于盆地的化学性质、来源于河流或陆地输入物质的性质和水体的深度。浅水湖通常比深水湖营养丰富，这和海洋是一个道理。因此每英亩水域面积的鱼产量大体上与水体的平均深度成反比。湖泊根据它们的生产力状况通常可以分为寡养型（oligotrophic，食物少）和富养型（eutrophic，食物多）两类。

现在逐渐为人们所知的是，位于大都市区或人口拥挤名胜地附近的湖泊，人工的或养殖性的富营养化作用（artificial or cultural eutrophication）成了一个十分棘手的问题。污水中丰富的无机化肥提高了湖泊的初级生产力，以一种不为大众所欢迎的方式改变了水生生物群落的组成。大的食用鱼，如鳟鱼将不复存在，因为它们需要生活于冰凉、清澈而又富含氧气的水域。藻类和其他水生植物生长非常迅速，以至于影响到游泳、划船和垂钓。而且一些溶在水中的未完全分解的有机物会使水体有一种难闻的味道，这种味道甚至在经过了水质净化系统后还存在。因此，从水体利用和游乐的角度来说，一个生物寡养湖泊比富养湖泊要好。另外，我们总是自相矛盾——在生物圈的某些地域内，人类为了养活自己尽可能地提高水体的营养程度；而在另一些地域内，为了保持美丽怡人的自然环境，又尽可能地阻止水体营养化（通过除去营养物质、毒杀植物等方式）。一个肥沃的绿色池塘能够产出许多鱼，但不是一个好的娱乐游泳池。

把城市废物从湖泊中移走的各种努力表明，湖泊养殖富营养化作用在某种意义上说是能够被恢复的。只要人类不再把营养物质倾倒到湖泊中，湖泊将会恢复到寡养状态，且水质也将会提高（从人类的利用上来说）。西雅图市的华盛顿湖就是一个很好的例证（Edmondson，1968）。浅水湖泊如佛罗里达的奥基乔比湖（Lake Okeechobee）的恢复没有那么快，原因是风驱动的水流反复地搅动湖底的沉积物，这些沉积物继续释放出积累的磷和其他营养物质。

建造人工池塘和湖泊（用来储水）是在缺乏自然水体的区域改变景观的显著方法之一。在美国，现在几乎每一个农场都有至少一个农场池塘，几乎每一条河流都建了大型水库。大部分这些举措不仅有利于人类也有利于景观，因为这样稳定了水和营养物质的循环，而且增加了多样性，对我们创造的单调景观来说是受欢迎的。然而，建立水库的做法不能做得太过分，因为这些不能生产出食物的水库占用了大量的肥沃耕地，这也许不是土地利用的最佳途径。

人们似乎对人工池塘和湖泊的生态演替所引起的变化感到很陌生，措手不及。不知为何，一旦一个湖建好了，人们总希望它成为一成不变的东西，就像一座摩天大楼或一座桥一样。当然，恰恰相反，第七章中所讨论的所有演替过程都将发生，这是由于生物群落的活动造成的（自源发生过程），尤其是在池塘和浅水湖中，这些演替是由于来自河水流域的沉积物造成的（异源发生过程）。在一个新水库养鱼，开始几年的产量常常是很高的，随后，当泛滥流域中过量的营养物质被利用且水体开始老化时，鱼类产量就下降了，如图 8-6 所示。

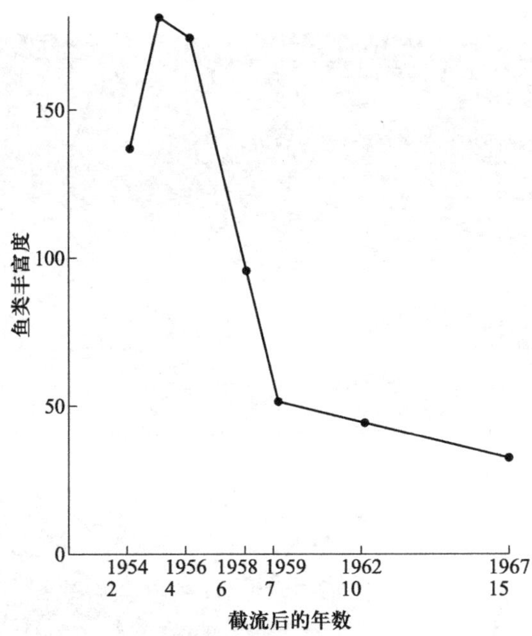

图 8-6 南达科他州 Francis Case 湖（密西西比河上游的一个新主干水库）从大坝完成以及蓄水全部完成后第 2 年至第 15 年的鱼类丰富度（根据两种取样法的平均值）（数据来源于 Gasaway，1970）。

6. 淡水沼泽

我们所说河口的许多内容同样适用于淡水沼泽（图 8-5C），淡水沼泽是天然的富营养生态系统。一些海岸的河流沼泽会出现潮汐现象，而由季节和年降雨量变化引起水面周期性波动往往也同样能够维持长期的稳定性和富营养状态。在干旱季节，火消耗了积累的有机物质，因此降低了持水盆地的水位、帮助随之的需氧分解及可溶性营养物质的释放，从而提高了生产率。事实上，如果没发生水面起伏和火灾的话，沉积物和泥炭（未腐烂的有机物）的形成会导致陆生木本植被的入侵。人类用沟渠控制沼泽地水面的地方（如为了水鸟的保护和捕猎），要周期性地降低水面以减缓沼泽向木本植被发展的进程，否则就不得不使用化学除草剂或机械手段来控制。

沿着海岸平原河流的感潮淡水沼泽中，生物可以从潮汐波动中获利，而不必受盐度的胁迫。因此，这里的高等动植物多样性大于河口下游感潮盐沼的生物多样性。如图 8-7A 和图 8-7B 所示，大量的肉质植被（纤维含量低）在夏季生长，在冬季分解回到泥土中。与此相对应的是，盐沼（图 8-7C）中，富含纤维的沼泽草本全年都保持直立。在盐沼中，硫化物还原者在厌氧微生物种群

图 8-7 感潮淡水沼泽和感潮盐沼。(A) 夏天的感潮淡水沼泽显示了葱翠茂盛的植被。(B) 冬天此湖的沼泽植物倒伏并降解在淤泥滩里（照片由 Carole McIvor 提供)。(C) 相比之下，感潮盐沼的富含纤维的草本植物却终年直立（照片由美国林务局提供）。

内占有优势地位，而在淡水沼泽中则是大量的发酵剂和甲烷生产者。总的来说，盐沼的初级生产力集中在水生动物方面——鱼、虾和甲壳动物。半水生的两栖类、爬行类、鸟类（鸭和涉禽等）以及毛皮动物在淡水沼泽中更为丰富（这两种沼泽类型的进一步比较见 W. E. Odum，1988）。

佛罗里达州南部的永乐（Everglades）沼泽是一个罕见而有趣的广袤的淡水沼泽区，它有自然波动的水位。这片巨大的沼泽群对于维持沿岸城市的地下水位十分重要。在干旱的冬季，水位下降，在湿润的夏季，水位升高。近年来，筑堤、开渠及调水北运等工程严重破坏了这种季节性波动，以至林鹳放弃了永乐沼泽，向北寻找具有更可靠的季节性水位降低的地方，林鹳的繁殖期恰逢在水位降低时，它们以集中在孤立小池塘中的小鱼为食。永乐沼泽一直是佛罗里达州东部黄金海岸的生命支持子系统，为了恢复这个功能，人们正在拟定许多生态恢复计划（案例见 Lodge，1994；Davis，Ogden 和 Parks，1995）。

人类自己设计的农业系统中，稻田是生产力最高的也是最可靠的系统之一，它其实也是一种淡水沼泽生态系统。每年稻田的淹水、排水和精心复原主要是为了维护持续的肥力和水稻的高生产力，水稻本身也是一种栽培的沼泽草本植物。

湿地的价值

湿地是位于陆地与水域之间的群落交错区（见第三章），本章所描述和图示的湿地包括连接陆地与海洋的盐沼和红树林、淡水沼泽以及河流与湖泊边缘的有林湿地。也还有酸性沼泽、碱性沼泽（这是欧洲使用的术语）和许多其他类型的孤立湿地，它们都是位于陆地与地下水间的群落交错区。当太阳光和水流的强能量汇聚时，湿地的生产力是最高的（“自然辅助的太阳供能生态系统”，见第四章），因此水文学是了解湿地结构与功能的关键。

总之，湿地作为人类土地开发与日益紧张的水资源之间的缓冲带，应受到保护。湿地除了能维持水质的功能以外还有许多其他的特殊价值：作为鱼类和甲壳动物的育幼地，是水鸟和其他有趣与有价值的野生动物的栖息地，是价值很高的硬木材和其他产品的出产地，是洪水的疏散地和废物的同化地，在全球范围内，湿地还是碳汇。

在美国和其他一些国家，海岸湿地已得到法律的保护，然而，内陆湿地、泛滥平原和河边地带由于人类的盲目发展而没有得到足够的保护。有两件事需要决策者注意：第一，由于湿地直接与河流、湖泊、河口或地下水相连，它们是水资源的一部分，所以是公众领域的一部分，不能放任自由开发；第二，长远来看，湿地在自然状态下的经济价值比排干或转变为其他用途的经济价值更大（E. P. Odum，1988）。

有关湿地价值的内容，最全面的论述请参见 Greeson、Clark 和 Clark

(1979) 编著的书，也可看 Mistsch 和 Gosselink (1984) 编著的教材。美国鱼类及野生动物管理局已经出版了一系列“群落简介”的简报，涉及了各种湿地（若需名录，请与国家湿地中心联系，地址是 1010 Gause Boulevard, Slidell, LA, 70458)。

7. 有林湿地

林泽和泛滥平原森林一般出现在河床，尤其是大河流经的海岸平原，其内部常常夹杂着草本沼泽。它们也出现于大洼地（如 Okefenokee 沼泽；图 8-8)、石

(A)

(B)

图 8-8 有林湿地：佐治亚州 Okefenokee 沼泽。(A) 林前的淡水沼泽，后面是沼泽森林。(B) 由于频繁的淹水，落羽杉底部膨大且形成“落羽杉树膝”（照片中前景部分）。

灰坑和其他地势较低的地方，这些地方至少在某些时间内是被水淹没的。同沼泽一样，水文状况在决定物种组成和生产力方面起着主要作用。落羽杉和北美枫香是最适于淹水的物种，而在洪水时常泛滥的地方，如泛滥平原，所谓的河滩地的阔叶林（低洼地物种：橡树、白蜡树、榆树和槭树）都长势良好。有的地方在冬季或春季土表被水淹，其余大部分生长季节则相对较干燥，这种地方的生产力最高。淹水对湿地的普遍影响见图 8-9 的曲线图。

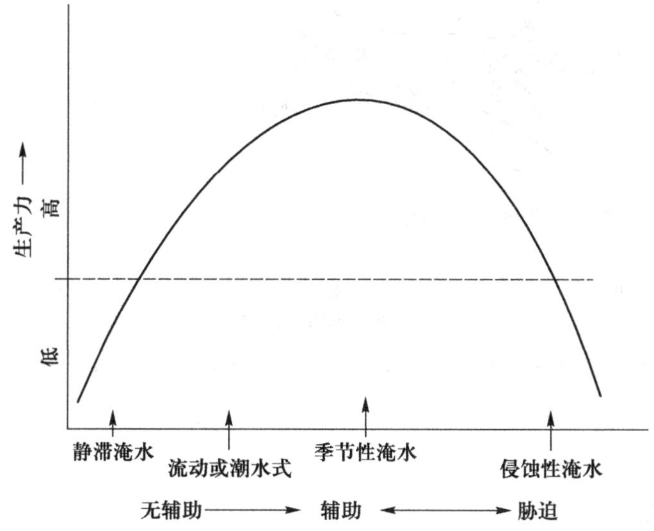

图 8-9　生产力与淹水梯度之间的关系形成的辅助-胁迫模型（见第五章图 5-17）。虚线代表区域生产力水平，中等且季节性的淹水作为辅助，而静滞的或侵蚀性的淹水为胁迫。

8. 陆地生物群落区

生物群落区(biome) 是较容易识别的大型陆地生物群落单元。在一个给定的生物群落区中，顶极植被的生活型是一致的（见第七章对顶极概念的解释），因此顶极植被的生活型是区分生物群落区的关键。在草原生物群落区中，尽管不同地理区域内草的优势种类不同，但草本植物是主要的顶极植被优势种。在这种生物群落区中也存在着其他类型的植被，如演替过程中的“杂草”系列阶段、与局部土壤和水分条件相关的亚顶极森林、作物和其他引进的植被。

图 8-10 是根据温度和降雨量的分布来划分的 6 种主要陆地生物群落区的分布图。如果你能查到你的居住地的年平均温度和年降雨量，你就能根据图 8-10 来鉴定你居住地的生物群落区类型，即使你住在城市中央，周围没有顶极植被也无妨。其他一些生物群落区（图 8-10 中没有给出）如夏旱灌丛、

热带稀树草原、多刺灌丛和热带季雨林都与季节性降雨量的分布有关，而不是由年平均降雨量来决定的。

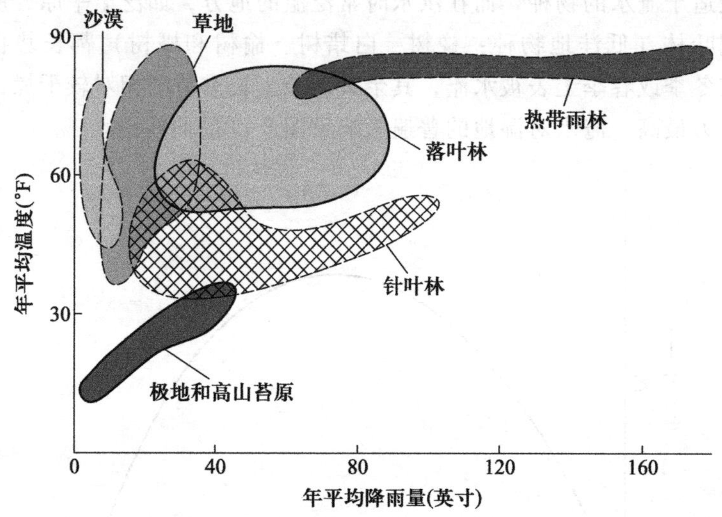

图 8-10 根据年平均温度和年平均降雨量（英寸，1 英寸=2.54 厘米）的六种主要陆地生物群落的分布（由美国国家科学基金会提供）。

9. 荒漠

荒漠生物群落区出现于年降雨量少于 10 英寸（约 25 厘米）的地区，有时也出现于年降雨量多但年内分布很不均匀的炎热地区。中纬度地区缺少降雨是由于常处在稳定的高压带控制之下；温带地区荒漠常处于“雨影区”，即来自海洋的水分被高山阻隔的地方。图 8-11 是北美洲的两种荒漠类型，一种是亚利桑那州的“热”荒漠，拉瑞阿灌丛和仙人掌是这里的典型植物（图 8-11A），另一种是华盛顿州的“冷”荒漠，主要植物是蒿属植物（图 8-11B）。荒漠植物特有的空间隔离和植物相斥机制已在第六章中讨论过了。北美的荒漠不像其他大陆的一些荒漠那样极端，如非洲的撒哈拉沙漠、亚洲的戈壁滩。美国的荒漠每年都会有一些季节性降雨，而极端的荒漠常常几年都无降雨。

有四种独特的植物生活型适应荒漠生态系统。一年生植物（如图 8-11B 所示的绢雀麦）只有当水分足够时才生长，这样就避开了干旱。荒漠灌木在一个短短的主干上有无数枝条以及小而厚的叶片，会在干旱时期脱落。它们凭借在枯萎之前进入休眠状态的能力生存下来。在较冷的荒漠里，灌木长有非常长的根系。这些根系能在土壤表层完全干旱之后吸收深层土壤里可利用的水分，这样，树叶和茎才能在整个夏季保持绿色和活力。肉质植物，如美洲仙人掌和欧洲大戟属植物都能在它们的组织中储存水分。微植物区系包括苔藓、地

(A)

(B)

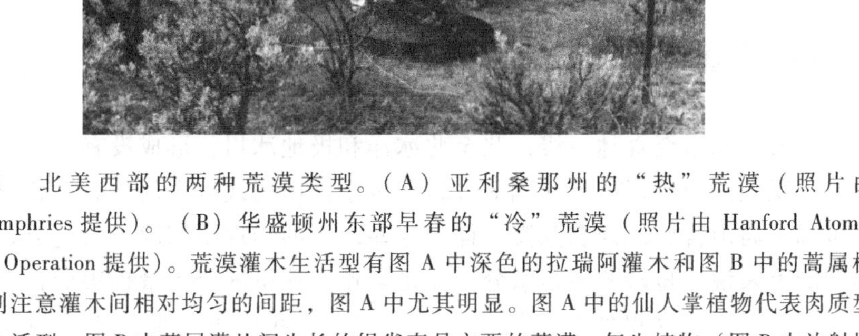

图 8-11 北美西部的两种荒漠类型。(A) 亚利桑那州的“热”荒漠(照片由 R. R. Humphries 提供)。(B) 华盛顿州东部早春的“冷”荒漠(照片由 Hanford Atomic Products Operation 提供)。荒漠灌木生活型有图 A 中深色的拉瑞阿灌木和图 B 中的蒿属植物。特别注意灌木间相对均匀的间距,图 A 中尤其明显。图 A 中的仙人掌植物代表肉质型植物的生活型,图 B 中蒿属灌丛间生长的绢雀麦是主要的荒漠一年生植物(图 B 中放射性示踪实验是用于测定生长于金属环内的两种生活型植物从土壤中对特定矿物质的相对摄取量)。

衣和藻青细菌,它们能在土壤中保持休眠状态,但又能迅速地对凉爽或湿润期做出响应。

一些爬行动物和昆虫是“天生适应”荒漠环境的生物种类,因为它们的防水体表和干燥的排泄物使它们能在缺水环境下生存。哺乳动物是不太适应荒漠生活的,但有少数种类次生性地适应荒漠生活。例如,一些夜行啮齿动物能排泄出浓缩尿,且不需要水分来调节体温,所以能在荒漠中不喝水而能生存下来。其他动物,如骆驼,必须隔一段时间就喝水,但它生理上能经受一段时间的组织缺水(需了解更多的荒漠适应动物资料,参见 Schmidt-Nielsen, 1973)。过去,非凡的人类文明利用荒漠适应植物和动物使人类能在荒漠中或在荒漠边缘生活。生活于干旱地区的人们需要有智谋和保护伦理，这两种品质在环境较为优越的地区也是人类所非常必需的。

因为水是荒漠的主要限制因子，所以荒漠地区的生产力与降雨量几乎呈线性函数关系。在加利福尼亚的 Mojave 荒漠，100 mm 的年降雨量将产生大约 600 kg/ha（千克每公顷）的净生产力，而 200 mm 的年降雨量使净生产力达到约 1 000 kg/ha。在蒸发量较小的较冷的大盆地荒漠地区，每年 200 mm 的降雨量使净生产力达到 1 500~2 000 kg/ha。

在土壤合适的地方，灌溉能使荒漠转变为一些生产力最高的农业耕地。高生产力是继续维持还是昙花一现取决于人类如何稳定生物地球化学循环和在新增长率情况下的能量流动。当大量的水通过灌溉系统，然后从土壤中蒸发时会留下大量的盐分，盐分会年复一年地不断积累直至它们成为限制因子。这个过程就是在第五章阐述过的盐化过程。如果来水流域的水被滥用的话，那么水分补给也会成问题。东半球荒漠中旧灌溉系统的废墟及其所支撑文明的衰落告示我们：除非我们明白，几乎所有环境的重大改变在带来利益的同时，也会带来问题，而且必须在问题变得无法控制之前预测和处理问题，这样荒漠才不会扩张。

10. 苔原

极地苔原南至森林一线，北至北冰洋和极地冰川，形成没有树木的环极地带，面积大约 500 万英亩（图 8-12）。位于高山树线以上的生态上相似的较小区域称为高山苔原。像在荒漠一样，这些地区的物理限制因子占优势，但从生物功能上来说，短缺的不是水分，而是热量。这里的降雨量也很低，但水不是限制因子，因为这里的蒸发量也很低。因此，我们可以把苔原认为是北极荒漠，但最好的描述是一年中部分时间冰冻的湿冷草原或寒冷沼泽。

尽管苔原常被认为是不毛之地，其生物生产力也被认为是相对较低的，但令人惊奇的是大量的物种已进化到明显适应于寒冷地带的生活。薄薄的植被由最耐寒的陆地植物组成，如地衣、禾草和苔草。短暂夏季的长日照（长光周期）时期，在地形条件适当的地方（如图 8-12A 中的低洼地），其初级生产率是很高的。成千上万个浅水池塘以及相邻的北冰洋给苔原食物链提供附加食物。实际上，水生和陆生系统的净生产力总量足以提供给夏季迁徙来的鸟类繁殖和昆虫羽化之用，还可以使当地定居的哺乳动物全年保持活力。长期居住在苔原地带的哺乳动物中，有大型动物，如麝牛、驯鹿（图 8-12B）、北极熊、狼和水生哺乳类，也有小型动物，如在植被层挖洞穴居的北极旅鼠。旅鼠种群密度上下激烈波动的情况已在第六章中讨论过了。因为在任何局部地区都没有足够的净生产力来维持大型陆生食草动物的生存，所以这些动物有很大的流动

(A)

(B)

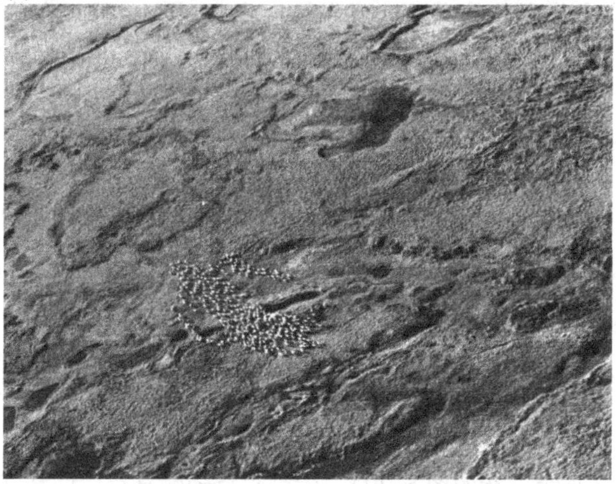

图 8-12　苔原。(A) 在阿拉斯加 Point Barrow 的极地研究实验室附近，8 月份的苔原有草本植物和莎草科植物（照片由 R. E. Shanks 和 J. Koranda 提供）。(B) 从空中俯视苔原，有一群驯鹿。崎岖不平的自然景观是由冰冻作用造成的；也请注意图中有许多小池塘（照片由美国鱼类及野生动物管理局提供）。

性。在人类试图圈养这些动物或挑选不迁徙的品种作为驯养动物种（如驯养的驯鹿）的地方，过度放牧几乎是不可避免的，除非采取明智的轮牧方式来补偿这些动物的迁徙行为。由于人们试图在北极地区开采石油和矿产资源，所以人类对苔原的影响将会继续增加。

11. 草原

自然的草原一般出现在降雨量介于荒漠与森林地带之间的地方。在温带，这通常意味着年降水量为 10~30 英寸（1 英寸≈2. 54 厘米），取决于温度、降雨量的季节性分布和土壤的蓄水能力。热带草原的年降雨量可达到 60 英寸，一般集中在雨季，在下一个雨季到来之前有一段时间较长的旱季。土壤水分是一个关键因子，尤其当它限制了微生物分解和营养物质循环的时候。大草原占据了北美和欧亚大陆的大部分内陆地区。其他的辽阔自然草原分布于南美洲南部、非洲中南部和澳大利亚。

图 8-13 给出了北美草原的几幅景观照片。这里的优势植物生活型就是各种各样的草本植物，从高草（5~8 英尺）到矮草（6 英寸或更短）都有，有丛生草（簇生草），也有形成草皮的草（具地下茎）。一个发育完好的草原群落具有各种适应不同温度的草本植物，既有适应凉爽季节（春秋季）的草（通常是 C_3 植物），也有适应炎热季节（夏季）的草（通常是 C_4 植物）；因此草原针对温度变化具有的全幅“补偿机制”，延长了初级生产的时期。C_3 植物和 C_4 植物的光合作用及其意义已经在第四章中讨论过了。在草原上，非禾本科草本植物常是重要组成部分，还有木本植物（乔木和灌木）通常沿河流成带状或成片出现。在东非的广大地区和其他赤道地区分布有不同的草原生物群落区，即热带稀树草原，具特征性的伞形树广泛分布在草原上。

草原群落形成的土壤类型与森林完全不一样，即使它们有可能起源于同一种矿物母质。因为草本植物的寿命相对于木本植物要短，所以有大量有机物进入土壤中。草腐烂的第一阶段是快速的，产生很少的凋落物，但有很多腐殖质；换句话说，腐殖化很快但矿化却很慢。因此，草原土壤里的腐殖质含量比森林土壤的多 5~10 倍。草原黑土是最适合于主要粮食作物如谷物和小麦（图 8-13D）生长的土壤之一。当然，这些粮食作物是人工栽培的禾本科植物。

在温暖或湿润地区，火在维持草原植被与木本植物的竞争中的作用已在第五章讨论过了（见第五章的图 5-12）。大型食草动物是草原的特征（图 8-13A），它们大多是大型的哺乳动物，但已知有大型食草鸟曾出现于新西兰的原始动物区系中。在第三章已经提到过，在不同的地理区域中生活的野牛、羚羊和大袋鼠具有“生态等值”意义。大型食草动物分两种生活型：一种是善跑型，如我们上面所提到的几种动物。另一种是穴居型，如黄鼠和囊鼠。当人类把草原作为自然牧场时，野生食草动物通常会被驯养的同类动物（即牛、绵羊和山羊）所取代。因为草原适应于沿牧食食物链的强能量流动，所以这种转变在生态学上是可行的。然而，长久以来，人类盲目地使用草地资源进行过度放牧和过度耕作（图 8-13C），导致许多草原成了人造荒漠。第五章中已提到过生态指示种在过度放牧早期监测中的重要性。

莫雷洛（Morello，1970）研究了阿根廷的火灾与牧牛之间的相互作用，根据他的突出研究，可推断出多大面积的草原已变为多刺灌木林。莫雷洛指出，集约牧牛减少了易燃物质，因此维持草原所需的火灾不再发生。结果，以前受周期性大火抑制的多刺灌木林现在就能保存下来，从而取代了草原。恢复放牧草原生产力的唯一方法就是消耗燃料能量用机械去除与烧毁木本植物。这就是人工植被恢复不得不花费很大代价的一个例子。

图 8-13　草原的四种情况。(A) 蒙大拿州的国家野牛保护区自然草原的野牛（照片由美国鱼类及野生动物管理局提供)。(B) 处于良好状态下的自然草原放牧的牛群。(C) 过度放牧的草原呈现出人工荒漠的景象（照片由美国林务局提供)。(D) 草原转变为集约型谷物农场（照片由美国鱼类及野生动物管理局提供)。

非洲大草原具有很高多样性的草食性哺乳动物，如今，如何正确管理草原是那个区域的国家所面临的一个问题，因为这些国家正在努力提高日益膨胀的人口的营养水平。为了适应野生动物群的迁徙行为，国家公园或其他的保护区的面积必须很大，并且/或者以廊道相互连接；动物保护不可能只通过围栏来实现。一些生态学家认为，在持续性产量的原则指导下，有计划地捕捉羚羊、河马和角马作为食物比为了改养家畜而完全去除它们更为可取。首先，自然的多样化意味着初级生产的利用程度更广。再者说，自然物种比家畜更耐受许多热带寄生虫和疾病的侵害。

12. 森林

从比较的意义上讲，在第三章中已经讲过这样的观点，以生物圈的现存生物量以及自源调节和异源调节对生物圈的相对重要性来说，大洋和森林是生物圈中自然生态系统的极端类型。如第七章图 7-1 所示，森林地区的生态演替过程有序而漫长，特征是草本植物的生态演替常常发生在树林之前。因此在任何一个森林地区中，我们都可以看到植被的混合，既包括演替过程中的非森林期，也包括适应特殊土壤和湿度条件的各种森林类型。

因为允许森林发育的温度范围是极宽的，所以就形成了一系列从南到北梯度走向的森林类型。水分对树木的重要性要大于草本，但森林却占据了从干旱到极度潮湿的相当宽的梯度范围。图 8-14 给出了南北梯度走向的三种明显不同的森林类型。最北部的森林（图 8-14A）围绕在地球高纬度地区形成一条宽阔的森林带，这种森林是由云杉属（*Picea*）和冷杉属（*Abies*）树种组成的常绿针叶林；它的物种多样性低，常常由一两个树种形成单一林区。这些环球的针叶林约占全球森林生物量的四分之一和约一半的森林碳，所以它们是人类活动所产生的过量二氧化碳的重要“汇”，就是从这个森林带，冷锋把清洁的空气带到人口密集的温带地区。因此这些针叶林对人类是非常有价值的，即使人类不从中收获木材。

往南部一些，湿润温带地区是以落叶林（图 8-14B）为特征的。这些森林具较显著的分层现象，而且生物多样性较高。这些森林正因城市和农业的发展而广泛破碎化（见第三章图 3-7）。松树（*Pinus*）见于北方针叶林地区以及温带落叶林地区，往往作为演替的系列阶段。

第三种森林类型是热带森林（图 8-14C），包括全年降雨量充沛地区的热带常绿阔叶林和旱季落叶的热带落叶林。热带森林有两种非常特殊的生活型：藤本植物和附生植物（气生植物），虽然这两种生活型的少数物种在北方森林中也能见到，但它们只有在热带地区森林中才能形成显著的生物结构。在热带雨林中，植物和动物的种类很多；几英亩热带雨林所包括的植物和昆虫种类可

图 8-14　南北温度梯度的三种森林类型。(A) 爱荷华州的北方云杉属针叶林。(B) 印第安纳州的橡树、山核桃属植物和其他硬木组成的温带落叶林（照片由美国林务局提供）。(C) 波多黎各的热带雨林（照片由波多黎各大学提供）。

能比整个欧洲的动植物种类还多。Jordan（1971）指出，热带雨林的树叶与新木材产量的比例大约为 1∶1，而温带为 1∶6。这说明了热带树木在树叶中投入的净生产力要比在木材中投入的高。因此，热带森林每年的落叶量很大，但每单位干重的叶片所含的能量是较少的。

在第五章中，我们已详细地讨论了热带雨林矿物质循环过程的独特特征及其对森林向农业转化的影响。雨林能够在贫瘠土壤中生存并繁荣起来，这是因为森林群落的生物量中存在着许多互利共生和再循环的适应。当森林被砍伐后，所有这些适应机制就被破坏了，而这片土地也就成为贫瘠的耕地或牧场（图 8-15）。

图 8-15 热带雨林。（A）原始林。（B）当雨林被清除之后，林地就成了贫瘠的牧场或庄稼地，因为其肥力不在土壤中，而是在被砍去的森林生物量中（照片由 Carl Jordan 提供）。

图 8-16 所示的两种森林类型可以被认为是水分梯度中的极端。夏旱灌丛（图 8-16A）出现于夏季干旱冬季多雨的地区，是一种“火型”森林类型，因为它在自然界中受火的控制，并且适应于火这种因子（见第二章）。地中海地区的“马基灌丛”和澳大利亚的“桉树矮灌丛”就是这种类型的矮灌木。干旱气候的矮树林的其他类型包括美国西部山区低海拔地区的矮松-刺柏灌木林和非洲热带区的多刺灌木林。相比之下，温带雨林总出现于水分充足的地方，如从加利福尼亚州北部到华盛顿州沿岸（图 8-16B）。它们没有热带雨林的生物多样性高，但每棵树木更高大，木材的总量较大。加利福尼亚州的红木林就是这种森林类型之一。

位于田纳西州-北卡罗来纳州边界的大烟山国家公园是观察森林类型与气候和基质之间关系的好地方。在海平面上，要在几百英里地域内才能看到气候的变化，在大烟山却只要在小地理区域内就能见到。图 8-17 有助于我们用生态学家的眼光来看待这种景观。高度变化产生了南-北温度梯度，而任一特定高度的谷峰地形都会产生土壤水分条件的梯度。沿梯度的植被格局在 5 月和 6 月初最为显著（当植物区系的外表差异也很明显时），但森林对地形和气候的非同寻常的适应方式在一年中的任何时候都是十分明显的。

图 8-16　适应于不同湿度条件的两种森林。(A) 夏旱灌丛林地，加利福尼亚海岸冬雨-夏旱气候下的一种浓密常绿阔叶灌丛林；周期性的火灾是主要环境因子。(B) 通常称为温带雨林的华盛顿州奥林匹克国家森林是湿润针叶林的典例。注意大树的大小，地面覆盖的蕨类植物，树干上附生的苔藓点。就是对于这种类型的森林，"皆伐"的争论最为激烈（由美国林务局提供）。

如图 8-17 所示，大烟山森林类型，从生长于低海拔地区温暖干燥斜坡上的橡树疏林和南方松林，到由生长于寒冷潮湿山顶上的云杉和冷杉组成的北方针叶林都有。南方松沿着无遮蔽山脊向上延伸生长，而北方铁杉林向下延伸到受庇护的沟谷，那里的温度和湿度条件与高海拔相似。乔木树种多样性最大的地方是那些有遮蔽的地方（即潮湿的地方），大约是温度梯度的中间地带。

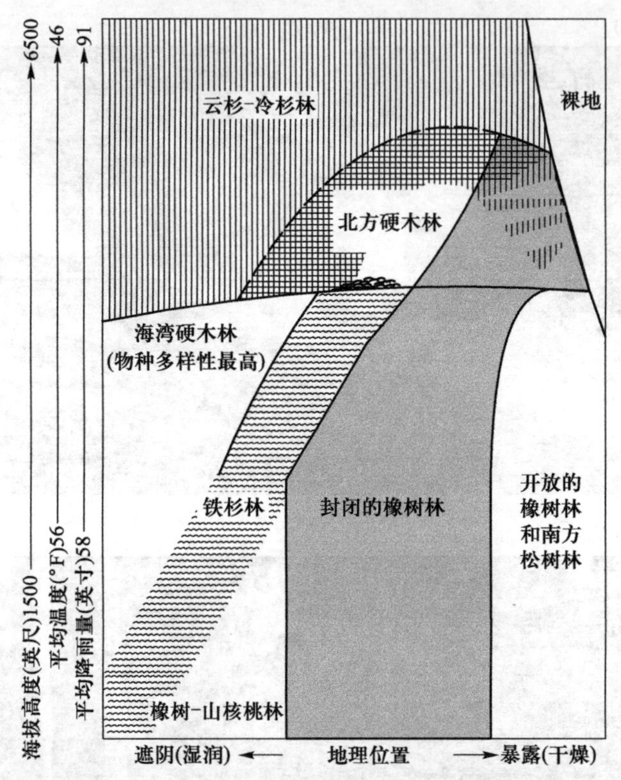

图 8-17　与温度和湿度梯度相关的大烟山国家公园森林植被格局（图由 R. Shanks 仿 Whittaker，1952 绘制）。

在大烟山一些高海拔无遮蔽斜坡上生长的是杜鹃花属灌木或禾草而非树木，其原因至今还没有完全搞清楚。这些“光地”不是一个真正的高山苔原，因为高度还没有达到不长树的地带。无论最初形成的原因是什么（也许是火），现在此处的灌木群落已经很好地建立起来了，并且还能抵制森林的入侵。在这种情况下，我们能够观察到群落与群落之间、个体与个体之间是如何进行竞争的，最终结果可能取决于火灾或暴雨之类事件的出现频率，它可能使竞争平衡发生有利于其中一方生态系统的倾斜。

13. 收获森林

木材生产和林业生产实践要经过两个阶段。第一阶段包括收获多年来储存在树木中的净生产力。当消耗完以前积累下来的所有生长量时，如果我们还需要木材产品的话，就必须调整年砍伐量，使之不超过年生长量。在美国西北部，第一阶段仍在继续；这个区域的木材年砍伐量是年生长量的两倍。相比之下，美国东南部已进入了第二阶段。大多数的老树已被砍伐，因此林业生产实践首先要考虑新生林，这些新生林的砍伐量与年生长量是平衡的。尽管新生林的年净生产力常常高于老年森林，但由于新生林快速生长树木的木质部不如缓慢生长的老树木致密，所以新生林木材的质量不如老树林。因为在许多情况下，质量和数量是不能兼得的；所以我们很少能同时达到数量和质量的要求。木材的砍伐可取决于木材如何纳税。如果每年按市场价格对现存木材征税，那么林业生产者（个体或木材公司）为了少支付税金，就会提早砍伐森林；另一方面，如果直到树木被砍下来才征税的话（按所得利润），这将会鼓励林业生产者让林木长成高质量的木材。

近年来，对于大面积地皆伐太平洋西北部的老森林的做法，尤其是国有森林，存在激烈的争论。华盛顿大学的富兰克林（Jerry Franklin）就是新一代林业者的代言人。他主张森林不能作为木材生产系统来管理，而应作为具有多种用途和价值（如流域保护和支持生命）的一个生态系统来管理。他的建议措施包括但不限于：减少土壤破坏、在森林中留下圆木和碎屑、沿溪流保留未砍伐缓冲带、在已收获的林分中留下种子树、安排皆伐以便为动物提供廊道等。所有这些建议使人们能够在“森林农场与完全保护的刻板选择”中提供了折中可行的方案（Franklin，1989）。

14. 洞穴

洞穴中存在一些非常有趣的异养生物群落，它们在世界上很多地方都很丰富。这里的生物大多数是洞穴所特有的，即在其他地方无处可寻，它们在很大程度上是靠冲刷到洞穴里的有机物质为生。近期，萨尔布等（Sarbu et al.，1996）在一个洞穴考察中发现一个地热型化学自养生态系统。这个生态系统与图 8-2 所示的海底火山口生态系统很相似，都是硫化氢提供了能量来源。

15. 我们的林缘生境

看起来，人类文明是在原本是森林和草原的地方达到了最强盛的发展，尤其是温带地区。因此，温带的大多数森林及草原与原来最早情形相比已面目全非，但这些生态系统的基本特性并没有改变。实际上，人类倾向于把草原和森林的特征融合在一起成为自己的生境，这种生境也被称为**林缘**（forest edge）。当人类在草原上安家落户后，我们会在房子、城镇、农场的周围种树，因此小块的树林就散布在原本没有树的城乡地区。同样，当我们在森林中安家落户后，我们会以草地和耕地来取代大部分森林（因为人类从森林几乎得不到食物），但也会留下几块原来的森林在农场和居住区周围。许多原先在草原和森林中生长的较小的植物和动物都能够在与人类和驯养或培育物种的紧密联系中适应和生存。举个例子来说，旅鸫（American robin）原本是森林里的一种鸟类，它能很好地适应人工林缘，不仅其数量增加了，而且也扩展了其地理分布区域。欧洲的大部分林鸟已从森林转换到园林、城市和树篱，或已经灭绝，因为欧洲不再有太多完整的森林。大多数在人类居住区中生存下来的本地种成了林缘生态系统中的有益成员，但也有一些成了有害生物。然而最严重的有害生物很可能是从遥远的地方引进的物种，在第二章中已讨论过这样的例子。

如果我们把耕地和牧场认为是早期演替类型的改良型草原，那么我们能说我们的食物依赖于草原，但我们喜欢生活在森林的庇护中，从那里我们不仅获得愉悦，还能得到有用的木材产品。我斗胆做一个过于简化的结论，我们可以说，人类与其他异养生物一样都要从景观中寻求两种基本东西：产量和保护。但与低等生物不同，人类还在美丽的自然景观中找到美的享受。对人类来说，森林提供了人类的三种需要，尤其是后两者。在很多情况下，如果把木材全部砍下来的货币价值远远低于保持完整森林的价值。森林能提供娱乐、流域保护和其他生命支持服务：居住地及适当的木材收获量（见 Bergstrom 和 Corolell, 1991）。

16. 农业生态系统

农业生态系统（agroecosystems）是归化生态系统，从许多方面来看属于自然生态系统（如草原和森林）与建造生态系统（如城市）之间的中间类型。它们与自然生态系统一样，是太阳供能的生态系统，但又有几个方面不同于自然生态系统：提高生产力的辅助能源是加工燃料（同动物和人类劳动力一起），而不是自然能量；为了获得特定粮食作物和其他产品的最大产量，人为管理大大地降低了生物多样性；占优势的动植物是人工控制的而不是自然选择的；控制来源于外部，是有目标的，而不同于自然生态系统中通过亚系统反馈进行的内部控制（见第三章图 3-11）。

第一章中提到的种植林，与耕地一样是农业生态系统。这种“森林农场”目的是为了提高单位面积木材和纤维的生产量（见第一章图 1-2B）。这种生态系统迟早也会遇到影响其他作物那样的管理问题：土壤质量降低、病虫害防治、用人造化肥替代森林收获所损失的营养物质等问题。农业林学（agroforestry）越来越引起人们的兴趣，它涉及小型速生林与粮食作物间作的实践。

农业生态系统与城市工业系统的相似之处在于，它们广泛地依靠外部环境，又影响外部环境；即都有很大的输入和输出环境。农业生态系统与城市生态系统的不同之处在于农业生态系统是自养的而不是异养的。经济欠发达国家的传统农业的能量密度水平（每单位面积的能流率）与自然生态系统并没有明显的差异。然而，由于必需的高能量和化学辅助剂，工业化农业的能量密度比自然生态系统要高出10倍左右。通过农业化学污染物和土壤侵蚀，农业生态系统对水道、大气和其他全球生命支持系统的影响已经接近于城市-工业区影响的严重性。

在美国和其他工业化国家，农业生态系统的性质和它们对其他生态系统影响的特点在过去的半个世纪里发生了明显的变化。回顾一下这段历史是十分重要的，有利于我们了解目前存在的问题和研究需要。奥克莱（Auclair，1976）对美国中西部集约型农业发展的三个时期描述如下：

从1833年到1934年，约90%的大草原、75%的湿地，和具有优质土壤的全部林地被转变为耕地、牧场和林区。天然植被局限于险峻地带和贫瘠土壤。但由于农场的规模小、作物品种多和大部分使用人力与畜力，所以耕作对水、土壤和空气质量的影响总体来说是无害的。

从1934年到1961年，随着廉价燃料和化学辅助剂、机械化和作物专业化和单一种植的提高，出现了集约化耕作。较少的农民就能在较小的土地上收获更多的食物，所以耕地总面积减少，而森林覆盖率提高了10%。

从1961年到1980年，优质土地上的能量辅助、农场的规模和耕作集约化都得到了提高，主要是谷物和大豆经济作物的连续栽培，这些作物大部分都用于出口贸易。土地保护措施，如作物轮作、休耕、筑梯田和有植被的径流水道都减少了，因为农场主被迫提高经济作物的产量以支付日益增加的能量和机械化费用。单位产量增加了，该时期一些谷物达到最高产量。农场土地在城市化中的损失和土壤侵蚀加剧，同时，含过量化肥和杀虫剂的农业径流导致水质下降。

布鲁根（Brugam，1978）对康涅狄格州一个湖底（林赛池塘）的确定年代岩心剖面的化学组成分析给我们提供了农业和都市化对相邻生态系统影响的变化史。19世纪的早期耕作对湖泊几乎没有影响，大约在1915年以后，农业的集约化导致了湖泊的富营养化，这是农业化学物质的流入造成的。从1960年到现在，都市化的迅速发展和耕作集约化程度的提高，由于工农业废物和大范围的侵蚀把大量土壤、重金属及其他有毒物质带入湖泊，引起湖泊“超级富营养化”。生物区系的明显改变与湖泊的输入环境的变化是直接相关的，这个观点已被上述事实所证明。

考虑到能量成本和污染代价在增加，我们必须尽技术上的、经济上的和政治上的各种努力，来减少农业和城市系统的输入代价；否则，任何一方或两者的过量输入将很快危及其自然生命支持系统的环境容量。耕地、牧场和种植林园是较大的区域和全球生态系统（即等级途径）的功能部分，将它们看作是依赖性生态系统，是为完成这些长远目标所必需的综合有关学科的第一步。所谓的世界粮食问题不能单靠一门学科，如农学来单独解决，生态学作为一门学科也不能提供任何快速直接的解决方案，但是构成生态学理论基础的整体论和系统论途径能为学科整合做出贡献。

17. 传统的与工业化的农业生态系统

在欠发达国家中，许多历史悠久的传统农业实践受到越来越多的关注，因为它们是高能效的、生态上可持续的，并能为当地居民提供充足食物。但是这些农业实践不能产生过多的谷物或其他产品来作为换取现金的出口商品。因此许多小国家正在努力用工业化农业来取代传统农业，但忽视了这种做法的后果，这样做会产生污染，还会迫使小农场主离开土地，进入过于拥挤的城市。

泰国就是一个很好的例子。在水稻栽培农业生态系统中，洪水能量的投入正被化石燃料、化肥和杀虫剂等工业化能量的投入所取代。这样做使单位面积产量提高了，但同时也降低了能量的使用效率（能量投入与谷物产量之比）（Gajaseni，1995）。另一个例子是巴厘岛，为了获取短期的市场经济效益，燃料供能水泵系统取代了有上千年历史的自流灌溉系统，并且还大量使用合成化学物品（Steven，1994）。

总的来说，市场和其他的经济与政治力量，与城市化和人口增长压力一起，把由“归化”生态系统演化来的、与自然环境相对较为和谐的农业生态系统逐渐转变为在能量上、物质需求上和废物产生方面日益与城市工业化生态系统相似的“建造”生态系统。幸运的是，这种趋势正被新闻杂志作家赛迪（Hugh Sidey，1990）所称的“农业革命”所扭转，即“翻耕正被那种保护土地和生产更多作物的‘残留物管理’的新技术所取代”（见第五章图 5-15）。

18. 城市-工业技术-生态系统

城市、郊区和工业发展区，即那些大都市区或内维（Neveh，1982）所说的“技术-生态系统”，都是自然和农业景观基质中的高能小岛屿（Dornet 和 McClellan，1984）。如第一章中所强调的，这些建造环境是生物圈的寄生物；这并非有意轻视城市，而是陈述事实。

城市被认为是人类登峰造极的成就。古希腊有规划的城市、中世纪的城邦和现在纽约或其他大城市中的那些像塔一样的摩天大楼无不使人感到惊叹和敬畏。将来的城市，如迪士尼世界里所描绘的那样，是一种技术乌托邦——在其中的每个人都很富有，而且生活得绝对舒适，有大量的时间进行娱乐活动。遗憾的是，现在的大部分城市是混乱的，处于衰落之中，尽管世界上还有大量的人口为了寻求更好的经济生活而涌入都市。在较不发达的国度里，其城市的发展尤为迅速。到 2000 年，墨西哥城和巴西的圣保罗城的人口将超过 2 500 万，远远超过了其他工业化国家的城市人口（或许东京除外），大约是纽约人口的两倍。预计到 2010 年，全世界的城市人口将达到总人口的 50% ~ 80%（见 1994 年 Fuchs 等编的联合国报告）。

如第六章中的引证材料所证明的那样，任何迅速而任意发展的事物（没有计划或控制），且又忽视维生问题，将会超过维持自身生存所必需的基础条件，从而导致繁荣与衰落的循环。不管我们作为热爱自由的个人是否喜欢，但作为一个社会，我们一定要制定一些严肃的城市规划。大多数涉及城市困境的文献总是把重点放在内部问题上，如日益恶化的基础设施和犯罪率，但是正如莱尔（John T. Lyle，1985，1993）指出的那样，将来的城市将不得不"融入景观的生态学而不能置之于度外"。然而，城市的再生将越来越取决于城市与生命支持区域的再联系，正如我们在本书前文所指出的，只有宿主保持良好状态，寄生物才能繁荣发展（见 Haughton 和 Hunter，1994）。在跋中我们将讨论如何运用生态学知识来处理这种情况。

推荐读物

生物地理学

Brown，J. H.，and A. C. Gibson. 1983. *Biogeography*. Mosby，St. Louis.

Cox，C. B.，I. N. Healey，and P. D. Moore. 1973. *Biogeography：An Ecological and Evolutionary Approach*. 2nd ed. Blackwell Scientific，Oxford.

Hallam，A. 1972. Continental drift and the fossil record. *Sci. Am.* 227（5）：56-66.

MacArthur，R. H. 1972. *Geographical Ecology*. Harper & Row，New York.

Pielou，E. C. 1979. *Biogeography*. John Wiley，New York.

海洋

Barber，R. T.，and R. L. Smith. 1980. Coastal upwelling ecosystems. In *Analysis of Marine Ecosystems*，ed. A. R. Longhurst. Academic Press，New York.

Bretherton，F. P.，ed. 1986. Changing climates and the oceans. *Oceanus* 29（4）（special issue）.（Twelve articles，several illustrated in color.）

Carson，R. 1952. *The Sea Around Us*. Oxford University Press，New York.

*Cloud，P. E. 1969. *Resources and Man*. Freeman，San Francisco.

Falkowski，P. G.，ed. 1980. *Primary Productivity in the Sea*. Plenum Press，New York.（See also the 1981 review in *Science* 212：794.）

*Heezen，B. C.，C. M. Tarp，and M. Ewing. 1959. *The Floors of the Ocean. I. North Atlantic*. Special Paper no. 65.，Geological Society of America，Boulder，CO.

MacIntyre，F. 1970. Why the sea is salt. *Sci. Am.* 223（5）：104-115.

Odum，E. P. 1971. *Fundamentals of Ecology*，3rd ed. Chapter 12. Saunders，Philadelphia.

*Pomeroy, L. R. 1974. The ocean's food web, a changing paradigm. *BioScience* 24: 499-504.

*Pomeroy, L. R. 1984. Significance of microorganisms in carbon and energy flow in aquatic ecosystems. In *Current Perspectives in Microbial Ecology*, eds. M. J. Lug and C. A. Reddy, pp. 405-411. American Society of Microbiologists, Washington, D. C.

Revelle, R., ed. 1969. The ocean. *Sci. Am.* 221 (3) (special issue).

*Smith, C. R., H. Kukert, R. A. Weatcroft, P. A. Jumers, and J. W. Deming. 1989. Vent fauna on whale remains. *Nature* 341: 27-28.

*Swan, L. W. 1992. The Aeolian biome: Ecosystems of the earth's extremes. *BioScience*, 42: 262-270.

Thorson, G. 1971. *Life in the Sea*. McGraw-Hill, New York.

*Tunnicliffe, V. 1992. Hydrothermal vent communities of the deep sea. *Am. Sci.* 80: 336-349. (See also back-to-back articles by Grassle and by Jannasch and Mottl in *Science* 229: 713-725, 1985.)

沿海水域、河口和海岸

Amos, W. H. 1966. *The Life of the Seashore*. Our Living World of Nature series. McGraw-Hill, New York.

Carson, R. 1956. *The Edge of the Sea*. Houghton Mifflin, Boston.

Goldreich, P. 1972. Tides and the earth-moon system. *Sci. Am.* 226 (4): 42-52.

Kaufman, W., and O. H. Pilkey, Jr. 1983. *The Beaches Are Moving*. Duke University Press, Durham, NC.

MacLeish, W. H., ed. 1976. Estuaries. *Oceanus* 19 (5) (special issue). (Articles by 10 authors explore various aspects of estuaries.)

Mann, K. H. 1982. *Ecology of Coastal Waters*. Studies in Ecology, vol. 8. University of California Press, Berkeley.

*Muscatine, L., and J. W. Porter. 1977. Reef corals: Mutualistic symbioses adapted to nutrient-poor environments. *BioScience* 27: 454-460.

Odum, E. P. 1961. The role of tidal marshes in estuarine production. *The Conservationist*, June-July, 12-15.

Odum, E. P. 1980. The status of three ecosystem-level hypotheses regarding salt marsh estuaries. In *Estuarine Perspectives*, ed. V. S. Kennedy. Academic Press, New York.

Odum, W. E. 1970. Insidious alteration of the estuarine environment. *Trans. Am. Fish. Soc.* 90: 836-847.

*Odum, W. E., and C. C. McIvor. 1990. Mangroves. In *Ecosystems of Florida*, eds. R. J. Myers and J. J. Ewel, pp. 517-548. University of Central Florida Press, Orlando.

Pearse, A. S. H. J. Humm, and G. W. Wharton. 1942. Ecology of sand beaches. *Ecol. Monogr.* 12: 136-190.

Stephenson, T. A., and A. Stephenson. 1973. *Life Between Tidemarks on Rocky Shores*. W. H. Freeman, San Francisco.

Teal, J., and M. Teal. 1969. *Life and Death of the Salt Marsh*. Little, Brown, Boston. Warner,

W. W. 1976. *Beautiful Swimmers: Watermen, Crabs, and the Chesapeake Bay*. Penguin Books, New York.

Wiegert, R. G., and B. J. Freeman. 1990. *Tidal Salt Marshes of the Southeastern Atlantic Coast: A Community Profile*. Biological Report no. 86 (7.29), Fisheries & Wildlife Service, Washington, D. C. (See also W. E. Odum, 1988 in the next section.)

淡水水域和湿地

Baxter, R. M. 1977. Environmental effects of dams and impoundments. *Annu. Rev. Ecol. Syst.* 8: 255-284.

*Belt, C. B. 1975. The 1973 flood and man's constriction of the Mississippi River. *Science* 189: 681-684.

Cummins, K. W. 1974. Structure and function of stream ecosystems. *BioScience* 24: 631-641.

Cushing, C. E., and K. W. Cummins, eds. 1995. *Ecosystems of the World*. Vol. 22. *River and Stream Ecosystems*. Elsevier, Amsterdam.

*Davis, S. M., J. C. Ogden, and W. A. Parks, eds. 1995. *Everglades: The Ecosystem and Its Restoration*. St. Lucie Press, Delray Beach, FL. (Papers by 57 authors.)

Deevey, E. S. 1951. Life in the depths of a pond. *Sci. Am.* 185 (4): 68-72.

*Edmondson, W. T. 1968. Water quality management and lake eutrophication: The Lake Washington case. In *Water Resources Management and Public Policy*. University of Washington Press, Seattle. (A pollution abatement success story; see also Sunday supplement, *Seattle Times*, Aug. 4, 1985, and Edmondson 1970.)

Edmondson, W. T. 1970. Phosphorus, nitrogen, and algae in Lake Washington after diversion of sewage. *Science* 169: 690-691.

Eliassen, R. 1952. Stream pollution. *Sci. Am.* 186 (3): 17-21.

Fisher, S. G., and G. E. Likens. 1972. Stream ecosystem: Organic energy budget. *BioScience* 22: 33-35.

*Gasaway, C. R. 1970. *Changes in the Fish Population of Lake Francis Case in South Dakota in the First 16 Years of Impoundment*. Technical Paper no. 56. Bureau of Sport Fisheries and Wildlife, Washington, D. C.

Good, R. E., D. F. Whigham, and R. L. Simpson. 1978. *Freshwater Wetlands: Ecological Processes and Management Potential*. Academic Press, New York.

*Greeson, P. E., J. R. Clark, and J. E. Clark, eds. 1979. *Wetland Functions and Values: The State of Our Understanding*. American Water Resources Association, Minneapolis. (All you want to know about wetlands, and more!)

*Holeman, J. N. 1968. The sediment yield of major rivers of the world. *Water Res.* 4: 737-747.

Kitchell, J. F. 1992. *Food Web Management: A Case Study of Lake Mendota*. Springer-Verlag, New York. (Fish and algal blooms in one of the most intensively studied North American lakes.)

*Lodge, T. E. 1994. *The Everglades Handbook: Understanding the System*. St. Lucie Press, Delray Beach, FL.

Lugo, A. E., S. Brown, and M. M. Brinson. 1988. Forested wetlands in freshwater and saltwater environments. *Limnol. Oceanogr.* 33 (4, part 2): 894-909.

Miller, J. A., ed. Ecology of large rivers. Special issue of *BioScience*, 45: 134-203.

*Mitsch, W. J., and J. G. Gosselink. 1994. *Wetlands*, 2nd ed. Van Nostrand-Rein-hold, New York.

Niering, W. A. 1966. *The Life of the Marsh*. Our Living World of Nature series. McGraw-Hill, New York.

*Odum, E. P. 1988. Wetland values in retrospect. In *Freshwater Wetlands and Wildlife*, eds. R. R. Sharitz and J. W. Gibbons, pp. 1-8. Department of Energy Symposium Series no. 61. Office of Technological Information, Oak Ridge, TN. (See also E. P. Odum 1983, *J. Soil Water Conserv*. 38: 546-549.)

*Odum, W. E. 1988. Comparative ecology of tidal freshwater and salt mashes. *Annu. Rev. Ecol. Syst*. 19: 137-176.

Patrick, R. 1970. Benthic stream communities. *Am. Sci*. 58: 546-549.

Porter, K. G. 1977. The plant-animal interface in freshwater ecosystems. *Am. Sci*. 65: 159-170.

Ragotzkie, R. A. 1974. The Great Lakes rediscovered. *Am. Sci*. 62: 454-464.

Smith, R. A., R. B. Alexander, and M. G. Wolman. 1987. Water-quality trends in the nation's rivers. *Science* 235: 1607-1615.

Wolman, M. G. 1971. The nation's rivers. *Science* 174: 905-918. (Excellent graphs and tables on water quality indices.)

陆地生物群落

Aber, J. D., and J. M. Melillo. 1991. *Terrestrial Ecosystems*. Saunders, Philadelphia.

Allen, D. L. 1967. *The Life of Prairies and Plains*. Our Living World of Nature series. McGraw-Hill, New York.

Barbour, M. G., and W. D. Billings. 1988. *North American Terrestrial Vegetation*. Cambridge University Press, New York.

*Bergstrom, J. C., and H. K. Cordell. 1991. An analysis of the demand for and value of outdoor recreation in the United States. *J. Leisure Res*. 23: 67-86. (The economic value of the National Forests to wilderness and recreation users—$ 122 billion per year—is nine times the aggregate value of round wood timber harvest.)

Bormann, F. H., and G. E. Likens. 1979. *Pattern and Process in a Forested Ecosystem*. Springer-Verlag, New York. (Synthesis of research at Hubbard Brook in New Hampshire, a pioneer ecosystem-level watershed study.)

Caufield, C. 1984. *In the Rainforest: Report from a Strange, Beautiful, Imperiled World*. University of Chicago Press, Chicago.

Cox, T. R., R. S. Maxwell, P. D. Thomas, and J. J. Malone. 1985. *This Well-Wooded Land: Americans and Their Forests from Colonial Times to the Present*. University of Nebraska Press, Lincoln.

Denison, W. C. 1973. Life in tall trees. *Sci. Am*. 228 (6): 74-80.

Douglas, I. 1967. Man, vegetation, and sediment yields of rivers. *Nature* 215: 925-928.

*Franklin, J. 1989. Towards a new forestry. *American Forests* November-December, pp. 37-44.

(There is an alternative to the stark choice between tree farms and total preservation.)

Franklin, J. F. 1993. Lessons from old growth. *J. Forestry* 91: 10-13.

Hadley, N. F. 1972. Desert species and adaptation. *Am. Sci.* 60: 338-347.

Hunt, C. B. 1973. *Natural Regions of the United States and Canada*. W. H. Freeman, San Francisco.

*Jordan, C. 1971. A world pattern in plant energetics. *Am. Sci.* 59: 426-433.

McCormick, J. 1966. *The Life of the Forest*. Our Living World of Nature series. McGraw-Hill, New York.

McNaughton, S. J., M. Oesterheld, D. A. Frank, and K. J. Williams. 1991. Primary and secondary production in terrestrial ecosystems. In *Comparative Analysis of Ecosystems*, eds. J. Cole, G. Lovett, and S. Findley. Springer-Verlag, New York. (Primary production is strongly influenced and sometimes controlled by herbivores and other secondary producers, and is an integrated variable of processes throughout the ecosystem.)

*Morello, J. 1970. Modelo de relaciones entra pastizales y lenosas colonzodores en el Chaco Argentino. (A model of relationships between grassland and woody colonizer plants in the Argentine Chaco.) *Idia* 276: 31-51.

Richards, P. W. 1973. The tropical rain forest. *Sci. Am.* 229 (6): 58-67.

*Sarbu, S. M., T. C. Kane, and B. K. Kinkle. 1996. A chemoautotrophically based cave ecosystem. *Science* 272: 1953-1955.

*Schmidt-Nielsen, K. 1973. *Desert Animals: Physiological Problems of Heat and Water*. Oxford University Press, Oxford.

Shelford, V. E. 1963. *The Ecology of North America*. University of Illinois Press, Urbana.

Shelford, V. E., and S. Olson. 1935. Sere, climax, and influent animals with special reference to the transcontinental coniferous forest of North America. *Ecology* 16: 375-402. (A classic paper documenting how animals link together various developmental stages of vegetation within a major biome type.)

Shugart, H. H. and D. C. West. 1981. Long-term dynamics of forest ecosystems. *Am. Sci.* 69: 647-652.

Sinclair, A. R. E., and M. Norton-Griffiths, eds. 1979. *Serengeti: Dynamics of an Ecosystem*. University of Chicago Press, Chicago.

Sutton, A., and M. Sutton. 1966. *The Life of the Desert*. Our Living World Of Nature series. McGraw-Hill, New York.

Terborgh, J. 1992. *Diversity and the Tropical Rain Forest*. Scientific American Library, W. H. Freeman, New York. (Beautifully illustrated, moderately technical account of the legendary tropical rain forest.)

Walter, H. 1973. *Vegetation of the Earth and Ecological Systems of the Geo-biosphere*, 3rd ed. Springer-Verlag, New York.

Waring, R. H., and J. F. Franklin. 1979. Evergreen coniferous forests of the Pacific Northwest. *Science* 204: 1380-1386.

Waring, R. H., and W. H. Schlesinger. 1985. *Forest Ecosystems: Concepts and Management*.

Academic Press, Orlando, FL.

*Whittaker, R. H. 1952. Vegetation of the Great Smoky Mountains. *Ecol. Monogr*. 26: 1-80.

农业生态系统

Altieri, M. A. 1987. *Agroecology: The Scientific Basis of Alternative Agriculture*. West-view Press, Boulder, CO (Contrasts chemical-mechanized agriculture with traditional farming in underdeveloped countries and conservation tillage emerging in developed countries.)

*Auclair, A. N. 1976. Ecological factors in the development of intensive-management ecosystems in the midwestern United States. *Ecology* 57: 431-444.

*Brugam, R. B. 1978. Human disturbance and the historical development of Linsley Pond. *Ecology* 59: 19-36.

Carroll, C. R., J. H. Vandermeer, and P. M. Rosset, eds. 1990. *Agroecology*. McGraw-Hill, New York.

Dover, M. J., and L. M. Talbot. 1987. *To Feed the Earth: Agro-ecology for Sustainable Development*. World Resources Institute, Washington, D. C.

Edwards, C. L., R. Lal, P. Madden, R. H. Miller, and G. House, eds. 1990. *Sustainable Agricultural Systems*. St. Lucie Press, Delray Beach, FL.

*Gajaseni, J. 1995. Energy analysis of wetland rice systems in Thailand. *Agr. Ecosyst. Environ*. 52: 173-178.

Gliessman, S. R., ed. 1990. *Agroecology: Researching the Ecological Basis for Sustainable Agroecology*. Springer-Verlag, New York.

Lowrance, R., B. R. Stinner, and G. J. House, eds. 1984. *Agricultural Ecosystems: Unifying Principles*. John Wiley, New York.

*MacDicken, K. G., and N. T. Vergara. 1990. *Agroforestry*. John Wiley, New York.

Sidey, H. 1992. Revolution on the farm. *Time* 139 (26): 54-56.

*Steven, J. E. 1994. Science and religion at work. *BioScience* 44: 60-64. (Replacement of long-term ecologically sound irrigation system with commodity-based market system.)

Worster, D. 1990. Transformation of the earth: Towards an agroecological perspective in history. *Am. Hist*. 76: 1087-1106.

城市-工业技术-生态系统

Dornet, R. S., and P. W. McClellan. 1984. The urban ecosystem, its spatial structure, its subsystem attributes. *Environment* 16 (1): 9-20.

*Fuchs, R. L., E. Prennon, J. Chamie, F. C. Lo, and J. L. Vito. *Mega-City Growth and the Future*. United Nations Publishing, New York.

*Haughton, G., and C. Hunter. 1994. *Sustainable Cities*. Jessica Kingsley, London.

Lowe, M. D. 1991. *Shaping Cities: The Environmental and Human Dimensions*. Worldwatch Paper no. 105. Worldwatch Institute, Washington, D. C.

*Lyle, J. T. 1985. *Design for Human Ecosystems*. Van Nostrand Reinhold, New York.

*Lyle, J. T. 1993. Urban ecosystems. *In Context* 35: 43-45.

Morris, D. 1982. *Energy and the Transformation of Urban America*. Sierra Club Books, San Francisco.

Neveh, Z. 1982. Landscape ecology as an emerging branch of human ecosystem science. *Adv. Ecol. Res*. 12: 189-237.

Vining, D. R. 1985. The growth of core regions in the third world. *Sci. Am*. 253 (4): 42-49. (Explosive growth of third world cities is creating intractable economic, environmental, and social problems.)

＊代表本章中引用的参考文献。

跋

从年轻到成熟的过渡

经济赤字可能主宰我们的新闻头条，但是生态赤字将会主宰我们的未来。

Lester Brown 等，《世界的状况》（*The State of the World*，1986）

预测未来是一个具有诱惑力的游戏，尤其是在充满危机的时代更为流行。实际上，没有一个人能以任何准确的程度预测未来，因为有太多未知的东西、太多新事物、技术发明和其他不可预见的因素。然而，考虑未来会发生的一系列可能性却是有指导性意义的。然后，通过目前的条件、理解力和知识，我们可以推测它们的可能性。更为重要的是，我们现在可以做一些事情以减少未来出现不良状况的可能性。

随着我们接近 2000 年，唯一可以确定的是：人口将继续增长，至少在 21 世纪之前是这样（见第六章图 6-5）；我们必须着手处理生命支持系统（特别是大气圈）的污染事件；人类必须在能源利用方面进行较大范围的和极其痛苦的转变，从使用化石能源转变为其他较不确定、可能获利较少的资源；最后，正如我们似乎已经在很多方面和对很多资源所做的事情一样，人类将超过它的安全承载力，导致激增-崩溃循环。因而，未来的挑战将不是如何避免超载，而是如何生存。

大多数未来学家认为我们需要减少目前大量的浪费，提高效率，使用少量高质能量做更多的事情并减少由于能源浪费而产生的污染，大多数未来学家也同意减少工业化国家的人均能量消耗不仅可以改善他们的生活质量（Nader 和 Beckerman，1978），而且也有助于贫穷国家改善其生活水平。

大多数研究未来的学生也认为，由于快速增长产生社会和环境问题的速度比人们所能应付的更快，所以要避免快速增长。人口的快速增长和城市-工业的发展结合在一起产生了非常难以控制的势头（见 National Academy of Sciences，1971；Catton，1980）。富有威望的美国国家科学院和伦敦皇家学会在 1992 年发表了意义深远的联合宣言，宣言如下：

世界人口正在以几乎每年一亿人这一前所未有的速度增加，人类活动正在全球环境中产生重大的变化。如果对人口增长的现有预测被证明是准确的以及人类活动方式保持不变，科学和技术可能无法阻止不可逆转的环境退化，世界上大多数国家将持续贫穷。

目前并不缺乏评价人类当前困境的研究、“智库”报告或畅销书。很多人对目前的全球问题描绘了相当可怕的图面，但是另外一些人对未来是乐观的。

普通人以及学者们看待未来的方式从通常对商业那样充满信心、对新技术充满信心（“了无新意”哲学），到坚持认为社会必须全面整顿、“权力下放”和发展新的整体的国际政治和经济秩序以应付有限资源的世界。最近的卡恩（Herman Kahn）［《下一个 200 年》（*The Next* 200 *Years*），1976］和经济学家西蒙（Julian Simon）［《最终的资源》（*The Ultimate Resource*），1981］是众所周知的前一观点的发言人物，而生物学家欧利希（Paul Ehrlich）［《人口炸弹》（*The population Bomb*），1968］、舒马赫（E. F. Schumacher）［《小就是美》（*Small Is Beautiful*），1973］、瓦特（Kennetch Watt）［《不稳定的状态》（*The Unsteady State*），1977］、物理学家卡普拉（Fritjof Capra）［《转折点》（*The Turning Point*），1982］和经济学家达利（Herman Daly）［《走向一个稳态的经济》（*Toward a Steady-State Economy*），1973］是提出需要根本变化的一些学者，该观点正被越来越多的世界领袖们认同。然而越来越多的技术人员对以下方面充满乐观态度，即高效洁净的氢经济（替代具有碳污染的化石能源）、无土农业、无废物工业和其他未来技术，他们认为这些技术将使 100 亿甚至更多人口能与足够的自然环境共存，这些自然环境提供必需的维生服务、濒危物种保护和自然享受（见 Ausubel，1996）。

1. 全球模型

一些全面的未来学报告（很多合作者的工作）包括那些由罗马俱乐部制定的报告和由美国和其他政府以及联合国提出的全球模型。罗马俱乐部是由意大利工业家裴采（Arillio Peccei）博士组织的一批科学家、经济学家、教育家、人文主义者、工业家和公务员组成的，裴采感到当今迫切需要出版一系列有关预测人类未来的丛书。它的第一本最负盛名的书《增长的极限》（*The Limits to Growth*）（Meadows 等，1972），以模型为基础预测如果我们现在的政治、经济方式继续不变，就将发生严重的激增—崩溃循环。实际上，罗马俱乐部这一最早的研究中对早期的“警告人类”名著如《人与自然》（*Man and Nature*）（George Perkins Marsh，1864，1965 年重新发行）、《扩张的沙漠》（*Desert on the March*）（Paul Sears，1935）、《生存之路》（*Road to Survival*）（William Vogt，1948）、《被掠夺的地球》（*Our Plundered Planet*）（Fairfield Osborn，1948）和《寂静的春天》（*Silent Spring*）（Rachel Carson，1962）采用了现代系统途径。报告揭示了增长给社会带来的困扰，其中每一个层次（个人、家庭、团体和国家）的目标是变得更富有、更强大和更有权力，没有考虑基本的人类价值和无限制的最终代价、毫无计划的资源消耗以及对环境维生物品和服务的胁迫。

《增长的极限》之后有一系列附加报告，不仅试图更详尽地描述现状和可能的未来趋势，而且建议采取行动以避免激增和崩溃后的世界末日。这些研究发表在如下著作中：《处在转折点的人类》（*Mankind at the Turning Point*）《重建国际秩序》（*Reshaping the International Order*）《人类的目标》（*Goals for Mankind*）《财富与福利》（*Wealth and Welfare*）以及《学无止境：人类鸿沟的桥梁》（*No Limits to Learning：Bridging the Human Gap*）（所有这些书都由纽约的 Pergamon 出版社出版）。不同领域的知名学者包括工程师、经济学家、哲学家、历史学家和教育家为这些努力做出了贡献。拉斯洛（Laszlo，1977）对这些报告的总体影响评价如下：

> 很大程度上应感谢罗马俱乐部的努力，使国际上对全球问题的认识迅速增长。俱乐部开辟了从诊断到给出药方的道路，但在治疗方面完成的甚少（应用一个医学上的类比）。用另一个隐喻来讲，俱乐部帮助指明了道路但没有产生完成它的愿望。

在 1971 年至 1981 年期间，人们提出了许多其他全球模型。这些模型是全球物理和社会经济系统的计算机数学模拟，根据输入模型的数据和假设的逻辑结果对未来做出预测。应该强调的是，每一个模型都由于驱动它的假设不同而独一无二。在美国国会技术评估办公室发表的一份报告（OTA，1982）以及梅多斯等人（Donella Meadows 等，1982）的书里，对这些模型进行了评价并作为类群进行了比较。

流行话题：可持续性与成熟

用于描述我们对社会目标的“可持续的”（sustainable）和“可持续性”（sustainability）这两个词在文章、社论和书籍中出现的频率日渐增加，但是其含义的范围却相当广泛，例如“可持续增长”或“可持续发展”，可被理解为维持平衡和资源直至未来，或理解为继续保持永续增长（即更大的总是更好的），而这显然是不可能的。我宁愿用“成熟”一词来描述我们对社会的目标，因为我们都经历了从物理增长到成熟的困难转变，因此理解真正涉及从数量发展到质量发展（即从变得更大转变到变得更好）的含义——所以把它作为跋的副标题。

尽管有不同的假设和偏见，但作为一组模型在某些方面是一致的，即：

（1）技术进步是人们期待的并且是重要的，但是社会、经济和政治的变化也将是必需的。

（2）人口和资源不可能在有限的星球上无限增长。

（3）人口和城市-工业发展的大幅度下降将大大减少生命支持系统的超载或重大崩溃的可能性。

（4）继续“一切照旧”的方式将不会产生我们期望的未来，却会导致不良差距（如贫富差距）的进一步扩大。

(5) 对所有参与者来说，合作的长远途径将比竞争的短期政策更为有利。

(6) 由于人民、国家和环境之间的相互依赖比通常所想象的更为密切，故应该从整体（系统）上制定决策。尽快（在今后的几十年内）采取行动以改变目前不符合要求的趋势（如大气毒化）比晚行动更为有效且花费更少。这就需要强大的政治领导和强势的公众教育，因为等到问题显而易见时，可能已经为时晚矣。

在 20 世纪 90 年代，梅多斯和同事们再一次启动他们的电脑发表了《增长的极限》续集，名为《超越极限》(*Beyond the Limits*)（1992)。他们总结道，全球状况比 1972 年预测的更糟，然而，如果上述六点都能被认真采纳并实行，他们仍然期待会有一个可持续的未来。他们评论说世界所需要的是好的传统的“爱”，它将促使人们为了共同的事业而一起努力。在第七章里我们讨论了生态系统发育中的类似趋势，即资源匮乏时共生增加。

关于模型就讲这么多。它们有助于综合数据和趋势，但是不能替代人类的决心和智慧（或者缺少它）。跋的其余部分将探索几条途径来理解我们的困境，并给出摆脱我们所处混乱局面的几种选择。

2. 令人担忧的差距

评价人类困境的一个好方法是，如果要使人类和环境之间以及国家之间关系更为和谐的话，考量必须要缩小的差距，这些差距（有些已在本书第四章提及）包括：

(1) 收入差距：富裕和贫穷的差距，既有国家内的，也包括工业化国家（占世界人口的 30%）和非工业化国家（占世界人口的 70%）之间的差距。

(2) 食物差距：衣食无忧者和饥民之间的差距。

(3) 价值差距：可市场化的商品和服务与非市场化的商品和服务之间的差距。

(4) 教育差距：有文化人群和文盲、有技能人群和无技能人群之间的差距。

在过去的几十年，这些差距中没有一个得到显著的缩小；事实上，收入和价值的差距变得更加糟糕。根据赛利格森（Seligson，1984)，在 1950 年到 1980 年之间，富国和穷国之间的人均收入差距从 3 617.00 美元增长到 9 648.00美元；到了 20 世纪 90 年代，这个差距还在继续扩大。富国帮助穷国的善意努力常常失败，因为没有预料到援助带来的有害的文化冲击和环境影响。例如，在肥沃的山谷建造水库最初可能带来益处，但是也可能迫使农民向上游可持续性较差的土地转移，导致流域的严重侵蚀，森林被砍伐，随后是水库的淤塞。大约 20 年前，莫尔豪斯和西格森（Morehouse 和 Sigurdson，1977）指出，工业技术从工业化国家向发展中国家的转移常常只对小的现代化部门有利，但不会给传统社会中的广大农村贫穷者带来好处。当人口中存在着极大的文化、教育和资源差距时，财富不会“流淌下来”。正如第四章所指，一个国家不能将高能耗工业或农业技术向贫穷国家转移而又不提供维持它所必需的高质能源。在国家能迈入自己拥有高技术阶段之前，加强现在的“低技术”运作可能更好。正如自然界中那样，一个国家只有在经历了发展阶段的准备之后才能进入顶极阶段。

3. 生态评价

罗马俱乐部报告以及全球模型的许多贡献者的智慧，与基本的生态系统理论一致，尤其是其中的三个范式：处理复杂系统时必须采用整体方法；当(资源或其他）达到极限时，协作比竞争具有更大的生存价值；像生物群落一样，人类社群的有序、高质量发展既需要正反馈也需要负反馈。正如我在其他地方提到的那样（E. P. Odum，1977），这些学者的结论也与格言中所蕴含的古老人类智慧一致，如“慎思而后行”、“切勿将所有鸡蛋放在一个篮子里”、“欲速则不达”、“预防胜于治疗”、“权力导致腐败”，等等。

最大利益

不久以前，当世界还不那么拥挤时，我们听到许多有关“为最多人群获取最大利益”作为人类社会发展目标。但经验发现，就个体的生活质量而言，最大利益并不来自最多数量！我们已在本书中指出，生态研究为社会对“追求幸福”的目标从量转变到质提供了基础（例如，见第六章中的加框评述“埃林顿的麝鼠”）。

与汤因比（Arnold Toynbee）在《历史的研究》（*A Study of History*，1961）一书中所说的相反，文明是系统，不是有机体。文明不需像有机体那样必须生长、成熟、变得衰老、死亡，即使在过去这一过程已经发生（例如罗马帝国的兴衰)。根据地理学家布策尔（Karl Butzer，1980）所讲，当维持文明的代价增高，导致官僚主义，继而导致生产部门产生过多的需求时，文明会变得不稳定，并且衰落。这种观点与负荷量（第六章)、能流（第四章）和复杂性(第三章）的生态学理论相一致。正如我们一直指出的那样，我们能从生态学的研究中学到很多东西，它将帮助我们对付人类的困境。

4. 历史展望

人类学家伯恩斯坦（Brock Bernstein，1981）指出，在很多必须依赖当地资源生存的隔离文化中，必须觉察并且避免对未来有害的行动。当隔离文化被结合进大而复杂的工业社会时，决策中的这种局部反馈就丢失了。正如伯恩斯坦所说，“经济学必须提出决策行为的一致理论，它可用于群体组织的所有水平。私有利益应该以生存的形式而不是以消费的形式来定义”。这种转变会使经济行为处于类似自然选择的控制下，自然选择保证了地球上的生命亿万年来的生生不息。

避免过度利用资源的障碍之一是哈丁（Garrett Hardin）所称的“**公地的悲剧**”（the ragedy of the commons）（Hardin，1968）。哈丁是一位人类生态学教授，他深思熟虑，写出了有关人口和环境的困境。他所说的“公地”一词是指对任何人和每个人开放使用的环境部分，没有一个人为它的利益负责。很多牧民共享的牧场或开放牧区就是一个例子。由于对每个牧民来讲，放养尽可能多的牲畜是有利的，如果整体上没达成限制协议并由社区执行，则将超过牧场的载畜力。很多公地由这种社区执行的限制以及工业革命前的惯例得以保护。原始游牧社会解决问题的方式是这样的，在任何一个地方发生过度放牧之前有规律地把牲畜从一个地方转移到另一个地方。欧洲很多城市长久以来就有以大型公园或绿地的形式保留公地的传统。在这些现代化时代里的“悲剧”是局部限制（如可能体现在分区法令中的那样），很容易被“大把金钱”（即可投资于产生短期高收益的发展的资本）的压力推翻，常以局部的生活质量为代价。在很多城市，市民们不得不通过经常性的抗争（并且也通常是失败的），阻止在他们的周围建造过多的建筑物。

在另一本书中，哈丁（1985）提出了一个最令人感兴趣的问题：如果没有对人民和环境的初期剥削，工业革命能开始吗？回顾一下狄更斯的小说，充满了对19世纪的劳动力滥用以及完全无视空气和水污染的描述。可以肯定地说，对人民的剥削（如工业化的血汗工厂）和环境的无限制污染极大地加速了资本积累，工业社会的现有财富正是以此为基础的。但是在发展的早期阶段，尽管为了建立物质财富而剥削人民和环境可能是正当的，那么我们正在开始认识到（正如哈丁很快指出的那样），我们正处在一个历史的转折点。我们不能继续“以公众利益为代价而获取私人利益”（哈丁的话），延缓快速增长，减少发展带来的环境与人文代价，避免导致对我们这个星球的生命支持系统产生广泛破坏。**增长管理**（growth management）是一个新的流行名词，保护生活质量所需的新型政治与经济基础结构必然涉及一些特殊的利益集团，增长管理可用于开启相关学科和这些集团之间的沟通。

5. 社会陷阱

短期获利之后出现长期的不符合个人和社会最佳利益的高代价或灾害状

况，这个现象被称为**社会陷阱**(social trap)（Platt，1973；Croos 和 Guyer，1980)。就好比用具有吸引力的诱饵使动物进入其中的陷阱；动物抱着易得食物的希望而进入陷阱，但是随后便发现很难或者不可能逃脱陷阱。吸烟就是行为方面的社会陷阱例子，而倾倒有害废物、破坏湿地（或其他生命支持环境）和核战争是环境方面的社会陷阱例子。Edney 和 Harper（1978）提议用扑克筹码这一简单游戏说明社会陷阱和公地悲剧的关系。建立扑克筹码的共同赌注，每一个玩牌的人都有拿走 1 张到 3 张筹码的选择。每一轮后都按所剩余的筹码数量成比例地更新共同赌注。如果玩牌人只考虑他们眼下的短期利益，并且拿走所规定最大数量的 3 张筹码，共同赌注的可再生资源就会变得更少，到最后全部赌注都会输光。每轮拿走 1 张筹码可以维持可再生资源。这个游戏能使"所有年龄的人"体会到贪婪的愚蠢。

克罗斯和盖耶（Cross 和 Guyer，1980）以及科斯坦萨（Costanza，1987）建议通过征税或向那些对产生长期有害状况负有责任的团体收费，将社会陷阱转变成**利益权衡**(trade-offs)——例如，对有害废物的产生者征收污染税。把以这种方式征集来的资金放入信用基金，并用以监测和改善环境影响；如果影响的有害程度比最初预测的小，资金可以返还给污染产生者或者减少其将来的税收。

6. 实现完全循环

正如我们在第七章中所讨论的，人类社会正在经历从早期到成熟状态的过程，其方式类似于自然群落经历生态演替和生物个体经历从幼年到成熟的过程。正如我们已经指出的那样，在幼年阶段有许多对生存来讲是适合和必需的对策与行为，但在成熟阶段这些对策和行为就变得不适合并且有害。随着社会变得大而更加复杂，继续以"头痛医头，脚痛医脚"的短期解决方案作为行动基础会产生经济学家卡恩（A. E. Kahn，1966）所说的"小决策的专制"。大烟囱的高度日渐增高（为了快速解决局部烟雾污染问题）就是这样一个例子，很多这样的"小决策"产生了区域性空气污染的大问题（见第五章图 5-7)。奥德姆（W. E. Odum，1982）给出了另外一个例子：在 1950 年至 1970 年期间，并没有人有意计划去破坏沿美国东北部海岸 50%的湿地，但事实却发生了，这是数百个在沼泽地里围填造地的小决策所导致的结果。最后各州司法机关醒悟了，意识到有价值的生命支持环境正在被破坏这一事实，各州司法机关接连通过了湿地保护法令，力图拯救剩余的湿地。

为了未来所做的这些事情都意味着人类社会已经进入或即将进入转折时代，这使许多以前所接受的概念和程序有必要"周而复始"或"来个大转变"。

我们将在以下八个部分中以不同但彼此相关的观点提出增长-成熟的议题，以及解决我们所处困境的建议。我们将以二重资本理论的概念和两个全球生存模型作为结语。

7. 支配和管理

在基督教圣典里也有类似幼年-成熟的有趣话题。《圣经》里说最初我们被告知要“多产，并成倍增加”以及主宰地球（《创世纪》1:28）。这个启示的一种解释就是它意味着适用于所有生物，而不仅仅是人类（Bratton，1992）。在圣典的其他部分（《路加福音》12:48；哥林多前书；《诗篇》37:27-28，及其他处），我们被告诫要成为“管家”（该单词来自意为“家的看护者”的词根），并且要关心地球。合理的解释是这些启示并不矛盾，也不是对或错的问题，而是时间序列的连续，每一启示都有其时间和地点。

在文明发展的早期阶段，主宰环境和开发资源（清理土地以进行种植，开矿以得到矿物和能源，等等）以及高出生率对人类的生存都是必需的。但是，随着我们的社会变得比以前更拥挤、资源需求日益增加以及技术更加复杂，对大家庭和童工的需要就下降了，而且更为重要的是，各种限制的出现迫使我们向管家的位置转变，以保证不破坏我们的生命支持系统。如第六章所述，这一阶段有时称为**人口转变**(demographic transition)。

在个体和生态系统的发育过程中也存在着幼年-成熟的类似过程。人类发展中的转变称为青春期（我们都经历过的一个艰难时期）。生态系统发育中的变迁称为生态演替，第七章统篇做了讲述。很多世界领袖至少正在开始谈论经济发展中的类似转变，这一点我们将在下一部分看到。

8. 经济增长与经济发展

1987年，世界环境与发展委员会发表了题为“我们共同的未来”（*Our Common Future*）的报告，当时世界环境与发展委员会主席为前挪威首相布伦特兰（Brundtland）女士，因此该报告又被称为“布伦特兰报告”。该报告总结了现行趋势，即经济发展和与之相伴的环境退化，并指出这是不可持续的。对全球生态系统不可逆转的破坏正在妨碍世界大多数人口的经济状况。生存取决于现在就做出改变。产生变化的第一步是寻求增强国家间合作的途径，使他们能够朝着全球可持续发展共同努力。这份报告如此重要，来自富裕国家和贫穷国家的23位政治领袖和科学家组成的小组达成共识，即全球环境的健康对每一个人的未来都举足轻重。

1991年，联合国教科文组织发表了一个题为“环境可持续经济发展：建立在布伦特兰基础上”的报告（Goodland等，1991）。这个报告指出了经济增长和经济发展之间的区别：经济增长注重变得更大（数量增长），经济发展注重变得更好（质量增长）且不增加超出合理的可持续水平的能量和物质总消耗。报告得出结论说，“现有经济的任何 5~10 倍膨胀的预测（有些经济学家认为要减少全球贫穷就必须如此）都只会加快从今天长久的不可持续性走向日益迫近的毁灭”。因此减少贫穷所必需的经济增长（尤其在欠发达国家）必须由富国的生产量负增长来与之平衡。

1992 年，世界各国的领导人在巴西的里约热内卢召开了一个地球峰会(Earth Summit)，以寻求有助于将世界从污染、贫穷和资源浪费中拯救出来的国际共识。富裕“北方”和贫穷“南方”之间的对立主宰了会议进程，几乎没有达成有意义的协议；然而，会议产生了可持续发展概念，它被作为结合经济与生态需求的手段。参加此会议的很多人都感到未来的国家间合作之路已经开通。

人类的倾向正是这样，即我们一直等到问题变得迫在眉睫时才采取行动，往往危机和灾难才能产生好的环境规划并启动我们已讨论过的转变。下面的例子讲述了地区性灾难之后如何在不扩大城市规模的情况下发展经济(Flanagan，1988)。

1972 年，南达科他州的 Rapid 河爆发洪水，给 Rapid 市造成了灾难性的破坏，损失的财产达 1.6 亿美元，1 200 座房屋被毁，238 人死亡。在市长 Don Barnett 的领导下，该市制定了一个全国样板的洪泛平原规划，把被破坏的家园从洪泛平原上搬走，并建造一条 6 英里长、1/4 英里宽的城市绿道穿过城市中心。现在的绿道上建了公园、休闲步道和高尔夫球场。Rapid 河养了供垂钓的鱼，现在它是全州最欢迎的娱乐垂钓河流。Rapid 市作为具有开拓精神领导的创造性例子，把灾难转变成多重用途的集体财产，使城市的所有方面都受益，包括商业和旅游业。

9. 人文景观：确定重点

由于在世界上不同地区的人类困境极不相同，寻求解决的重点必然有所不同。按照现有的经济状况和人口密度，克拉克（William Clark，1989）把全世界划分为以下四个区域：

(1) 低收入、高密度区域（例子：印度、墨西哥）

(2) 低收入、低密度区域（例子：亚马孙河流域、马来半岛/婆罗洲）

(3) 高收入、低密度区域（例子：美国、加拿大、石油储量丰富的沙漠王国）

(4) 高收入、高密度区域（例子：日本、西北欧）

在低收入国家，第一优先的是减少贫穷，意味着促进可持续经济增长。在高密度国家，首当其冲要通过计划生育或其他手段降低出生率。高收入国家应该优先考虑减少废物和资源的过度消费，就像在前面章节所讨论的那样，这意味着从数量增长的向质量增长的转变（真正的经济发展）。大多数高收入国家已经进入人口转变（即人口增长率的降低）。

10. 技术发展的双重性

几乎每一项用于改善我们福利和繁荣的技术进步既有其光明的一面，也有其黑暗的一面。或者，正如麻省理工学院的工程师、校长格拉戈（Paul Grag）所说（1992），“我们这个时代的双重性是几乎每一项技术发展的赐福”。在前面的章节里我们已经叙述了这种双重性的大量例子，包括植物病虫害控制技术与绿色革命技术的多种不同赐福。这些技术的光明一面是以较少的劳动力增加了食物生产的产量。黑暗的一面是化肥、杀虫剂和机械的大量使用，产生了广泛的空气、水和土壤污染，害虫抗性品系的发展以及严重的农村失业问题。另一个例子是火力发电厂，它提供了美国大部分的电力，但也是酸雨的罪魁祸首。

在此要指出的是，当我们寻求新的技术时，我们必须认识到它们都有黑暗的一面，不仅必须预料到这些黑暗面，而且也必须对付它们。我们经常需要**反向技术**(counter-technology)，它至少会缓解有害的影响。在农业上，保守耕作是正在被广泛采用的反向技术（见第四章和第五章图 5-15）。在发电厂的例子中，可用“净煤”技术消除酸排放（Spencer 等，1986）。

与进化的军备竞赛（见第七章）相同，行动-反向行动是人类事务中的生活方式，就像自然界中的那样。在自然界，自然选择（当其过程的发生被许可时）满足了反向行动的需要，但在人类事务中我们必须应用我们自己的负反馈。危险的是要么没有预料到需要反向行动，要么等待了太长时间才行动。例如，推迟实行净煤技术就是因为在实行变化的过程中存在着转变代价(transition cost)。一般来说，政府应该通过减免税收、拨款或其他鼓励措施支持公用事业和工业产业，而不是通过维持现状（“一成不变”）来产生转变。除非身为大众一分子的你告诉政治家们，你宁愿牺牲暂时的经济代价来换取改善健康和生活质量的变化，不然政府还会像惯常那样行事。正如我们多次强调的那样，任何改善我们环境质量和生活质量的事物从长远上都将对经济有利。

11. 修正的恢复生态学

正如在题为“演替失败时”一节（第七章）里所指出的那样，由于大量环境已经遭受了超过自然修复能力的损害，恢复受损生态系统正在成为大事。湿地恢复（这些湿地在其作为维生缓冲物的价值被认识以前就已经枯竭或被破坏）的方法和手段是特别活跃的研究领域。发展**恢复生态学**(restoration ecology）这一新领域的开拓者是小约翰凯恩斯（John Cairns，Jr.）。自 1971 年以来，他已经写作并出版了有关这个主题的几部著作。他在 1992 年为美国国家科学院组织的报告里提供了大量案例研究。在回顾这样的环境工程项目时，很显然，当四个主要群体，即市民团体、政府机构（地方、州和联邦）、科技团体以及商业利益团体协调共同工作时，结果非常成功。如果其中任何一个没有积极参与的话，常常会使恢复计划达不到它们的长远目标。（欲对环境工程了解更多，参见 Mitsch 和 Jorgensen，1989。）

12. 修正的输入管理

管理输入而不是输出的对策最先在第一章提到，它是减少污染的手段所必需的转变。生产系统（即农业、电厂以及制造业）的**输入管理**(input management)是在操作与经济上都可行的途径，可改善和维持我们的生命支持系统的质量（Odum，1989）。图 E-1 说明了这一概念。如图 E-1A 所示，过去的注意力集中在增加输出，即产量，它的产生途径是输入大量资源（如化肥、化石燃料），很少考虑效率或所产生的不需要的输出（如非点源污染）量。输入管理

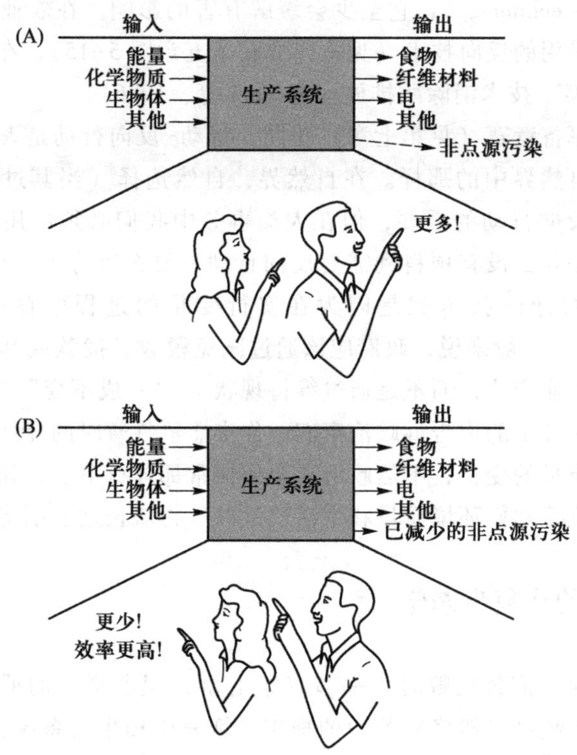

图 E-1 对生产系统管理的"转变"要求。(A) 重点在于"输出"，如产量，但随之而来的是非点源污染的不断增加。(B) 转变为输入管理以及减少非点源污染，重点在于昂贵且损害环境的输入的效率提高和数量减少（仿 Odum，1987）。

包括如图 E-1B 所示的转变，其目标是减少输入，仅输入那些能有效地转化成所需产品的物质。输入管理也可称为**下行管理**(top-down management)，因为它首先涉及对整个系统的输入（作为外部强制函数）评价，其次是内部动态和输出。把这个概念应用于废物就意味着减少废物优先于废物处理。如第一章所说，如果不减少废物量，纽约市就不可能继续将废物处理到海洋里。

环境保护成功的两个“C”

在第一章讨论切萨皮克海湾时，我们指出，现在有这样的公众共识(consensus)，即需要采取行动拯救海湾，并且已开始组织由不同利益集团组成的同盟（coalition）进行工作。必须一起工作的利益集团包括：① 活跃的公众或私人组织（例如“海湾之友”组织），② 政府，特别是地方和州政府，③ 商业集团，它必须认识到维护环境健康从长远来看是有商业价值的，④ 能够提供所需科学技术的教育和研究机构。正如我们在本章讨论恢复生态学时所强调的那样，如果仅靠单枪匹马，这些特殊利益集团中没有一个能在大尺度上有所作为。

1988 年，中国华南农业大学的骆世明教授在佐治亚大学的研讨班上建议，发展中国家发展农业的合适途径是绕过废物多、高输入的阶段，从其传统农业直接进入新的低输入实践，利用遗传生物技术等对策，培育出需要较少能量和损害环境化学品的植物。为什么工业发展不采用同样的对策?

13. 人类行为和环境变化

如跋的前文所述，人类倾向于等到事情真的变得很糟时才采取合理的纠正行动。这个现象颇令人费解（Holden，1988；Stern，1993）。正如威尔森(E. O. Wilson）在其有关社会生物学的著作（Wilson，1975）中所强调的，人类和动物享有共同的行为遗传基础。于是，我们对胁迫的反应倾向于变得狂暴，大概是因为过去年代里的生存需要我们发展出对抗敌对世界和竞争部落的武器。社会学家卡顿（W. R. Catton，1976）担忧在过度拥挤时，这种人类倾向会变得更凶残。他认为，如果人们理解需要何种变化以减少胁迫，那么这种人类倾向就可能得到改善，当然这也是本章所涉及的全部内容之所在。

14. 环境伦理学和环境美学

维持和改善环境质量需要一个伦理基础。滥用自然生命支持系统不仅是违反法律的，而且必须认识到它是不道德的。有关**环境伦理学**(environmental ethics）主题的文章中，最为广泛阅读和引用的一篇是利奥波德（Aldo Leopold）的“土地伦理”，首次发表在1933年，并被收录在他的经典著作《沙乡年鉴》（*A Sand County Almanac*）（1949）中。利奥波德早年作为林务官生活在美国西部某地，这个地方只有骑马才能到达，那儿仍然能听到狼嚎。后来，他开拓了狩猎管理领域，并成了教授。他和家人把尽可能多的时间花费在一个废旧农场里的小屋（它由此成了保护主义者的圣地），他们买下了这个农场，并把它恢复为威斯康星州索克县的自然美景。人们将牢记利奥波德在那儿写的东西——关于亨利·戴维·梭罗（Henry David Thoreau，新英格兰野性之美的代言人）贡献的论著。

利奥波德通过描述从特洛伊战争中返回的奥德修斯（《奥德赛》中的英雄）是如何把12个奴隶女孩（他怀疑在他不在期间，她们有不端行为）吊起来，从而展开了“土地伦理”。“这次不涉及礼仪问题。这些女孩是财产。就像现在，对这些财产的处置只是权宜之计，而不是对或错的问题”。对与错的概念在古希腊并不缺乏，但它们没有延伸到奴隶身上。当然，从那以来，人类权利受到了法律和政治及伦理的日益关注。但是其他生物和环境的权利呢？利奥波德从生态学角度把伦理（ethic）定义为“在生存斗争中行动自由的限制”，从哲学角度上把伦理看作是“社会与反社会行为的区别”。他认为伦理学随时间的延伸是如下顺序：首先是信仰作为人与人的伦理的发展，然后是作为人与社会的伦理的民主，最后是仍需发展的人类与其环境之间的伦理关系；用利奥波德的话说，“土地关系仍然是纯经济的，承担的是特权而不是义务”。

正如我们试图在本书中用资料证明的，将人类生存所必需的生命支持环境纳入伦理的范围这一建议具有强有力的科学和技术原因。有许多法律机制，如**保护管理权交易**（conservation easements），鼓励土地拥有者选择通过该交易以减免其地产的税收或有其他可观的经济报酬。令人鼓舞的是在过去十年中，有关环境伦理学的论文、书籍、大学课程和期刊大量地增加了（Rolston，1986；Callicott，1987；Potter，1988；Hargrove，1989；Ferre和Hartel，1994）。

15. 二重资本理论

本书一再出现的主题是有关下面问题的争论，即主宰世界市场和世界政治的过度狭义的经济理论与政治阻碍了我们在对市场和非市场的产品及服务的需求之间达成一个符合常识的合理平衡。在20世纪的转折时期，一群自称“整体论经济学家”的学者形成了对今日经济模式持批评态度的学派（Grundy，1943）。然而，在那个时期建立整体论经济学的努力就像往常一样被淹没在石油浪潮中，石油的泛滥导致了金钱和物质财富的急剧增长。只要廉价石油的供应远远超过需求，经典增长理论仍然可以得到很好的应用。随着目前石油时代已达顶峰以及全球污染和超载已失控，看来重新发展包括货币价值以及文化和环境价值的某种**整体经济学**(holoeconomics) 的时代似乎已经到来，换言之，即对市场资本和自然资本给予同等考量的经济学（Daly，1990)。

在一段时间内通过合理的调节-鼓励措施来发展这样的**二重资本主义**(dual capitalism) 应该是可能的（Odum，1997)。在这样的体制下，商业或工业将不仅考虑新产品或服务的市场可能性，而且还计划如何以资源的高效率利用、尽可能多的再循环及尽可能少的污染来生产产品或服务（对新技术来讲这里有大量的机会!)。它也将考虑如何实现源头减控和废物管理费用的内在化，使消费者而不是纳税人承担废物管理的费用。

令人鼓舞的是开始于1982年召开的有关经济学和生态学整合的第一次国际会议（Jansson，1984)，经济-生态学交叉学科已经得到了日益广泛的注意。推荐大家参阅由Daly和Townsend（1993）编写的论文集，它对此做了很好的总结。

16. 人类和生物圈的宿主-寄生物模型

我在第一章已经指出，并且在第六章又再次指出，人类在生物圈中是真正的寄生者。正如在第六章的一些部分所详细论及的那样，对寄生物-宿主关系的生态学研究揭示了协同进化的自然选择作用促进了相互适应，使得寄生物不会杀死其宿主及其自身。假以时间且无太多外部干扰的话，宿主会发展抵抗力，寄生物则减弱它们的致命性并建立有利于宿主的“奖励反馈”。图E-2是一个描绘宿主-寄生物系统的生存模型。

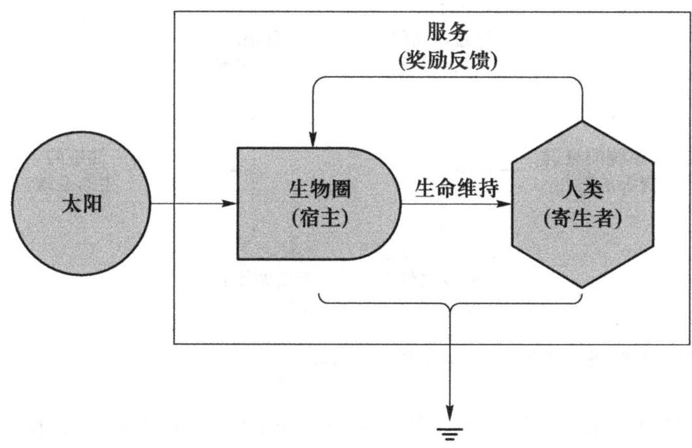

图E-2　宿主-寄生物系统的生命支持系统模型。作为精明的寄生者，如果我们期望能够继续得到高质量的生命支持所需的商品和服务，就必须为生物圈服务（即保护、维持和修复)。

如果我们是生存着的精明寄生物，那我们必须对减少废物、资源破坏和人口过剩给予更多的关注，以减少我们的致命性。同样重要的是，我们必须给予地球更多的关心（图 E-2 中的服务/奖励反馈环），否则我们将变成恶性癌症，最终毁灭我们的宿主。

17. 伦理生存模型

图 E-3 表示了可能决定人类未来生存质量的候补方案（scenario，是一系列情节或事件的概括）。这些方案不是预言，因为正如我们已经强调的，没有人（也没有计算机）能真正预测未来；它们只是更像天气预报，有预报正确或错误的一定概率。

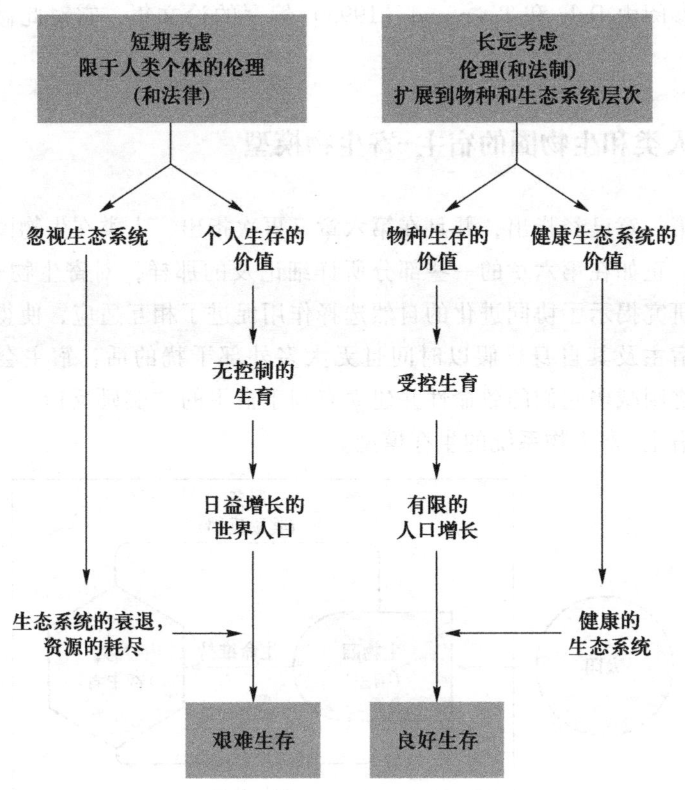

图 E-3　两种截然不同的方案的生存模型（仿 Potter，1988）。

左边的系列是以假设开始，假定我们将继续采取短期观点、限制伦理学和法律来保护和促进个人利益（即几乎不考虑公众利益，假设对个人有好处的东西总是对社会和世界有利）。只考虑个人利益的必然结果就是世界人口继续急剧膨胀、生命支持生态系统继续受胁迫和退化。所有这些都将导致除少数极富有的人外其他所有人的生活质量下降，因为空气、食物和水的质量将日益恶化，而且其供应将日趋短缺。

候补方案（右边的系列）是基于这样的假设，即我们将更多地转向长远的观点，让价值体现在物种（我们自己和所有其他物种）和维持全球生态系统健康上。将伦理学和法律延伸到物种和生态系统水平的必然结果就是人口增长减缓（在 21 世纪达到稳定）以及健康的生命支持系统，产生对所有人和所有生物都有利的生存条件。

18. 小结：长期的转变

图 E-4 总结了从幼年到成熟在系统和达到成熟的长期先决条件之间的相似之处。如果人类社会能够实现这些转变，那么我们就能够对人类的未来抱乐

从年轻到成熟的比较

个体：这段过渡期称为“青春期”。

生物群落：这段过渡期称为“生态演替”。

社会：这段过渡期称为“人口统计学过渡期”。

能流转变：在早期发育中，能流的主要部分必须用于成长。在随后的发育中，用于维持和控制无序的能量部分必须不断增加。(见第七章图7-3)

竞争-协作：在自然界和社会中，当系统变得复杂和紧张(资源受到限制)时，协作是有利的

网络“法则”：维持成本(*C*)按网络服务数量(*N*)的指数式增长，大概就像是平方关系。如当一个城市扩大了1倍，其维持成本增长要远超1倍(见第七章)

成熟(可持续性)的先决条件

1.市场资本到双重资本

2.“激增–崩溃”式增长方式到S形增长(或量的增长到质的增长)

3.任意性的发展到有计划的区域土地利用

4.竞争到互利(或对抗到协作)

最终量度

$P \geqslant R$

生物群落：生产量≥呼吸量

数量：出生数≥死亡数

社会：生产≥维持

当*R*超过*P*时，系统将无法维持

图 E-4 这是在生物个体、生物群落和社会之间的从年轻到成熟的比较以及达到成熟的先决条件。

观态度，要做到这一点，我们就必须把“家庭的研究”(生态学)和“家庭的管理”(经济学)结合在一起，我们的伦理学必须延伸到既包括人类价值又包括环境价值。相应地，把这三个“E”(ecology，economics，ethics的首字母都是E，译者注)结合在一起是终极的整体论观点，也是对我们的未来最大的挑战。要实现这些所需的变化和改革，我们必须加上两个“C”，一致(consensus)和联合(coalition)。最后，如果我们能使现在的资本主义具有二重化，我们对未来就能真正地乐观起来。

推荐读物

Ambio. 1992. Special issue: Environment and Biodiversity Loss. Vol. 21 (3). (A journal of the human environment, published by the Royal Swedish Academy, Stockholm.)

*Ausubel, J. H. 1996. Can technology spare the earth? *Am. Sci.* 84: 166-178. (See also "The Liberation of the Environment," special issue of *Daedalus*, vol. 125, no. 3, 1996.)

*Bernstein, B. B. 1981. Ecology and economics: Complex systems in changing environments. *Annu. Rev. Ecol. Syst.* 12: 309-330.

*Bratton, S. 1992. *Six Billion and More: Human Population Regulation and Christian Ethics*. Westminster/John Knox, Louisville, KY.

*Brown, L. R., ed. *The State of the World*. Worldwatch Institute, Washington, D. C. (Annual volumes, the first published in 1984, reviewing the status of environment and resources.)

*Butzer, K. W. 1980. Civilizations: Organisms or systems? *Am. Sci.* 68: 517-523.

*Cairns, J. 1988. *Rehabilitating Damaged Ecosystems*. CRC Press, Boca Raton, FL.

*Cairns, J. 1992. *Restoration of Aquatic Ecosystems*. National Academy Press, Washington, D. C.

*Callicott, J. B., ed. 1987. *Companion to A Sand County Almanac*. University of Wisconsin Press, Madison.

*Capra, F. 1982. *The Turning Point*. Bantam Books, New York.

*Carson, R. 1962. *Silent Spring*. Houghton Mifflin, Boston.

Catton, W. R. 1976. Can irrupting man remain human? *BioScience* 26: 262-267. (Reprinted in *Carrying Capacity Network: Focus* 3 (2): 19-25, 1993.)

*Catton, W. R. 1980. *Overshoot*. University of Illinois Press, Urbana.

*Clark, W. C. 1989. Managing planet Earth. *Sci. Am.* 261 (3): 47-54.

Conrad, M. 1983. *Adaptability: The Significance of Variability from Molecule to Ecosystem*. Plenum Press, New York.

*Costanza, R. 1987. Social traps and environmental policy. *BioScience* 37: 407-412.

Costanza, R., ed. 1991. *Ecological Economics: The Science and Management of Sustainability*. Columbia University Press, New York.

Costanza, R., B. Norton, and B. Haskell, eds. 1992. *Ecosystem Health: New Goals for Environmental Management*. Island Press, Covelo, CA.

* Cross, J. G., and M. J. Guyer. 1980. *Social Traps*. University of Michigan Press, Ann Arbor.

* Daly, H. 1973. *Toward a Steady-State Economy*. W. H. Freeman, San Francisco.

* Daly, H. 1989. Economics, environment, and community. *Earth Ethics* 1 (1): 9 - 11. (Emphasizes the difference between quantitative and qualitative growth.)

Daly, H. 1990. Towards some operational principles of sustainable development. *Ecol. Econ.* 2: 1-6.

* Daly, H., and J. B. Cobb. 1989. *For the Common Good: Redirecting the Economy Toward Community for the Environment and a Sustainable Future*. Beacon Press, Boston.

Daly, H., and K. N. Townsend. 1992. *Valuing the Earth: Economics, Ecology, Ethics*, 2nd ed. M. I. T. Press, Cambridge, MA. (Fourteen essays, several of which have become classics.)

Eckholm, E. P. 1982. *Down to Earth: Environment and Human Needs*. W. W. Norton, New York. (Report prepared in commemoration of tenth anniversary of the historic Stockholm conference on the human environment.)

* Edney, J. J., and C. Harper. 1978. The effect of information in resource management: A social trap. *Human Ecol.* 6: 387-395.

* Ehrlich, P. R. 1968. *The Population Bomb*. Ballantine Books, New York.

Ehrlich, P. R., and A. H. Ehrlich. 1990. *The Population Explosion*. Simon & Schuster, New York. (A sequel to *The Population Bomb*.)

Ferre, F., and P. Hartel, eds. 1994. *Ethics and Environmental Policy*. University of Georgia Press, Athens.

* Flanagan, R. D. 1988. Planning for multi-purpose use of greenway corridors. *Natl. Wetlands Newsletter* 10 (2): 7 - 8. (Published by the Environmental Law Institute, Washington, D. C.)

Gilliland, M. W., ed. 1978. *Energy Analysis: A New Public Policy Tool*. AAAS Selected Symposium, no. 9. Westview Press, Boulder, CO.

Gore, A. 1992. *Earth in the Balance: Ecology and the Human Spirit*. Houghton Mifflin, Boston. (The vice president proves he is environmentally literate and understands the tough political choices that must be made.)

* Gray, P. E. 1989. The paradox of technological development. In *Technology and Environment*, pp. 192-205. National Academy Press, Washington, D. C.

* Goodland, R., H. Daly, S. E. Serafy, and B. von Droste, eds. 1991. *Environmentally Sustainable Economic Development: Building on Brundtland*. United National Education, Scientific, and Cultural Organization (UNESCO), Paris.

* Grundy, A. G. 1943. *Modern Economic Thought: The American Contribution*. Prentice-Hall, Englewood Cliffs, NJ.

* Hardin, G. 1968. The tragedy of the commons. *Science* 162: 1243-1248.

* Hardin, G. 1985. *Filters against Folly*. Viking Press, New York.

* Hargrove, E. C. 1989. *Foundations of Environmental Ethics*. Prentice-Hall, Englewood Cliffs, NJ.

Hawkins, P., J. Ogilvy, and P. Schwartz. 1982. *Seven Tomorrows: Toward a Voluntary History*. Bantam Books, New York. (Stanford "think tank" argues that nations and people move ahead when there is a common vision that motivates. They forecast the development of a "transformational alternative" that takes the best from both the "left" and the "right", thus combining the individual and the public good.)

Holden, C. 1988. The ecosystem and human behavior. *Science* 242: 663. (Report on a workshop at which social scientists discussed human behavior and global change.)

*Jansson, A. -M., ed. 1984. *Integration of Economy and Ecology: An Outlook for the Eighties*. Proc. Wallenberg Symposia, Stockholm.

*Kahn, A. E. 1966. The tyranny of small decisions: Market failures, imperfections and the limit of economics. *Kyklos* 19: 23-47.

*Kahn, H., W. Brown, and L. Martel. 1976. *The Next* 200 *Years*. William Morrow, New York.

*Laszlo, E. 1977. The Club of Rome of the future vs. the future of the Club of Rome. In *Goals in a Global Community*, eds. E. Laszlo and J. Bierman. Pergamon Press, New York.

*Leopold, A. 1949. The land ethic. *A Sand County Almanac*. Oxford University Press, New York. (See also earlier version in *J. For.* 31: 634-643, 1933.)

*Marsh, G. P. 1864. *Man and Nature, or Physical Geography as Modified by Human Nature*. 1965 reprint edited by D. Lowenthal. Harvard University Press, Cambridge, MA. (For an evaluation of Marsh's classic, see F. Russell in Horizon 10: 17-23, 1968.)

*McHarg, I. L. 1992. *Design with Nature*. John Wiley, New York. (Revised edition of a book first published in 1969. McHarg pioneered the map-overlay method of land-use planning in metropolitan districts.)

*McNamara, R. S. 1984. Time bomb or myth: The population problem. *For. Aff.* 62: 1107-1131.

McPhee, J. 1989. *The Control of Nature*. Farrar, Straus & Giroux, New York. (McPhee, an award-winning journalist, has written more than 20 books on human encounters with the forces of nature. Here he explores the engineering mindset bent on controlling the Mississippi River, volcanic flows in Iceland, and mud slides in California.

*Meadows, D. H., D. L. Meadows, J. Randers, and W. W. Behrens. 1972. *The Limits to Growth: A Report for the Club of Rome's Project on the Predicament of Mankind*. Universe Books, New York. (This is the book that started worldwide controversy on the future of growth economics.)

*Meadows, D. H., J. Richardson, and C. Bruckmann. 1982. *Groping in the Dark: The First Decade of Global Modelling*. John Wiley, New York.

*Meadows, D. H., D. L. Meadows, and J. Randers. 1992. *Beyond the Limits: Confronting Global Collapse, Envisioning a Sustainable Future*. Chelsea Green, Post Mills, VT.

*Mitsch, W. J., and S. E. Jorgensen. 1989. *Ecological Engineering: An Introduction to Ecotechnology*. John Wiley, New York.

Moore, J. W. 1986. *The Changing Environment*. Springer-Verlag, New York. (Reviews principal environmental issues of the day in both industrial and developing nations.)

* Morehouse, W., and J. Sigurdson. 1977. Science, technology and poverty. *Bull Atom. Sci.* 33: 21-28.

* Nader, L., and S. Beckerman. 1978. Energy as it relates to the quality and style of life. *Annu. Rev. Energy* 3: 1-28.

Nash, R. 1982. *Wilderness and the American Mind*, 3rd Ed. Yale University Press, New Haven, CT. (In the Epilogue, Nash contrasts a future dominated by huge cities and urban sprawl and a completely domesticated "garden world" of dispersed rural development and small cities. In both cases there will be no wilderness or other completely natural areas unless they are preserved by positive "zoning" with some kind of licensing system to regulate the number of users.)

* National Academy of Sciences. 1971. *Rapid Population Growth*. Johns Hopkins Press, Baltimore.

* National Academy of Sciences/The Royal Society of London. 1992. *Population Growth, Resource Consumption, and a Sustainable World*. Joint statement.

* Odum, E. P. 1977. Ecology—the common sense approach. *The Ecologist* 7: 250-253.

Odum, E. P. 1983. Epilog. *Basic Ecology*. Saunders College Publishing, Philadelphia.

* Odum, E. P. 1989. Input management of production systems. *Science* 243: 177-182. (See also *J. Soil Water Conserv.* 42: 412-414, 1982.)

Odum, E. P. 1997. Source reduction, input management, and dual capitalism. (In press.)

* Odum, W. E. 1982. Environmental degradation and the tyranny of small decisions. *BioScience* 32: 728-729.

* Office of Technology Assessment, U. S. Congress. 1982. *Global Models, World Futures, and Public Policy*. U. S. Government Printing Office, Washington, D. C.

Orr, D. W. 1992. *Ecological Literacy: Education and the Transition to a Postmodern World*. State University of New York Press, Ithaca.

* Osborn, F. 1948. *Our Plundered Planet*. Little, Brown, Boston.

* Platt, J. 1973. Social traps. *Am. Psychol.* 28: 641-651.

* Potter, V. R. 1988. *Global Bioethics: Building on the Leopold Legacy*. Michigan State University Press, East Lansing. (See also: *Persp. Biol. Med.* 30: 157-169, 1987.)

Rapport, D. J. 1992. Evaluating ecosystem health. *J. Aquat. Ecosyst.* 1: 15-24.

Renner, M. 1991. *Jobs in a Sustainable Economy*. Worldwatch Paper no. 104. Worldwatch Institute, Washington, D. C. (Jobs lost in extractive and polluting industries can be replaced with new jobs in service, recycling, pollution control, and renewable energy industries. The government should subsidize the transition costs.)

* Rolston, H. 1986. *Philosophy Gone Wild: Essays in Environmental Ethics*. Prometheus Books, Buffalo, NY.

Schmidheiny, S. 1992. *Changing Course: A Global Perspective on Development and the Environment*. M. I. T. Press, Cambridge, MA. (Examples of how business is changing to meet the challenges of the global environment.)

Schneider, S. H., and L. Morton. 1981. *The Primordial Bond: Exploring Connection between Man and Nature through the Humanities and Sciences*. Plenum Press, New York.

* Schumacher, E. F. 1973. *Small Is Beautiful: Economics As if People Mattered*. Harper & Row,

New York. (But unfortunately big is more powerful!)

* Sears, P. 1935. *Deserts on the March*. University of Oklahoma Press, Norman.

* Seligson, M. A. 1984. *The Gap between Rich and Poor: Contending Perspectives on Political Economy and Development*. Westview Press, Boulder, CO. (Between 1950 and 1980, the per capita income gap between rich and poor nations grew from $ 3677 to $ 9648. The gap is also widening within rich nations.)

* Simon, J. L. 1981. *The Ultimate Resource*. Princeton University Press, Princeton, NJ. (Human ingenuity can overcome any resource shortage!)

Simon, J. L., and H. Kahn, eds. 1984. *The Resourceful Earth: A Response to Global* 2000. Blackwell, New York.

Spencer, D. F., A. S. Alpert, and H. H. Gilman. 1986. Cool water: Demonstration of a clean and efficient new coal technology. *Science* 232: 609-612.

Speth, J. G. 1984. *The Global Possible: Resources, Development and the New Century*. World Resources Institute, Washington, D. C.

Stern, P. C. 1993. A second environmental science: Human-environment interactions. *Science* 260: 1897-1899.

Teitenberg, T. H. 1991. Managing the transition: The potential role of economic policies. In *Preserving the Global Environment*, ed. J. T. Mathews. Norton, New York.

* Toynbee, A. J. 1961. *A Study of History*. Oxford University Press, New York.

Villee, C. A., ed. 1986. *Fallout from the Population Explosion*. Paragon House, New York. (Compilation of contemporary writings that avoid extremes of hysteria and complacency.)

Vitousek, P. M. 1992. Global environmental change: An introduction. *Annu. Rev. Ecol. Syst.* 23: 1 - 14. (Commentaries on changes in the atmosphere, climate, ozone, land use, biodiversity, and biological invasions.)

* Vogt, W. 1948. *The Road to Survival*. Sloane, New York.

* Watt, K. E. F., L. F. Molloy, C. K. Varshney, D. Weeks, and S. Wirosardjono. 1977. *The Unsteady State: Environmental Problems, Growth, and Culture*. University Press of Hawaii, Honolulu.

* Wilson, E. O. 1975. *Sociobiology*. Harvard University Press, Cambridge, MA.

* World Commission on Environment and Development. 1987. *Our Common Future*. Oxford University Press, New York.

*代表本章中引用的参考文献。

索 引

P

Q

R

S

T

W

图片版权说明

绪论　图 0-1：© National Aeronautics and Space Administration (NASA).

第一章　图 1.1A，图 1.8：© Soil Conservation Service (now the Natural Resources Conservation Service)；图 1.1B，图 1.2：© U. S. Forest Service；图 1.5：© Space Biosphere Ventures；图 1.6：From Young et al. 1985. *Science* 229：431-435.

第二章　图 2.1A：© Drs. E. P. and H. T. Odum；图 2.1B：© Ulf Riebesell, GEOMAR Helmholtz Centre for Ocean Research Kiel, Germany.

第三章　图 3.6：© Robert E. Ford/Terraphotographics；图 3.12：© U. S. Forest Service.

第四章　图 4.7：© B. J. Miller/Biological Photo Service；图 4.9：© P. R. Ehrlich/Biological Photo Service；图 4.11：© John Alcock；图 4.15：© Drs. E. P. and H. T. Odum.

第五章　图 5.2，图 5.13，图 5.14，图 5.15，图 5.16A：© Soil Conservation Service (now the Natural Resources Conservation Service)；图 5.7：© J. N. A. Lott, McMaster Univ. /Biological Photo Service；图 5.16B：© Environmental Protection Agency.

第六章　图 6.4：© P. J. Bryant, University of California, Irvine/Biological Photo Service；图 6.9：© S. A. Wilde.

第八章　图 8.1 A&B：© Woods Hole Oceanographic Institution and D. M. Owen；8.2B&C：© V. Tunnicliffe (Verena Tunnicliffe, University of Victoria)；图 8.3A-C，图 8.5B&C，图 8.12B，图 8.13 A&D：© U. S. Fish & Wildlife Service；图 8.3D：© University of Georgia Marine Institute；图 8.4：From *Fundamentals of Ecology* by E. P. Odum, 3rd Edition, 1971；图 8.5A：© Soil Conservation Service (now the Natural Resources Conservation Service)；图 8.7A&B：© Carole McIvor；图 8.7C，图 8.13B&C，图 8.14A&B，图 8.16：© U. S. Forest Service；图 8.10：© National Science Foundation；图 8.11A：© R. R. Humphries；图 8.11B：© Hanford Atomic Products Operation；图 8.12A：© R. E. Shanks and J. Koranda；图 8.14C：© University of Puerto Rico；图 8.15：© Carl Jordan；图 8.17：© Diagram prepared by R. Shanks after Whittaker 1952.

Note: We have tried to contact the rights holders of all pictures here, and yet, for some of them, after having tried many search engines and enquiring many people in the relevant academic communities, we still cannot find any contact details of them. And for others, we have found their e-mail addresses and have sent them e-mails, and yet we have not got any replies from them till the publication of this book. So here we express our sincerest apologies for the rights holders of the pictures for which we have not yet got permissions to reuse their pictures here in our book. And if any of the rights holders of the pictures have seen this, please do not hesitate to contact our senior rights manager at lixin@ hep. com. cn or our senior editor for this book liull@ hep. com. cn and we would like to do what we can to fulfil your requirement for using your works. Thanks.

译后记

就在动笔写译后记的时候，同一天（2015 年 11 月 30 日）发生了两件大事：法国巴黎召开第 21 届联合国气候大会；北京的 PM2.5 指标达到了极其危险的峰值，政府发布了橙色预警。前一件事是针对气候变化而采取的国际合作，说明不仅气候变化已经深入人心，而且其负面效应及其复杂机理的研究成果已经促使各国合作，共同采取努力；后一件事是已困扰中国北方多年的环境问题，近年来的大量研究已经发现雾霾是许多原因共同造成的，有自然因素，也有人为作用。可见，在全球环境里，谁都无法独善其身，也没有哪一个部门（国家）可以对某个环境问题单打独斗。这正是本书要传递给读者的一个重要思想。

尤金·奥德姆博士为我国生态学工作者所熟知，他的《生态学基础》（*Fundamentals of Ecology*）的历年多个版本始终是各国生态学界的重要教材，该书第五版于 2009 年在国内出版了中文版。同本书一样，他大力推广整体论观点，将生物（包括人类）放在生态系统的背景下做研究，这个观点历经二十多年不仅没有过时，反而越来越凸显其在分析和解决真实世界的问题时所发挥的重要作用。

由于本书出版于近 20 年前，所以书中的案例可能在这十多年里都发生了巨变。比如书中多次提到的田纳西州铜山污染事件，那里因为铜业生产导致水土污染，寸草不生。在本书出版后的这十多年里，铜业工厂全部关闭，所有水体都开展了净化处理，根据美国环境保护署的调查，水质已经恢复到铜业发展前的水平，并且该地已经成为适合徒步、骑行的旅游胜地。有意思的是，在工厂关闭过程中，中国购买了当地清理出来的大部分废金属。那时正值中国经济发展快速增长阶段，这桩变废为宝的国际贸易不仅有效帮助了铜山的环境治理，也体现了循环经济的价值。有意思的是，尤金·奥德姆博士在本书的开始章节以阿波罗 13 号为引子，如今，人类的太空梦想正在实现，11 月 30 日这天是宇航员斯科特·凯利（Scott Kelly）在国际空间站的 247 天，可见如今的太空舱生命支持系统已经有了长足的发展，人类面临的挑战不仅是保护好地球这个巨大的生命支持系统，还将设计和建设太空生命支持系统。

当然，在最近十多年里，生态、环境与能源方面的国际合作日益紧密，尤金·奥德姆博士的许多期待都得到了实现，比如中美之间已经执行多年的“绿色合作伙伴”项目，在水污染治理、生态减碳等方面都获得了理论和应用的发展。反过来看，这也是对尤金·奥德姆博士整体论生态系统理论的证实。

本书的翻译早已开始，2004—2006年本书曾作为华东师范大学崇西湿地生态研究中心的研究生参考教材，一些研究生翻译了部分章节。高等教育出版社有意出版本书，但苦于一时无法获得版权。时隔多年，高等教育出版社几经寻访，最终落实了本书的简体中文版版权。何文珊博士在以前初译基础上重新整理翻译，译稿经陆健健教授统校，中美绿色合作伙伴计划华东师范大学办公室马苑沁女士对书中地名人名按国家标准进行了规范。在翻译本书的过程中，译者明显感受到作者力图将复杂问题用通俗易懂的词句表达出来，并有许多跨学科、跨行业的思索，正如作者在前言中所说的，本书面对的不仅是生态学领域的人士，也包括了人文、社会、政治、经济、法律、农林等各行业的人士。

校译者

2016年12月5日

图字：01-2017-3513号

Ecology: A Bridge Between Science and Society by Eugene P. Odum

This Simplified Chinese Translation Edition is published by Higher Education Press Limited Company with permission by Mary Wood Odum.

本中文简体翻译版经 Mary Wood Odum 许可由高等教育出版社有限公司出版。

图书在版编目（CIP）数据

生态学：科学与社会之间的桥梁/（美）尤金·P·奥德姆（Eugene P. Odum）著；何文珊译；陆健健校. --北京：高等教育出版社，2017. 7（2020.12重印）

（生态学名著译丛）

书名原文：Ecology: A Bridge Between Science and Society

ISBN 978-7-04-047952-2

Ⅰ.①生… Ⅱ.①尤… ②何… ③陆… Ⅲ.①生态学-研究 Ⅳ.①Q14

中国版本图书馆 CIP 数据核字（2017）第150537号

策划编辑 柳丽丽　　责任编辑 柳丽丽　　封面设计 张 楠　　版式设计 范晓红
责任校对 刘丽娴　　责任印制 朱 琦

出版发行	高等教育出版社	网　　址	http://www.hep.edu.cn
社　　址	北京市西城区德外大街4号		http://www.hep.com.cn
邮政编码	100120	网上订购	http://www.hepmall.com.cn
印　　刷	涿州市京南印刷厂		http://www.hepmall.com
开　　本	787mm×1092mm 1/16		http://www.hepmall.cn
印　　张	17.25		
字　　数	330千字	版　　次	2017年7月第1版
购书热线	010-58581118	印　　次	2020年12月第2次印刷
咨询电话	400-810-0598	定　　价	59.00元

物 料 号　47952-00

SHENGTAIXUE

KEXUE YU SHEHUI ZHIJIAN DE QIAOLIANG